Tobias Villmow

Elektrisch leitfähige Polymerkomposite mit Kohlenstoffnanoröhren für den Einsatz als Flüssigkeitsdetektoren

Herstellung und Eigenschaften

disserta Verlag

Villmow, Tobias: Elektrisch leitfähige Polymerkomposite mit Kohlenstoffnanoröhren für den Einsatz als Flüssigkeitsdetektoren: Herstellung und Eigenschaften, Hamburg, disserta Verlag, 2013

ISBN: 978-3-95425-148-3
Druck: disserta Verlag, ein Imprint der Diplomica® Verlag GmbH, Hamburg, 2013

Bibliografische Information der Deutschen Nationalbibliothek
Die Deutsche Nationalbibliothek verzeichnet diese Publikation in der Deutschen Nationalbibliografie; detaillierte bibliografische Daten sind im Internet über http://dnb.d-nb.de abrufbar.

Die digitale Ausgabe (eBook-Ausgabe) dieses Titels trägt die ISBN 978-3-95425-149-0 und kann über den Handel oder den Verlag bezogen werden.

Tag der Einreichung 30.04.2012
Tag der Verteidigung 10.01.2013

Gutachter:
Herr Prof. Dr.rer.nat.habil. G. Heinrich (TU Dresden)
Herr Prof. Dr.-Ing. U. Wagenknecht (FH Lausitz)
Herr Prof. Dr.-Ing. K. Schulte (TU Hamburg-Harburg)

Vorsitzender der Prüfungskommission:
Herr Prof. Dr.-Ing.habil. Prof. E.h. Dr.h.c. W. Hufenbach (TU Dresden)

Dieses Werk ist urheberrechtlich geschützt. Die dadurch begründeten Rechte, insbesondere die der Übersetzung, des Nachdrucks, des Vortrags, der Entnahme von Abbildungen und Tabellen, der Funksendung, der Mikroverfilmung oder der Vervielfältigung auf anderen Wegen und der Speicherung in Datenverarbeitungsanlagen, bleiben, auch bei nur auszugsweiser Verwertung, vorbehalten. Eine Vervielfältigung dieses Werkes oder von Teilen dieses Werkes ist auch im Einzelfall nur in den Grenzen der gesetzlichen Bestimmungen des Urheberrechtsgesetzes der Bundesrepublik Deutschland in der jeweils geltenden Fassung zulässig. Sie ist grundsätzlich vergütungspflichtig. Zuwiderhandlungen unterliegen den Strafbestimmungen des Urheberrechtes.

Die Wiedergabe von Gebrauchsnamen, Handelsnamen, Warenbezeichnungen usw. in diesem Werk berechtigt auch ohne besondere Kennzeichnung nicht zu der Annahme, dass solche Namen im Sinne der Warenzeichen- und Markenschutz-Gesetzgebung als frei zu betrachten wären und daher von jedermann benutzt werden dürften.

Die Informationen in diesem Werk wurden mit Sorgfalt erarbeitet. Dennoch können Fehler nicht vollständig ausgeschlossen werden und der Verlag, die Autoren oder Übersetzer übernehmen keine juristische Verantwortung oder irgendeine Haftung für evtl. verbliebene fehlerhafte Angaben und deren Folgen.

© disserta Verlag, ein Imprint der Diplomica Verlag GmbH
http://www.disserta-verlag.de, Hamburg 2013
Hergestellt in Deutschland

Elektrisch leitfähige Polymerkomposite mit Kohlenstoffnanoröhren für den Einsatz als Flüssigkeitsdetektoren

Herstellung und Eigenschaften

Der Fakultät Maschinenwesen
der Technischen Universität Dresden
zur
Erlangung des akademischen Grades eines Doktoringenieurs (Dr.-Ing.)

vorgelegte und angenommene DISSERTATION von

Dipl.-Ing. (FH) Tobias Villmow

geboren am 11.03.1982 in Weimar

Danksagung

Die vorliegende Arbeit entstand während meiner Tätigkeit als wissenschaftlicher Mitarbeiter und Doktorand am Leibniz-Institut für Polymerforschung Dresden e.V. in der Abteilung Polymerreaktionen und Blends. Die fachliche Betreuung erfolgte durch Frau Dr. Petra Pötschke und Herrn Prof. Dr. rer. nat. habil. Gert Heinrich, denen mein ganz besonderer Dank für ihre Unterstützung und die zahlreichen hilfreichen Diskussionen gehört. Ganz besonders möchte ich mich für das in mich gesetzte Vertrauen und die damit verbundene Freiheit bei der Bearbeitung meiner Doktorarbeit bedanken. Ebenso möchte ich an dieser Stelle Herrn Prof. Dr.-Ing. Udo Wagenknecht danken, der mir den Weg in die Wissenschaft aufgezeigt hat und mich in meinem Promotionsvorhaben als Fachhochschulabsolvent tatkräftig unterstützt hat.

Neben meinen fachlichen Betreuern, möchte ich allen Kolleginnen und Kollegen der Abteilung Polymerreaktionen und Blends für ihre Unterstützung danken. Mein ganz besonderer Dank gilt dabei Herrn Helfried Kunath, der mir bei einer Vielzahl experimenteller Kniffligkeiten zur Seite stand. Im speziellen möchte ich innerhalb der Abteilung allen Mitgliedern der Arbeitsgruppe von Frau Dr. Petra Pötschke danken. Den Laborantinnen Manuela Heber und Ulrike Jentzsch-Hutschenreuther und den studentischen Hilfskräften Anita Rasche, Jonas Villmow und Tim Erdmann danke ich für ihre Unterstützung bei der Bewältigung der experimentellen Tätigkeiten im Labor. Den Herren Bernd Kretzschmar, Frieder Pursche und Dr. Harald Brünig danke ich für die Unterstützung bei zahlreichen Versuchen zur Doppelschneckenextrusion und dem Schmelzespinnen.

Mein besonderer Dank für den stets sehr interessanten wissenschaftlichen Austausch zum Thema Sensorik mit Kompositmaterialien gebührt den Herren Dr. Sven Pegel, Timo Andres, Dr. Kazufumi Kobashi, Dr. Andreas John, Prof. Dr. Jean-François Feller, Dr. Mickaël Castro, Dr. Emiliano Bilotti und Dr. Rui Zhang, mit denen ich in einem EU-Verbundprojekt mehrere Jahre zusammengearbeitet habe.

Den Herren Dr. Ulrich Schulze, Dr. Jan Hegewald und Francesco Piana danke ich für die jederzeit gute Stimmung im Büro und die abwechslungsreichen, der Kreativität förderlichen, Espressopausen. In diesem Zusammenhang denke ich auch mit Freude an die unterhaltsamen und legendendären „Mittagsrunden" und „Mini-Kolloquien" zurück.

Insbesondere möchte ich an dieser Stelle all denen danken, die mich in meiner Zeit als Doktroand im privaten Leben begleitet und unterstützt haben. Den wichtigsten Beitrag zum Gelingen dieser Arbeit und meiner ganz persönlichen Entwicklung bis zum heutigen Tag haben dabei meine Eltern geleistet. Ihnen möchte ich diese Arbeit widmen.

Eidesstattliche Erklärung

Hiermit versichere ich, dass ich die vorliegende Arbeit ohne unzulässige Hilfe Dritter und ohne Benutzung anderer als der angegebenen Hilfsmittel angefertigt habe. Die aus fremden Quellen direkt oder indirekt übernommenen Gedanken sind als solche kenntlich gemacht.

Dresden, den 25.04.2012

Abkürzungen

BiKo	Bi-Komponenten
CB	Leitruß (englisch *carbon black*)
CNT(s)	Kohlenstoffnanoröhre(n) (englisch *carbon nanotube(s)*)
CPC(s)	leitfähige(s) Polymerkomposit(e) (englisch *conductive polymer composite(s)*)
CVD	Gasphasenabscheidungsprozess (englisch *chemical vapour deposition*)
CPC(s)	leitfähige(s) Polymerkomposit(e) (englisch *conductive polymer composite(s)*)
DNS	Desoxyribonukleinsäure
EVA	Ethylenvinylacetat
FIT	Modell für flokkulationsinduziertes Tunneln (englisch *flocculation induced tunneling*)
GPC	Gel-Permeations-Chromatographie
HiPco	Hochdruckkohlenmonoxidsynthese (englisch *high-pressure carbon monoxide*)
HLP	Hansen-Löslichkeitsparameter
L/D	Länge/Durchmesser
LHC	Langmuir-Henry-Cluster-Modell
LM	Lösungsmittel
MFI	Schmelzflussindex (englisch *melt flow index*)
MWCNT(s)	mehrwandige Kohlenstoffnanoröhre(n) (englisch multi-walled carbon nanotube(s))
NMR	Kernspinresonanzspektroskopie (englisch *nuclear magnetic resonance spectroscopy*)
NTC	negativer Temperaturkoeffizient (englisch *negative temperature coefficient*)
PA	Polyamid
PC	Polycarbonat

Abkürzungen (Fortsetzung)

PCL	Polycaprolacton
PE	Polyethylen
PES	Polyethersulfon
PEG	Polyethylenglycol
PLA	Polylactid
PMMA	Polymethylmethacrylat
PP	Polypropylen
ppm	Teile von einer Million (englisch *parts per million*)
PPS	Polyphenylsulfid
PS	Polystyrol
PSU	Polysulfon
PTC	positiver Temperaturkoeffizient (englisch *positive temperature coefficient*)
PTFE	Polytetrafluorethylen
PVA	Polyvinylalkohol
REM	Rasterelektronenmikroskopie
SK	Schneckenkonfiguration
SWCNT(s)	einwandige Kohlenstoffnanoröhre(n) (englisch *single-walled carbon nanotube(s)*)
TEM	Transmissionselektronenmikroskopie
TPU	thermoplastisches Polyurethan

Symbole

a	Probenbreite
A_i	Querschnittsflächen
A_0	Gesamtfläche einer lichtmikroskopischen Aufnahme
A_A	Flächenanteil
A_{CNT}	von Restprimäragglomeraten okkupierte Fläche
A_P	Formfaktor
a_K	Dicke des „trockenen" Kerns einer Probe
a_i	Einheitsvektoren der Einheitszelle der Graphitebene
A_K	Kontaktfläche an einem CNT-CNT- Kontaktpunkt
A_L	Querschnittsfläche einer Probe im „trockenen" Kern
A_T	Querschnittsfläche einer Probe im durch Lösungsmittel infiltrierten Ranbereich
α	Volumenausdehnungskoeffizient
b	Probendicke
b_L	Langmuir-Affinitätskoeffizient
c	Konzentration
c_K	Konzentrationsgrenzwert
$\vec{C}$	Ciralitätsvektor
CED	Kohäsionsenergiedichte (englisch *cohesion energy density*)
χ_{12}	Flory-Huggins-Wechselwirkungsparameter
d	Lösungsmittelmoleküldurchmesser
D	Diffusionskoeffizient
d_b	relative Benetzungslänge
d_{CNT}	Kohlenstoffnanoröhrendurchmesser
δ	Hildebrand-Löslichkeitsparameter
δ_D	dispersiver Anteil des Hansen-Löslichkeitsparameters
δ_P	polarer Anteil des Hansen-Löslichkeitsparameters
δ_H	Wasserstoffbrückenanteil des Hansen-Löslichkeitsparameters
ΔE^0	Verdampfungsenergie

Symbole (Fortsetzung)

ΔG^M	freie Mischungsenergie
ΔH^M	freie Mischungsenthalpie
ΔH^V	Verdampfungsenthalpie
ΔS^M	freie Mischungsentropie
Δ_T	Bindungsbeiträge nach Lydersen
ϵ	dielektrische Konstante
ϵ_r	relative dielektrische Permittivität
ϵ_m	Dehnung
E	Kohäsionsenergie
E_D	disperser Anteil der Kohäsionsenergie
E_P	polarer Anteil der Kohäsionsenergie
E_H	Wasserstoffbrückenanteil der Kohäsionsenergie
f	Gaskonzentration
f'	Gaskonzentration ab der Clusterung auftritt
f''	Übergangsgaskonzentration
γ	Oberflächenspannung
h	Wasserstoffbrückenzahl
J	Teilchenstromdichte
j	elektrische Stromdichte
k	Parameter zur Beschreibung von Diffusionsvorgängen
k_S	Proportionalitätskonstante nach Skaarup
k_H	Henry-Löslichkeitskoeffizient
l_0	Messlänge der Streifenmesszelle
l_i	Einzellängen der u-förmigen Probekörper
$\dot{m}$	Durchsatz
M_0	Probenausgangsmasse
M_n	Molekulargewicht (Zahlenmittel)
M_w	Molekulargewicht (Gewichtsmittel)
M_t	Masseaufnahme zum Zeitpunkt t
M_∞	Masseaufnahme im Gleichgewichtsquellzustand
μ	Debye-Dipolmoment
N	Drehzahl
n	Parameter zur Beschreibung des Diffusionsmechanismus
n_B	Brechungsindex

Symbole (Fortsetzung)

n'	Anzahl der Gasmoleküle, die in Clustern gebunden sind
P	Permeationskoeffizient
p	Füllstoffgehalt
p_{eff}	effektiver Füllstoffgehalt
P_i	Polymerisationsgrad
p_c	Perkolationsschwelle
Φ_i	Volumenanteile
Q	Quellgrad
Q_P	Polydispersität
r	Aspektverhältnis
R	universelle Gaskonstante
R_0	Wechselwirkungsradius eines Polymers
R^2	Regressionskoeffizient
R_A	elektrischer Ausgangswiderstand einer Probe
R_a	Abstand zweier Stoffe im Hasen-Löslichkeitsraum
R_{DK}	Kontaktwiderstand an einem CNT-CNT-Kontaktpunkt bei einer Tunneldistanz von Null
R_i	Einzelwiderstände der u-förmigen Probekörper
R_K	Tunnelwiderstand an einem CNT-CNT-Kontaktpunkt
$R_{k,i}$	konstante elektrische Widerstände in einer Reihenschaltung
A_L	elektrischer Widerstand einer Probe im „trockenen" Kern
A_T	elektrischer Widerstand einer Probe im durch Lösungsmittel infiltrierten Ranbereich
R_t	elektrischer Widerstand einer Probe zum Zeitpunkt t
$R_{v,i}$	zeitlich variable elektrische Widerstände in einer Reihenschaltung
R_{rel}	relative elektrische Widerstandsänderung
$R_{rel,max}$	maximale relative elektrische Widerstandsänderung
RED	relative Energiedifferenz (englisch *relative energy difference*)
ρ_A	spezifischer elektrischer Ausgangswiderstand einer Probe
ρ_t	spezifischer elektrischer Widerstand einer Probe zum Zeitpunkt t
ρ_L	spezifischer elektrischer Widerstand einer Probe im gequollenen Zustand t

Symbole (Fortsetzung)

ρ_{CNT}	Dichte von Kohlenstoffnanoröhren
ρ_{PC}	Dichte von Polycarbonat
S	Löslichkeitskoeffizient
s	Diffusionsweg
s_i	Exponenten zur Beschreibung der Dimensionalität eines Füllstoffnetzwerkes
σ_T	spezifischer Tunnelwiderstand an einem CNT-CNT-Kontaktpunkt
σ_{DC}	Gleichstromleitfähigkeit
σ	elektrische Leitfähigkeit
σ'	frequenzabhängige Wechselstromleitfähigkeit
σ_{NT}	elektrische Leitfähigkeit einer Kohlenstoffnanoröhre
σ_m	Zugfestigkeit
SME	spezifische mechanische Energie
τ	Drehmoment des Antriebsmotors
t	Zeit
t_P	Plateauzeit
t_{rel}	relative Versuchszeit
T	absolute Temperatur
T_c	kritische Temperatur
T_G	Glasübergangstemperatur
T_r	reduzierte Temperatur
T_R	Raumtemperatur
T_s	Siedetemperatur
θ	Anstieg der Masseaufnahmekurve im linearen Bereich
U	elektrische Spannung
V	Volumen
V_0	Probenvolumen im Ausgangszustand
V_∞	Volumenaufnahme im Gleichgewichtsquellzustand
V_{mol}	molares Volumen
V_{ref}	molares Referenzvolumen
V_{12}	Volumen einer zweikomponentigen Mischung
$\bar{v}_F$	mittlere Frontengeschwindigkeit
x_Y	Partikelgröße, bei der Y % der Partikel kleiner als der angegebene Wert sind

Inhaltsverzeichnis

1 Einleitung   **1**
    1.1 Motivation 1
    1.2 Zielsetzung 2

2 Grundlagen und wissenschaftlicher Kenntnisstand   **4**
    2.1 Kohlenstoffnanoröhren 5
       2.1.1 Einleitung und Historie 5
       2.1.2 Struktur und Eigenschaftsprofil 5
       2.1.3 Elektrische Leitfähigkeit und Ladungstransport 8
       2.1.4 Herstellung und Kommerzialisierung 8
    2.2 Polymer/CNT-Komposite - Herstellung und Eigenschaften 9
       2.2.1 Dispergierung von CNTs in polymeren Matrizes 9
       2.2.2 Netzwerkbildung und elektrische Leitfähigkeit 11
    2.3 Polymer/CNT-Komposite - Sensorik 18
       2.3.1 Einleitung 18
       2.3.2 Stand der Technik 19
       2.3.3 Designkonzepte 21
       2.3.4 Leckagedetektion von Fluiden mit Polymer/CNT-Kompositen 22
       2.3.5 Querempfindlichkeit 28
    2.4 Polymer/Lösungsmittel-Wechselwirkungen 32
       2.4.1 Einleitung 32
       2.4.2 Flory-Huggins- und Hildebrand-Parameter 32
       2.4.3 Löslichkeitskonzept nach Hansen 34
       2.4.4 Diffusion und Quellung 43

3 Materialien und Methoden   **47**
    3.1 Verwendete Materialien 47
       3.1.1 Matrixpolymere 47
       3.1.2 Kohlenstoffnanoröhren 48
       3.1.3 Organische Lösungsmittel 49
    3.2 Charakterisierung der Ausgangsmaterialien 52
    3.3 Herstellung und Charakterisierung der Kompositmaterialien 52
       3.3.1 Kompositherstellung 52
       3.3.2 Kompositcharakterisierung 53
    3.4 Herstellung und Charakterisierung der Sensorprobekörper 55
       3.4.1 Heißpressen und Stanzen 55
       3.4.2 Geometrie 55
       3.4.3 Probenvorbereitung 57

	3.4.4	Messung des elektrischen Widerstandes	57
	3.4.5	Messung der relativen Widerstandsänderung	59
	3.4.6	Diffusions- und Quellverhalten	60
	3.4.7	Bestimmung der Löslichkeitsparameter	61

4 Ergebnisse und Diskussion — 63

- 4.1 Herstellung und Charakterisierung der Sensormaterialien 64
  - 4.1.1 Einleitung 64
  - 4.1.2 Charakterisierung der Ausgangsmaterialien 65
  - 4.1.3 Ansätze zur Optimierung des Extrusionsprozesses 67
  - 4.1.4 Kompositcharakterisierung 78
  - 4.1.5 Zusammenfassung 83
- 4.2 Elektrische Sprungantwort der Sensormaterialien 84
  - 4.2.1 Einleitung 84
  - 4.2.2 Reproduzierbarkeit und Kurvenverlauf 85
  - 4.2.3 Korrelation mit Diffusionskinetik 87
  - 4.2.4 Ursache für die Widerstandsänderung 88
  - 4.2.5 Einflussfaktoren 91
  - 4.2.6 Ableitung eines empirischen Modelles 96
  - 4.2.7 Zyklische Messungen 106
  - 4.2.8 Zusammenfassung 108
- 4.3 Selektivität der Sensormaterialien 110
  - 4.3.1 Einleitung 110
  - 4.3.2 Hansen-Löslichkeitsparameter 111
  - 4.3.3 Temperaturabhängiges Löslichkeitsverhalten 114
  - 4.3.4 Einfluss von Lösungsmitteleigenschaften 115
- 4.4 Querempfindlichkeit der Sensormaterialien 122
  - 4.4.1 Einleitung 122
  - 4.4.2 Einfluss der Temperatur 123
  - 4.4.3 Lösungsmittelkonzentration 125
  - 4.4.4 Mechanische Spannungen 127
  - 4.4.5 Zusammenfassung 128
- 4.5 Schmelzespinnen sensorischer Kompositfasern 130
  - 4.5.1 Einleitung 130
  - 4.5.2 Verarbeitungsfenster 130
  - 4.5.3 Ansätze zur Verbesserung der Verspinnbarkeit 132
  - 4.5.4 Sensortextilherstellung und Anwendungen 134
  - 4.5.5 Zusammenfassung 137

5 Zusammenfassung — 139

6 Literaturverzeichnis — 143

1 Einleitung

1.1 Motivation

Thermoplastische Kunststoffe zeichnen sich im Gegensatz zu anderen Werkstoffen durch ihre sehr gute Prozessierbarkeit aus und besitzen aufgrund ihrer sehr geringen Dichte um etwa 1 g/cm^3 ein hohes Leichtbaupotential. Durch industriell relevante Verarbeitungstechnologien wie Extrusion, Spritzguss, Folienblasen oder Faserspinnen können Polymere in nahezu jede Form von Gebrauchsgütern bzw. Halbzeugen überführt werden. Aufgrund der im Vergleich zu anderen Werkstoffklassen schlechteren mechanischen Eigenschaften und dem elektrisch isolierenden Charakter ist ihr Einsatz nur in bestimmten Anwendungsbereichen möglich. Eine Erweiterung es Einsatzspektrums ist aber durch die Modifikation der polymeren Matrix möglich.

Eine aussichtsreiche Strategie für die erfolgreiche Entwicklung neuer funktionaler Polymerwerkstoffe ist dabei das Mischen handelsüblicher Polymere mit anderen polymeren Komponenten (Blends) und/oder festen Füllstsoffen (Komposite). Der Vorteil dieser Routen besteht in der schier unbegrenzten Anzahl möglicher Eigenschaftskombinationen und deutlich besseren Bedingungen für die Markteinführung von Polymerblends und Kompositen im Verlgeich zu neuen Homopolymeren. Kohlenstoffnanoröhren gehören zu der Klasse von Füllstoffen und gerieten nach der bedeutenden Publikation von Iijima [1] in den Fokus der Wissenschaft. Sie weisen außergewöhnliche elektrische [2], thermische [3] und mechanische Eigenschaften [4] auf und eignen sich dadurch hervorragend als Füll- und Verstärkungsstoff für Metalle, Keramiken und Polymere.

Erste Anwendungen CNT-gefüllter Kunststoffe auf Duromerbasis mit verbesserten mechanischen Eigenschaften wurden von Sportartikelherstellern bereits realisiert. So hat beispielsweise Völkl einen Tennisschläger mit CNTs hergestellt, wobei CNT-modifizierte Zellulosefasern im Rahmen und Griff verarbeitet wurden. Weitere Anwendung finden CNTs in Fahrradlenkern von Easton, Golfschlägern von Aldila, Eishockeyschlägern, Fahrradhelmen, Skiern, Surfbrettern oder auch Baseballschlägern. Erste industrielle Anwendungen im Thermoplastbereich unter Nutzung der antistatischen Ausrüstung wurden bei der Entwicklung einer neuartigen Sicherheitstechnologie zur Verminderung des Explosionsrisikos in Treibstofftanks (PROSAFE Safety Technology GmbH, Österreich, Abbildung 1.1(a)) und zur Herstellung von antistatischen Tanks (SCHÜTZ GmbH & Co. KGaA, Deutschland, Abbildung 1.1(b)) realisiert. Aktuelle Forschungen suchen unter anderem nach Anwendungen von Polymer/CNT-Kompositen als aktive Materialien, wobei Funktionen wie das Heizen von textilen Strukturen (Kooperation von Bayer MaterialScience mit Kuraray Living Co.,

Ltd., Japan, Abbildung 1.1(c)) sowie die Integration von sensorischen Eigenschaften von hohem Interesse sind. Da die elektrische Leitfähigkeit von Polymer/CNT-Kompositmaterialien auf einem kontinuierlichen leitfähigen Füllstoffnetzwerk beruht, welches von externen Einflüssen wie Temperaturänderungen, mechanischen Deformationen und der Anwesenheit von Gasen und organischen Lösungsmitteln im flüssigen und gasförmigen Zustand beeinflusst wird, stellen solche Komposite vielversprechende Kanditaten für die Entwicklung intelligenter Komponenten mit integrierter Überwachungsfunktion bzw. Sensorik dar [5].

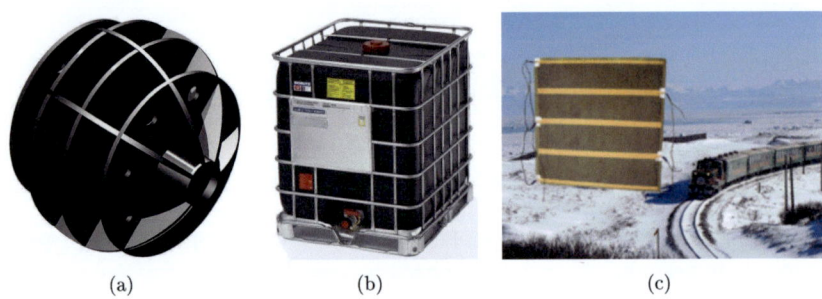

(a)   (b)   (c)

Abbildung 1.1. Realisierte Anwendungen mit Polymer/CNT-Kompositen: (a) Safeballs der Firma PROSAFE Safety Technology GmbH, Deutschland, (b) antistatischer Sicherheitstank der Firma SCHÜTZ GmbH & Co. KGaA, Österreich und (c) beheizbares Textil auf der Basis von elekrisch leitfähigem Garn der Firma Kuraray Living Co., Ltd., Japan

1.2 Zielsetzung

Die vorliegende Arbeit soll einen Beitrag für die Weiterentwicklung elektrisch leitfähiger Polymer/CNT-Komposite in Richtung Sensormaterialien liefern. Der Fokus der Arbeit liegt dabei auf der Herstellung der Komposite mittels Schmelzemischen und der Charakterisierung der Komposite hinsichtlich ihrer elektrischen Sprungantwort und Selektivität bei Kontakt mit organischen Lösungsmitteln. Die Beschreibung des Herstellprozesses der Komposite durch Doppelschneckenextrusion soll dabei eine systematische Untersuchung der Verarbeitungsbedingungen umfassen, um eine Verbesserung der CNT-Dispersionsgüte in den polymeren Matrizes zu erzielen. Auf diese Weise kann das Potential der CNTs für die elektrische Leitfähigkeitsmodifizierung der Polymere durch Optimierung der Prozessparameter und durch Anpassung der Extrusionsschneckenkonfiguration genutzt werden. Darüber hinaus soll die Herstellung primäragglomeratfreier Komposite die Weiterverarbeitung zu feinen Fasern, die im Weiteren zu Textilien verarbeitet werden können, ermöglichen.

An Modellkompositen bestehend aus Polycarbonat und CNTs, die über das Heißpressen zu Platten weiter verarbeitet wurden, soll der für die relative Widerstandsänderung der Komposite beim Kontakt mit „guten" Lösungsmitteln zugrunde liegende

Mechanismus untersucht und im Kontext mit Diffusionsvorgängen diskutiert werden. Des Weiteren sollen die Einflussfaktoren auf die zeitabhängige relative Widerstandsänderung identifiziert werden und Möglichkeiten aufgezeigt werdem, wie die elektrische Antwort der Sensormaterialien bezüglich der maximalen Widerstandsänderung und der Reaktionszeit beeinflusst werden können. Basierend auf den experimentellen Befunden zur elektrischen Sprungantwort der Kompositproben beim Kontakt mit „guten" Lösungsmitteln soll ein empirisches Modell abgeleitet werden, welches eine Beschreibung der zeitlichen Widerstandsverläufe ermöglicht. Die Selektivität der untersuchten Komposite gegenüber verschiedenen Lösungsmitteln ist neben der elektrischen Sprungantwort eine weitere wichtige Größe. Sie definiert, welche Lösungsmittel prinzipiell von einem Sensormaterial detektiert werden können. Um diese Frage zu klären, werden Konzepte der Löslichkeitstheorie nach Hansen verwendet, um exemplarisch an einem Polycarbonatkomposit mit 1,5 Ma.% die Affinität zwischen dem Komposit und verschiedenen Lösungsmitteln zu beschreiben. Da dieses Konzept die Kenntnis über die partiellen Hansen-Löslichkeitsparameter des Komposites voraussetzt, soll eine zuverlässige Methode auf der Basis von Widerstandsmessungen entwickelt werden, um diese zu berechnen.

Anschließend sollen Möglichkeiten aufgezeigt werden, wie die grundlagenorientierten Erkenntnisse auf andere Probekörper übertragen werden können. Im Fokus stehen dabei elektrisch leitfähige Fasern und deren elektrische Sprungantworten beim Kontakt mit Lösungsmitteln. Da bei der Verarbeitung CNT-gefüllter Polymere im Faserspinnprozess aufgrund der Viskositätserhöhung gewisse Schwierigkeiten bestehen, sollen mögliche Ansätze entwickelt werden, um die Schmelzeviskosität der sensorischen Kompositmaterialien zu reduzieren. Am Beispiel von verschiedenen Prototyptextilien soll veranschaulicht werden, wie eine industrielle Verwertung der hier vorgestellten wissenschaftlichen Ergebnisse aussehen könnte. Abschließend sollen weiterhin offene Fragestellungen in einem Ausblick vorgestellt werden.

2 Grundlagen und wissenschaftlicher Kenntnisstand

2.1	Kohlenstoffnanoröhren		5
	2.1.1	Einleitung und Historie	5
	2.1.2	Struktur und Eigenschaftsprofil	5
	2.1.3	Elektrische Leitfähigkeit und Ladungstransport	8
	2.1.4	Herstellung und Kommerzialisierung	8
2.2	Polymer/CNT-Komposite - Herstellung und Eigenschaften		9
	2.2.1	Dispergierung von CNTs in polymeren Matrizes	9
		2.2.1.1 „In-situ"-Polymerisation	10
		2.2.1.2 Kompositherstellung aus der Lösung	10
		2.2.1.3 Kompositherstellung aus der Schmelze	11
	2.2.2	Netzwerkbildung und elektrische Leitfähigkeit	11
		2.2.2.1 Perkolation von Kohlenstoffnanoröhren	12
		2.2.2.2 Kontaktwiderstände in leitfähigen Netzwerken	16
2.3	Polymer/CNT-Komposite - Sensorik		18
	2.3.1	Einleitung	18
	2.3.2	Stand der Technik	19
	2.3.3	Designkonzepte	21
	2.3.4	Leckagedetektion von Fluiden mit Polymer/CNT-Kompositen	22
	2.3.5	Querempfindlichkeit	28
2.4	Polymer/Lösungsmittel-Wechselwirkungen		32
	2.4.1	Einleitung	32
	2.4.2	Flory-Huggins- und Hildebrand-Parameter	32
	2.4.3	Löslichkeitskonzept nach Hansen	34
		2.4.3.1 Grundlagen	34
		2.4.3.2 Bestimmung von Hansen-Löslichkeitsparametern	35
		2.4.3.3 Löslichkeit von Polymeren	37
	2.4.4	Diffusion und Quellung	43

2.1 Kohlenstoffnanoröhren

2.1.1 Einleitung und Historie

Kohlenstoffnanoröhren (englisch *carbon nanotubes*, CNTs) sind mikroskopisch kleine röhrenförmige Gebilde. Ihre Wände bestehen wie die der Fullerene aus Kohlenstoff, wobei die Kohlenstoffatome jeweils drei Bindungspartner aufweisen (sp^2-Hybridisierung) und eine wabenartige Struktur ausbilden. Einwandige Kohlenstoffnanoröhren (englisch *single-walled carbon nanotubes*, SWCNTs, Abbildung 2.1(a)) weisen typischerweise Durchmesser um einen Nanometer auf. Im Unterschied dazu beträgt er bei mehrwandigen Kohlenstoffnanoröhren (englisch *multi-walled carbon nanotubes*, MWCNTs, Abbildung 2.1(b)), die aus konzentrisch ineinander liegenden Graphenschichten bestehen, bis zu 50 nm. Nachdem russische Wissenschaftler 1952 zum ersten Mal Aufnahmen von Kohlenstoffnanoröhren veröffentlichten [6, 7], dauerte es bis zur Mitte der siebziger Jahre, dass kohlenstoffnanoröhrenähnliche Gebilde in der Literatur des englischsprachigen Raumes beschrieben wurden [8, 9]. Transmissionselektronenmikroskopie (TEM)-Aufnahmen belegen dies deutlich, auch wenn die Autoren zum damaligen Zeitpunkt nicht die Bezeichnung Nanoröhre verwendeten. Auch war man sich damals in der Wissenschaftswelt nicht einig darüber, ob „aufgerollte" Graphenschichten überhaupt existieren können. Auch die Firma Hyperion Catalysis Inc. (USA) patentierte die Herstellung und Verwendung von Kohlenstoffnanoröhren noch unter der Bezeichnung „Fibrils" [10]. Es dauerte schließlich bis zum Beginn der neunziger Jahre, dass der Begriff „tube" verwendet wurde [1]. Obwohl ursprünglich von „microtubules" gesprochen wurde, zeigen TEM-Aufnahmen ganz deutlich nanoskalige Abmessungen. Die Veröffentlichung von Iijima war zugleich die erste Beschreibung mehrwandiger Nanoröhren, die aus bis zu sieben Wänden bestanden [11]. Die ersten Berichte über einwandige CNTs wurden ebenfalls Anfang der neunziger Jahre gleichzeitig von japanischen und amerikanischen Wissenschaftlern publiziert [11, 12].

2.1.2 Struktur und Eigenschaftsprofil

Aufgrund ihrer einzigartigen elektrischen [2, 15, 16], thermischen [3, 17, 18] und mechanischen Eigenschaften [4, 19, 20] sind Kohlenstoffnanoröhren in den Fokus der Forschung gerückt. Das Eigenschaftsprofil der Kohlenstoffnanoröhren wird insbesondere durch ihre Struktur (Chiralität) und ihre Dimensionen (Durchmesser, Länge, Anzahl der Wände) beeinflusst. Je nachdem wie das „Wabennetz" der Graphitebene (Graphen) zu einer Einzelröhre geformt wird, entstehen spiralförmige (helikale) oder nicht spiegelsymmetrische (chirale) Strukturen, die durch den Vektor $\vec{C} = n \cdot \vec{a_1} + m \cdot \vec{a_2}$ beschrieben werden können. Die Koeffizienten n und m sind ganze Zahlen und beschreiben die Anzahl der Schritte entlang der C-C-Bindungen des Gitters und die Einheitsvektoren $\vec{a_1}$ und $\vec{a_2}$ die Einheitszelle der Graphitebene. Prinzipiell wird die Chiralität der CNTs in drei Klassen eingeteilt. Diese heißen im Englischen *zig-zag* (n, 0), *armchair* ($n = m$) und *chiral* ($n \neq m$) (Abbildung 2.2). Neben der geometrischen

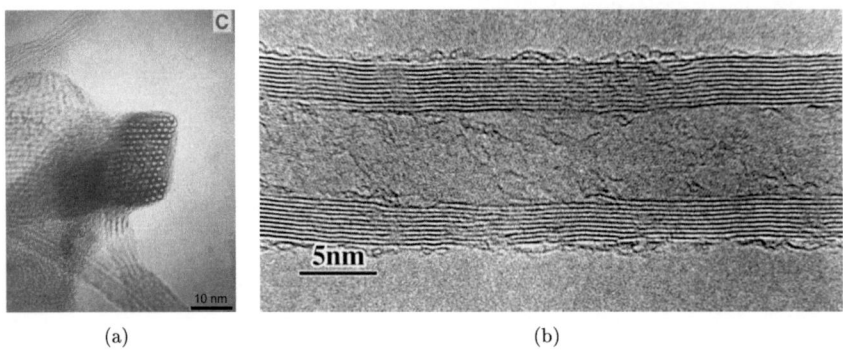

(a) (b)

Abbildung 2.1. TEM-Aufnahmen von Kohlenstoffnanoröhren: (a) Bündel einwandiger Röhren [13] und (b) mehrwandige Röhre mit elf Wänden [14]

Beschreibung der Kohlenstoffnanoröhren lassen sich mittels des Indexpaares (n,m) die elektrischen Eigenschaften bestimmen. Wenn $\frac{n-m}{3}$ eine ganze Zahl ergibt, so ist die entsprechende Kohlenstoffnanoröhre metallisch leitend. Im entgegengesetzten Fall wäre sie halbleitend. Somit ist ein Drittel aller denkbaren Kohlenstoffnanoröhren metallisch leitend, wie z. B. alle *armchair*-Konfigurationen. Neben den Konfigurationen der Mantelfläche unterscheiden sich Kohlenstoffnanoröhren durch ihre Enden, die offen oder durch halbe Fullerenkappen verschlossen sein können. Ihr Aspektverhältnis, also das Verhältnis zwischen Länge und Durchmesser, kann bei Längen im Bereich von mehreren Zentimetern Werte von über 100.000 annehmen [21].

Messungen der mechanischen Eigenschaften an einwandigen Kohlenstoffnanoröhren und deren Bündeln haben ergeben, dass der Elastizitätsmodul zwischen 0,5 und 1 TPa [23–25] und die Zugfestigkeit bei etwa 20 bis 30 GPa [25, 26] liegen. Theoretische Berechnungen bestätigten diese Ergebnisse [27, 28] und lieferten außerdem Werte von etwa 15 bis 30 % für die Bruchdehnung [29, 30]. Die ermittelten mechanischen Kennwerte für mehrwandige Kohlenstoffnanoröhren ähneln denen der einwandigen sehr [4, 19, 31, 32], da die einzelnen Wände nur schwach miteinander verbunden sind und somit die äußerste Schale den Hauptteil der eingeleiteten Last trägt [33]. Der Abstand der Wände bei einer MWCNT beträgt 0,34 nm [5].

Bei einer Dichte von etwa 1,35 g/cm^3 [34] ergeben sich enorme spezifische Festigkeiten, die in etwa dem Fünfzigfachen von herkömmlichem Stahl entsprechen. Neben diesen hervorragenden mechanischen Eigenschaften verfügen Kohlenstoffnanoröhren über ein hohes Wärmeleitungspotential, welches rechnerisch mit einem Wert von 6600 W/mK doppelt so hoch ist wie das von Diamant [35], dem besten natürlich vorkommenden Wärmeleiter. Zusätzlich zu den bisher genannten Eigenschaften ist es die sehr gute thermische Beständigkeit von mindestens 700 °C an Luft und bis zu 2500 °C im Vakuum, die Kohlenstoffnanoröhren zu einem sehr interessanten Füll- und Verstärkungsstoff in Metallen, Keramiken und Polymeren machen.

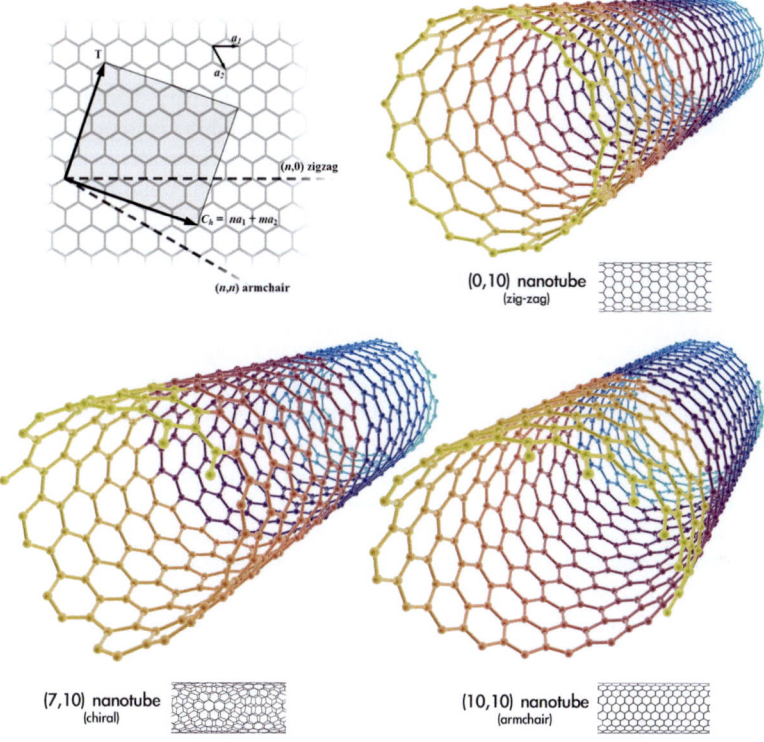

Abbildung 2.2. Schematische Darstellung von Kohlenstoffnanoröhren mit unterschiedlicher Chiralität [22]

2.1.3 Elektrische Leitfähigkeit und Ladungstransport

Abgesehen von den mechanischen Eigenschaften, die insbesondere beim Einsatz von SWCNTs von großem Interesse sind, zeichnen sich Kohlenstoffnanoröhren durch exzellente elektrische Eigenschaften aus. Bei SWCNTs sind ein Drittel metallisch leitend und zwei Drittel halbleitend, wobei die Bandlücke vom Chiralitätswinkel [36, 37], vom Röhrendurchmesser [15, 16] und von der Krümmung [38] abhängt. Für viele Anwendungen, insbesondere bei elektrisch leitfähigen Kompositmaterialien, ist die Verwendung metallisch leitender MWCNTs interessant. Einige Autoren sind der Meinung, dass die Wahrscheinlichkeit des Auftretens metallisch leitender CNTs mit steigender Anzahl der Wände zunimmt. Die Bandlücke wird kleiner, obwohl sich die Atomorbitale der einzelnen Ebenen nicht überlappen. Dabei kommt es darauf an, welche Lage die einzelnen Kohlensoffatome zweier benachbarter Wände zueinander besitzen [39–41]. Bis jetzt sind die exakten Ladungstransportvorgänge bei MWCNTs allerdings nicht vollständig verstanden, so dass es nicht überrascht, dass die teils sehr gegensätzlichen Ergebnisse kontrovers diskutiert werden. Denn es wurde sowohl ein Ladungstransport ausschließlich durch die äußere Röhre [42–45] als auch über einzelne Röhren hinweg beobachtet [46, 47]. Unabhängig davon wurden für CNTs sehr hohe Leitfähigkeiten um $2 \cdot 10^5$ S/cm [42] und hohe Stromdichten von bis zu 10^9 A/cm^2 [42, 48, 49] gemessen, was den Werten von Kupfer entspricht [50].

Neben strukturellen Merkmalen sind es darüber hinaus Umgebungseigenschaften, die die elektrischen Eigenschaften von CNTs maßgeblich beeinflussen. Es konnte gezeigt werden, dass hydrostatischer Druck und die daraus resultierende radiale Deformation von *armchair*-SWCNTs zu einer Änderung der Leitfähigkeitscharakteristik von halbleitend zu metallisch leitend führt [51]. Darüber hinaus kann sich die elektrische Leitfähigkeit von SWCNTs dramatisch in Gegenwart von Gasen wie Stickstoffdioxid, Ammoniak oder Sauerstoff ändern [52]. Die hohe spezifische Oberfläche ermöglicht die Adsorption von Molekülen, die zu messbaren Änderungen der elektrischen Eigenschaften führen. Auf diese Weise konnte demonstriert werden, das einzelne CNTs als Sensoren für Biomoleküle [53–56], DNS [57, 58] und Chemikalien [52, 59, 60] fungieren können. So konnten miniaturisierte Sensoren entwickelt werden [53, 61], die infolge von Wechselwirkungen mit z. B. Stickstoffoxid [62–65], Ammoniak [52, 65, 66], Wasserstoff [66] und anderen anorganischen Gasen [67] mit elektrischen Widerstandsänderungen reagierten.

2.1.4 Herstellung und Kommerzialisierung

Die Herstellung von CNTs kann generell durch sich stark unterscheidende Prozesse erfolgen, wobei die Gasphasenabscheidung (englisch *chemical vapour deposition*, CVD) unter Zusatz von Katalysatoren die industriell größte Relevanz besitzt. Dieser Prozess wurde bereits seit den 1960er Jahren genutzt, um Kohlenstofffasern herzustellen [68, 69], bevor im Laufe der 90er erstmals CNTs mittels CVD synthetisiert wurden [70–72]. Daneben eignen sich die Lichtbogensynthese [73–75] und Laserablation [76, 77] zur Herstellung von ein- und mehrwandigen CNTs. Zudem lassen sich

SWCNTs über die Hochdruckkohlenmonoxidsynthese (englisch *high-pressure carbon monoxide*, HiPco) herstellen [78, 79]. 2010 betrug der global betrachtete Umsatz mit CNT-Produkten etwa 435 Millionen Dollar bei knapp 4000 t Gesamtproduktion. Für das Jahr 2015 wird eine Gesamtproduktion von knapp 12300 t prognostiziert, wobei diese enorme Steigerung der Produktionskapazitäten von den weltweit führenden Herstellern von CNTs, z. B. Arkema (Frankreich), Bayer MaterialScience (Deutschland) und Nanocyl (Belgien) getragen wird [80]. Während der Preis für MWCNTs in den letzten Jahren stetig gesunken ist und mittlerweile unter 100 Euro pro kg beträgt, ist der Preis für SWCNTs immer noch sehr hoch. So kostet ein Gramm beim Unternehmen SouthWest NanoTechnologies Inc. (SWeNT, USA) bis zu 200 Dollar. Da die gesundheitsrelevanten Aspekte von CNTs bisher nicht endgültig aufgeklärt sind und das Handhaben von Nanomaterialien mit enormen finanziellen Aufwendungen für verarbeitende Betriebe verbunden ist, gilt der Vertrieb von Masterbatches (hochkonzentrierte Abmischungen von dispergierten CNTs in polymeren Matrizes), für die die Firma Hyperion Catalysis International Inc. mehrere Patente hält [10], als erfolgversprechende Vermarktungsstrategie. Aus diesem Grund bieten mittlerweile auch andere Firmen Masterbatches mit CNTs in verschiedenen Polymeren an. So vertreibt Nanocyl die Produktreihe Plasticyl™ auf der Basis ihrer eigenen kommerziell erhältlichen CNTs mit der Bezeichnung Nanocyl™ NC7000. Die Firma Clariant (Schweiz) verwendet hingegen die von Bayer MaterialScience angebotenen Baytubes C150P für ihre Masterbatches, die unter dem Markenamen CESA-conductive vertrieben werden.

2.2 Polymer/CNT-Komposite - Herstellung und Eigenschaften

2.2.1 Dispergierung von CNTs in polymeren Matrizes

Bei der Herstellung von Kompositmaterialien basierend auf CNTs und thermoplastischen Matrizes ist es von außerordentlicher Wichtigkeit, die oftmals stark agglomeriert vorliegenden CNTs [81–83] homogen und in Form von Primärpartikeln in der Matrix zu verteilen. Beim Aufbrechen primärer Agglomerate spricht man in der Regel von „dispergieren". Die Homogenisierung (englisch *distribution*) beinhaltet das gleichmäßige Verteilen der individualisierten CNTs. Wenn diese Voraussetzungen erfüllt werden, können die gewünschten positiven elektrischen und mechanischen Eigenschaften der einzelnen CNTs auf die Matrix übertragen werden. Dieses Ziel kann durch grundsätzlich verschiedene Verarbeitungstechnologien erreicht werden. Hier sind Techniken wie die „in-situ"-Polymerisation, die Verarbeitung aus der Lösung, der Latexansatz und die Schmelzeverarbeitung zu nennen, wobei die umfangreiche Literatur zu diesem Thema in einigen Übersichtsartikeln zusammengefasst wurde [84–88].

2.2.1.1 „In-situ"-Polymerisation

Die „in-situ"-Polymerisation in Gegenwart von CNTs ermöglicht unter anderem die Pfropfung polymerer Makromoleküle an die äußere Wand der CNTs. Dadurch ist es möglich, Komposite mit verbesserter CNT-Dispersionsgüte und erhöhter CNT/Polymer-Grenzflächenhaftung zu realisieren. Anwendbar ist diese Technik auch für unlösliche oder thermisch instabile Polymere, die nicht aus der Lösung oder im Schmelzezustand verarbeitet werden können. Häufig werden die CNTs in Lösungsmitteln oder dem ensprechenden zu polymerisierenden Monomer vordispergiert, bevor die Polymerisation gestartet wird. In der Regel findet hier eine Ultraschall- oder Ultraturraxbehandlung Anwendung. Dies gewährleistet eine hohe CNT-Dispersionsgüte im späteren Komposit. Erste Arbeiten zu diesem Thema beschäftigten sich mit der radikalischen „in-situ"-Polymerisation von Polymethylmethacrylat (PMMA)/MWCNT-Kompositen [89], bevor später Polyethylen (PE) [90], Polypropylen (PP) [91], Polyamid (PA) [92–94] und Polycaprolacton (PCL) [95] dazukamen. Bonduel et al. gelang es, PE auf metallocenkomplexmodifizierte CNT-Oberflächen zu polymerisieren, wodurch sogenannte Konzentrate mit sehr hohen CNT-Gehalten von bis zu 44 % hergestellt werden konnten [96, 97]. Diese Konzentrate konnten wiederum in Polycarbonat (PC) eingearbeitet werden, was zu Kompositen mit einer sehr guten CNT-Dispersionsgüte in der PC-Matrix führte [98]. Einen ähnlichen Ansatz verfolgten auch Bredeau et al., die diese PE/CNT-Konzentrate mittels Schmelzemischen in Ethylenvinylacetat (EVA) einarbeiteten [99].

2.2.1.2 Kompositherstellung aus der Lösung

Die Herstellung von Kompositen aus der Lösung erfolgt oftmals in zwei Schritten. Im ersten werden die CNTs im entsprechenden Lösungsmittel, welches auch als Lösungsmittel für das zu verwendende Matrixpolymer dient, mittels Ultraschall oder unter Scherung (Ultraturrax) dispergiert. Danach wird das Polymer entweder im selben Lösungsmittel mit nachfolgendem Mischen oder direkt in dieser CNT-Dispersion gelöst und die Kompositprobe durch kontrolliertes Abziehen des Lösungsmittels geformt. Häufig werden auf diese Weise dünne Filme hergestellt. Beschrieben wurde diese Herstellung z. B. für Komposite mit MWCNTs in Polystyrol (PS) [100] und PMMA [101]. Neben der Möglichkeit, dünne Filme durch das Verdampfen des Lösungsmitttels herzustellen, können durch die Herstellung von Polymer/CNT-Lösungen elektrisch leitfähige Schichten auf Substrate aufgesprüht werden. Dies konnte z. B. erfolgreich für PC und Chitosan/CNT-Lösungen demonstriert werden [102, 103]. Das Elektrospinnen von sehr feinen Fasern, deren Durchmesser typischerweise im unteren µm-Bereich liegen, ist eine weitere Möglichkeit zur Verarbeitung von Polymer/CNT-Lösungen [104–106].

Als artverwandtes Verfahren zur Herstellung von Kompositen aus der Lösung ist der Latexansatz zu nennen. Hier liegt das Polymer in einer stabilen kolloidalen wasserbasierten Dispersion vor. Diese Dispersion wird unter Einwirkung von Ultraschall oder Scherung mit CNTs gemischt und die Polymerlatex/CNT-Lösung anschließend getrocknet oder gefriergetrocknet [107–115].

2.2.1.3 Kompositherstellung aus der Schmelze

Neben den bereits genannten Verarbeitungstechnologien stellt die Verarbeitung von thermoplastischen Polymer/CNT-Kompositen im Schmelzezustand die Methode mit der größten industriellen Relevanz dar, da sie enorme „scale-up"-Möglichkeiten bietet. Sie basiert auf Mischprozessen, die sowohl im Labor- (z. B. Kleinstmengenmischaggregate von DSM oder DACA) als auch im Industriemaßstab unter Verwendung konventioneller Verarbeitungsprozesse wie der Doppelschneckenextrusion genutzt werden können. Die Dispergierung der CNT-Agglomerate erfolgt jeweils durch einen Schereintrag in die polymere Schmelze. Die CNT-Dispersionsgüte in Polymer/CNT-Kompositen hängt dabei allerdings stark von den Mischbedingungen [116–119], der polymeren Matrix [120] und den CNT-Eigenschaften ab [119–123].

Im Vergleich zum Mischvorgang in diskontinuierlich arbeitenden Kleinstmengenmischaggregaten, bietet die Extrusion, welche zu den kontinuierlichen Mischprozessen zählt, eine weitaus größere Vielfalt der Prozessgestaltung bei der Herstellung von Polymer/CNT-Kompositen. Typischerweise werden gleichlaufende Doppelschneckenextruder verwendet. Im Vergleich zu Kleinstmengenmischaggregaten ergibt sich die Misch- bzw. Verweilzeit sowohl aus den Prozessparametern Durchsatz und Drehzahl als auch durch das Schneckendesign und kann nicht unabhängig von diesen Größen eingestellt werden. Durch den modularen Aufbau der meisten Extruder ergeben sich allein für das Schneckendesign nahezu endlos viele Varianten. Neben der Prozesslänge, die durch das Länge/Durchmesser-Verhältnis definiert wird, kann das Schneckendesign durch die Anzahl und Lage unterschiedlichster Schneckenelemente variiert werden. Die Basis für jede Extrusionsschnecke ist jedoch die Dosierzone, gefolgt von der Aufschmelzzone, die aus Knetblöcken besteht, wodurch ein Aufschmelzen der Polymergranulate sichergestellt wird. Die anschließende Förderzone bietet den größten Variationsspielraum. Sie muss Förderelemente enthalten um den Massetransport zur Düse zu gewährleisten, kann aber mit einer unterschiedlichen Anzahl an Knet- oder Mischelementen ausgestattet werden. Die Nutzung der Extrusion zur Herstellung von Polymer/CNT-Kompositen ist unter anderem nowendig, um ausreichende Mengen Material für anschließende Formgebungsprozesse bereitzustellen. Grundlegende Untersuchungen an z. B. spritzgegossenen Proben sind in der Literatur bezüglich Polymer/CNT-Kompositen aus kommerziell erhältlichen Masterbatches [124], eigens hergestellten Masterbatches [125, 126] oder durch Direkteinarbeitung beschrieben [127].

2.2.2 Netzwerkbildung und elektrische Leitfähigkeit

Da die elektrische Leitfähigkeit von Polymer/CNT-Kompositen für diese Arbeit eine wesentliche Rolle spielt, sollen im Folgenden unterschiedliche Konzepte zur Beschreibung der elektrischen Leitfähigkeit vorgestellt werden. Neben der klassischen Perkolationstheorie, die Aussagen über den kritischen Füllstoffgehalt zur Ausbildung eines elektrisch leitfähigen Netzwerkes innerhalb der Probe trifft, werden auch Aspekte wie Sekundäragglomeration und Kontaktwiderstände zwischen einzelner CNTs berücksichtigt. Diese Kontaktwiderstände spielen insbesondere für Sensorikanwendungen mit elektrisch leitfähigen Poylmer/CNT-Kompositen eine wichtige Rolle.

2.2.2.1 Perkolation von Kohlenstoffnanoröhren

Die Perkolationstheorie liefert ein Modell zur Beschreibung kritischer Phänomene in mehrphasigen Systemen, wobei eine schlagartige Änderung der Eigenschaften der Mischung auf der Ausbildung eines kontinuierlichen Netzwerkes der eigenschaftbestimmenden Komponente beruht. Im Fall eines elektrisch leitfähigen Polymerkomposites steigt die Leitfähigkeit beim Überschreiten der kritischen Füllstoffmenge (Perkolationsschwelle, p_c) des eingemischten Leitfähigkeitsadditives sprunghaft um mehrere Dekaden. Bei Füllstoffgehalten unterhalb der Perkolationsschwelle wird die Kompositleitfähigkeit durch die der Polymermatrix dominiert, die als elektrischer Isolator mit spezifischen Leitfähigkeiten im Bereich von 10^{-10} bis 10^{-15} S/m [128] bezeichnet werden kann. Eine erste Beschreibung von Perkolationsphänomenen in CNT-gefüllten Polymerkompositen geht auf Coleman et al. zurück [129]. Seitdem wurden in der Literatur die Perkolationsschwellen von CNTs in mehr als 30 Polymeren untersucht [130]. Die ermittelten Perkolationsschwellen in thermoplastischen Matrizes variierten dabei zwischen 0,02 und 11 Ma.%. Diese starke Streuung der experimentell ermittelten Werte lässt sich allein mit der statistischen Perkolationstheorie schwer erklären, denn sie berücksichtigt prinzipiell nur geometrische Größen der Füllstoffpartikel. Unter Berücksichtigung der Theorie des ausgeschlossenen Volumens (englisch *excluded volume*) ergibt sich die Perkolationsschwelle statistisch verteilter CNTs bei großen Aspektverhältnissen r nach Gleichung 2.1 [131]. Nimmt man für das Aspektverhältnis von CNTs einen Wert von 100 oder 1000 an, so ergibt sich die Perkolationsschwelle zu 0,05 bzw. 0,5 Vol.%. Es ist dabei allerdings zu berücksichtigen, dass den zur Verfügung stehenden Modellen zur Beschreibung von Perkolationsphänomenen eine geometrische Perkolation der Füllstoffpartikeln in der Matrix zu Grunde liegt, wobei sich benachbarte Partikel mindestens in einem Punkt berühren müssen. Somit werden keine „Tunnel"- oder „Hopping"-Effekte berücksichtigt, die in realen Kompositen auftreten können.

$$p_c = \frac{1}{2 \cdot r} \quad (2.1)$$

Auch für das in dieser Arbeit näher untersuchte Stoffsystem PC/MWCNT werden in der Literatur sehr unterschiedliche Perkolationsschwellen zwischen 1 und 5 Ma.% angegeben [130], wobei Pötschke et al. für eine Masterbatchverdünnungsserie im Kleinstmengenmaßstab einen Wert von 1,44 Ma.% bestimmten [116]. In Abildung 2.3(a) ist die experimentell bestimmte Kompositgleichstromleitfähigkeit σ_{DC} über dem Füllstoffgehalt p dargestellt. Wie zu erkennen ist, steigt die elektrische Leitfähigkeit der Komposite schlagartig mit Erreichen der kritischen Füllstoffmenge um etwa zehn Dekaden. Der Verlauf der elektrischen Leitfähigkeit ober- und unterhalb der Perkolationsschwelle wurde mit Potenzfunktionen nach Gleichung 2.2 und 2.3 gefittet [132–135]. Der Wert für die Exponenten s_i hängt dabei in erster Linie von der Dimensionalität des Füllstoffnetzwerkes ab [136–138]. So werden für s_1 und s_2 im zweidimensionalen Fall Werte zwischen 1,1 und 1,3 angegeben. Für dreidimensionale Netzwerke findet man in der Literatur Werte für s_1 von rund 0,7 und für s_2 im Bereich 1,7 bis 2,0.

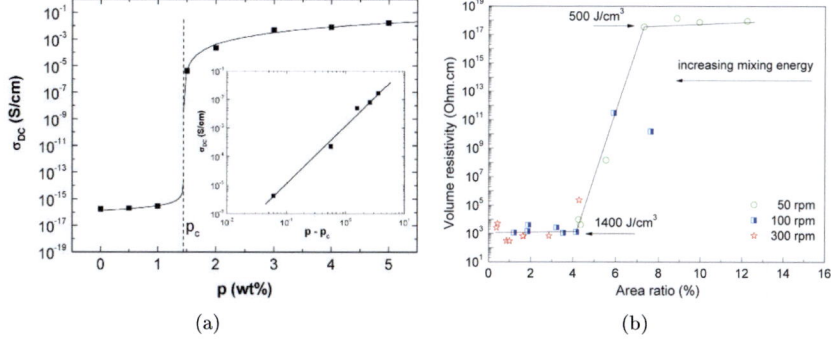

Abbildung 2.3. (a) Gleichstromleitfähigkeit σ_{DC} in Abhängigkeit vom MWCNT-Gehalt für PC-Komposite [116] und (b) elektrische Volumenleitfähigkeit in Abhängigkeit vom Primäragglomeratflächenanteil in PC-Kompositen mit 1,0 Ma.% MWCNTs [83]

$$\sigma \propto (p_c - p)^{-s_1}, p < p_c \qquad (2.2)$$

$$\sigma \propto (p - p_c)^{s_2}, p > p_c \qquad (2.3)$$

Gründe für die oftmals starken Abweichungen von experimentell bestimmten und theoretischen Perkolationsschwellen können sowohl die CNT-Beschaffenheit, -Dispersionsgüte oder -Kürzung während des Dispergierungsprozesses sein. CNTs liegen in den seltensten Fällen vollständig gestreckt vor, sondern weisen aufgrund von strukturellen Defekten, die sich durch den Herstellungsprozess ergeben, eine gekrümmte Form auf. Li et al. konnten theoretisch nachweisen, dass sich höhere Krümmungsverhältnisse bei CNTs auf die Perkolationsschwelle im Komposit auswirken. Eine Verdoppelung des Krümmungsverhältnisses, welches sich aus dem Verhältnis der CNT-Gesamtlänge zur effektiven Länge ergibt, resultiert dabei in der Verzehnfachung der Perkolationsschwelle [128]. Auch liegen CNTs häufig in stark agglomerierter Form vor. Um die einzelnen CNTs für einen Netzwerkaufbau in der polymeren Matrix zur Verfügung stellen zu können, müssen diese Agglomerate dispergiert werden. Je besser die Vereinzelung der Primäragglomerate ist, desto höher ist die Anzahl der individualisierten CNTs, die zum elektrisch leitfähigen Netzwerk beitragen können.

Kasaliwal et al. konnten zeigen, dass die elektrische Leitfähigkeit von PC/MWCNT-Kompositen, insbesondere in der Nähe der Perkolationsschwelle, stark von der makroskopischen CNT-Dispersionsgüte abhängt, welche durch den prozentualen Anteil der durch primäre Agglomerate okkupierten Fläche bei durchlichtmikroskopischen Aufnahmen quantifiziert werden kann (Abbildung 2.3(b)) [83]. Somit lässt sich erklären, dass Polymer/CNT-Komposite mit schlecht dispergierten CNT-Primäragglomeraten höhere als die zu erwartenden theoretischen Perkolationsschwellen aufweisen.

Da es bei der Dispergierung von primären CNT-Agglomeraten beim Schmelzemischen erheblicher Energieeinträge und somit Schereinwirkungen auf die Schmelze bedarf, kommt es zu signifikanten CNT-Kürzungen während des Mischprozesses [122, 139, 140], wodurch das CNT-Aspektverhältnis verringert wird. Krause et al. konnten zeigen, dass kommerzielle MWCNTs während des Schmelzemischens im Doppelschneckenextruder etwa auf ein Drittel gekürzt wurden [122, 140]. Für die kommerzielle MWCNT-Type N7000 ergab sich unter Verwendung der angegebenen x_{50}-Werte eine Kürzung von 1340 nm im Ausgangszustand auf 420 nm im verarbeiteten Zustand.

Ein weiterer Grund dafür, der eine Vorhersage der in einem Kompositsystem zu erwartenden Perklationsschwelle unter Annahme klassischer Perkolationsmodelle erschwert, ist die Tatsache, dass diese Modelle von zufällig verteilten Partikeln ausgehen, die keine Überstrukturen, wie z. B. Cluster, ausbilden. Praktisch konnte aber gezeigt werden, dass die Ausbildung von Clustern infolge einer Sekundäragglomeration individualisierter CNTs stattfindet. Erste Veröffentlichungen beschrieben diesen Effekt für Expoy/CNT-Komposite, die eine Perkolationsschwelle von 0,0025 Ma.% aufwiesen [141]. Die außerordentlich niedrige Perkolationsschwelle wurde durch eine prozessinduzierte Clusterung der CNTs im sehr niedrigviskosen Harz erreicht. Ähnliche Effekte konnten aber auch durch Alig et. al [142–144] und Pegel et al. [119] in thermoplastischen Kompositen beobachtet werden. Dabei konnte an PC/MWCNT-Kompositen gezeigt werden, dass individualisierte CNTs infolge ihrer Verarbeitungshistorie sekundäre Agglomerate mit einer geringen Packungsdichte im Vergleich zu den primären Agglomeraten ausbilden (Abbildung 2.4). Daraus resultierten deutlich höhere Leitfähigkeiten. Diese Sekundäragglomerate sind aufgrund ihrer losen Struktur und durch nicht vorhandene Verschlaufungen sehr instabil und können durch Schereinwirkungen abgebaut werden. Durch gekoppelte Messungen des elektrischen Widerstands mit oszillatorischer Scherung konnte gezeigt werden, dass der Auf- und Abbau von CNT-Netzwerken in thermoplastischen Schmelzen reversibel ist.

Als industriell relevante Formgebungsverfahren von thermoplastischen Matrizes sind insbesondere das Spritzgießen und das Faserspinnen zu nennen. Beide Verfahren führen zu stark anisotropen Proben mit sehr ausgeprägter Füllstoff- und Makromolekülorientierung. Im Fall von zylindrischen Füllstoffen bewirkt die Ausrichtung der Partikel in eine bevorzugte Richtung eine Verschiebung der Perkolationsschwelle in Richtung höherer Füllstoffgehalte, was theoretisch durch Weber et al. belegt werden konnte [145]. Praktische Arbeiten haben gezeigt, dass spritzgegossene [124, 127, 146] und gesponnene [147–150] Proben eine ausgeprägte CNT-Orientierung in Einspritz- bzw. Faserrichtung aufweisen. Für PC/CNT-Komposite konnte gezeigt werden, dass die spritzgegossenen Proben deutlich höhere elektrische Widerstände aufweisen als

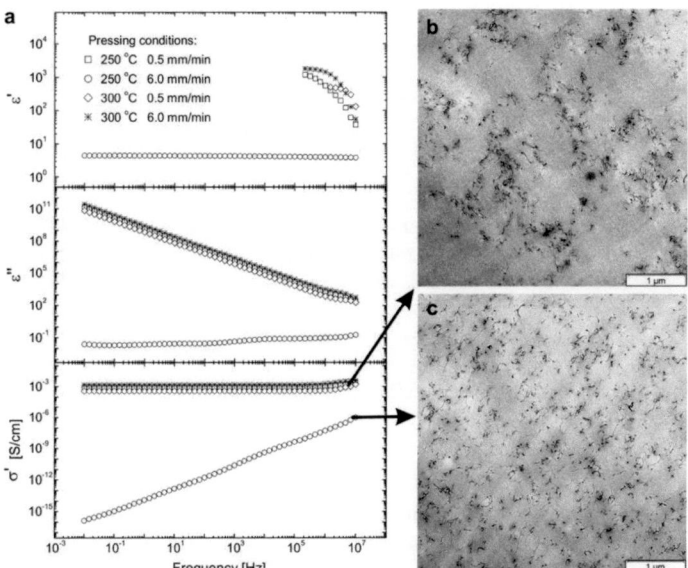

Abbildung 2.4. Frequenzabhängige Wechselstromleitfähigkeit σ' von PC/MWCNT-Kompositen, die bei unterschiedlichen Pressbedingungen verarbeitet wurden; TEM-Aufnahmen zweier Proben, wobei (a) bei 300 °C hergestellt wurde und lose gepackte CNT-Agglomerate zeigt und (b) bei 250 °C hergestellt wurde und individualisierte CNTs zeigt [119]

ihre heißgepressten Pendants, was in erster Linie auf einen hochorientierten Randbereich zurückzuführen war [124]. Die Abbildung 2.5 zeigt TEM-Aufnahmen einer spritzgegossenen PC/CNT-Kompositprobe im anisotropen Rand- bzw. isotropen Kernbereich.

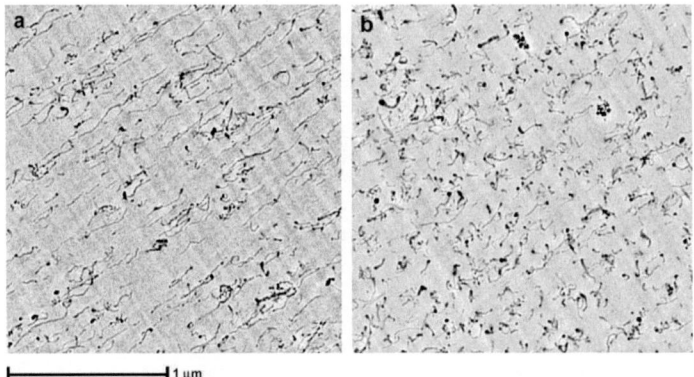

Abbildung 2.5. Spritzgegossenes PC/CNT-Komposit mit ausgeprägter CNT-Ausrichtung: TEM-Aufnahme im (a) Randbereich mit anisotroper CNT-Verteilung und (b) Kern mit statistischer Verteilung der CNTs [151]

2.2.2.2 Kontaktwiderstände in leitfähigen Netzwerken

Neben der Perkolationsschwelle ist das Leitfähigkeitsniveau von Polymer/CNT-Kompositen entscheidend für die Realisierung geplanter Anwendungen. Obwohl einzelne CNTs elektrische Leitfähigkeiten von bis zu $2 \cdot 10^5$ S/cm [42] besitzen können, liegen die maximalen Leitfähigkeiten bisher untersuchter Komposite deutlich darunter [130]. Maximale Leitfähigkeiten von $1 \cdot 10^2$ S/cm wurden an PMMA-Kompositen bei einem SWCNT-Gehalt von 10 Ma.% gemessen [152]. Werte von $3 \cdot 10^1$ und $2 \cdot 10^1$ S/cm konnten an Polyanilinkompositen mit 15 Ma.% SWCNT [153] bzw. Polyurethankompositen mit 15 Ma.% MWCNT [154] gemessen werden. Kovacs et al. veröffentlichen Leitfähigkeiten von Epoxid/CNT-Kompositen, die oberhalb der Perkolationsschwelle der Gleichung 2.4 folgten [155]. Die dort ermittelten Werte in S/m gelten als maximal erzielbare Leitfähigkeiten für Komposite mit kommerziellen CNTs, die zu einem gewissen Grad verfilzt und gekrümmt sind.

$$\sigma = 5 \cdot 10^2 \cdot p^{2,7} \qquad (2.4)$$

Die Ursache für die deutlich niedrigeren elektrischen Leitfähigkeiten im Komposit im Vergleich zur Leitfähigkeit einzelner CNTs kann über Kontaktwiderstände erklärt werden. Messungen in der Arbeitsgruppe von Fr. Dr. Pötschke haben gezeigt, dass kommerzielle CNT-Materialien in pulvriger Anlieferungsform auch unter hohen Drücken von bis zu 30 MPa Leitfähigkeiten von lediglich 20 S/cm aufweisen (unveröffentlicht). Dies kann durch Übergangs- bzw. Kontaktwiderstände zwischen benachbarten CNTs begründet werden. Experimentelle Messungen von Bekyarova et al. ergaben Kontaktwiderstände von 100 bis 400 kΩ für Kreuzungspunkte zwischen SWCNT-Paarungen mit rein metallischen oder halbleitenden Eigenschaften. Die Kontaktwiderstände eines Kreuzungspunktes mit gemischt leitfähigen SWCNTs ist etwa zwei Größenordnungen höher [156]. Theoretische Berechnungen lieferten CNT-Kontaktwiderstände zwischen 100 kΩ und 3,4 MΩ [157]. Es wird angenommen, dass die Einarbeitung und Vereinzelung von CNTs in einer polymeren Matrix zur Folge hat, dass sich Polymerketten an die CNTs anlagern und diese einhüllen. Dadurch ergeben sich in Abhängigkeit vom Füllstoffgehalt und den gewählten Verarbeitungsbedingungen Abstände zwischen benachbarten CNTs, die wiederum den resultierenden Kontaktwiderstand beeinflussen. Der Tunneleffekt kann dabei erwartet werden, solange die isolierende Schicht zwischen den CNTs ausreichend dünn ist [158]. Li et al. konnten theoretisch nachweisen, dass die maximale Tunneldistanz benachbarter CNTs in Kompositen basierend auf einer Epoxid- sowie einer Aluminiummatrix etwa 1,8 nm beträgt [159]. Für die in Polymer/Ruß (englisch *carbon black*, CB)-Kompositen mindestens zu überwindende Tunneldistanz gab Balberg bereits 1987 einen Wert von etwa 20 Å an [160]. Bei Überschreiten der maximalen Tunneldistanz wird die Kompositleitfähigkeit durch die Matrixleitfähigkeit dominiert. Bereits Simmons erkannte, dass der Kontaktwiderstand elektrischer Kontakte sowohl vom Abstand der Kontaktpunke als auch von den dielektrischen Eigenschaften des isolierenden Materials abhängt. Auf ihn ist die Herleitung der Gleichung für die elektrischen Stromdichte j an Kontaktpunkten als Funktion der relativen dielektrischen Permittivität ϵ_r, im Englischen oft als κ bezeichnet, zurückzuführen [161]. Der spezifische Tunnelwiderstand σ_K in Ω m^2 an einem solchen CNT-CNT-Kontaktpunkt ergibt sich somit nach Gleichung 2.5 als Quotient aus der elektrischen Spannung U und j. Unter Berücksichtigung der im Kreuzungspunkt zweier CNTs mit dem Durchmesser d_{CNT} involvierten Kontaktfläche A_K (Gleichung 2.6), ergibt sich der Tunnelwiderstand R_K nach Gleichung 2.7. Der Gesamtwiderstand eines CNT-CNT-Kontaktpunktes R_G ergibt sich aus der Summe des Tunnelwiderstandes und dem Widerstand des direkten Kontaktes (R_{DK}) für eine Tunneldistanz von Null (Gleichung 2.8).

$$\sigma_K = \frac{U}{j(\epsilon_r)} \quad (2.5)$$

$$A_K = d_{CNT}^2 \quad (2.6)$$

$$R_K = \frac{\sigma_K}{A_K} \quad (2.7)$$

$$R_G = R_{DK} + R_K \quad (2.8)$$

Somit ergibt sich die elektrische Leitfähigkeit eines Komposits mit einem konstanten CNT-Gehalt als Funktion des Kontaktwiderstandes benachbarter CNTs und der relativen dielektrischen Permittivität ϵ_r. Es ergeben sich dabei steigende Kontaktwiderstände für zunehmende ϵ_r-Werte [161]. Die Abbildung 2.6(a) zeigt die Abhängigkeit der elektrischen Leitfähigkeit eines mehrlagigen Modellkomposites, welches sich aus in der Ebene statistisch verteilten CNTs in einer Polymer- oder Aluminiummatrix zusammensetzt [162], vom Kontaktwiderstand bei einem konstanten CNT-Gehalt von 0,15 Vol.%. Die Kompositleitfähigkeit sinkt dabei, unbeeinflusst von der intrinsischen CNT-Leitfähigkeit σ_{NT}, linear mit steigendem Kontaktwiderstand. Im weiteren bleibt die kritische Konzentration an CNTs zur Ausbildung eines perkolierten Netzwerkes in der Matrix, wie in Abbildung 2.6(b) dargestellt, von der Größe des Kontaktwiderstandes unbeeinflusst. Vielmehr verringert sich das Leitfähigkeitsniveau der Komposite oberhalb der Perkolationsschwelle mit zunehmenem Kontaktwiderstand [159]. Für beide Modellkomposite, basierend auf einem Expoxid und Aluminium, wurden dabei ähnlich Widerstandsniveaus ermittelt, was auf die sehr ähnlichen dielektrischen Permittivitäten der Materialien zurückzuführen ist ($\epsilon_{r,Epoxid}$=4,0 und $\epsilon_{r,Aluminium}$=4,5). Mit Hilfe dieser Arbeiten konnte eine Erklärung für die unterschiedlichen Leitfähigkeitsniveaus in CNT-gefüllten Kompositen mit verschiedenen Polymermatrizes geliefert werden. Für andere Matrixpolymere, die niedrigere ϵ_r-Werte aufweisen (z. B. 2,1 für Polytetrafluorethylen (PTFE) und 3,2 für PA), sollten sich entsprechend höhere Leitfähigkeitsniveaus ergeben.

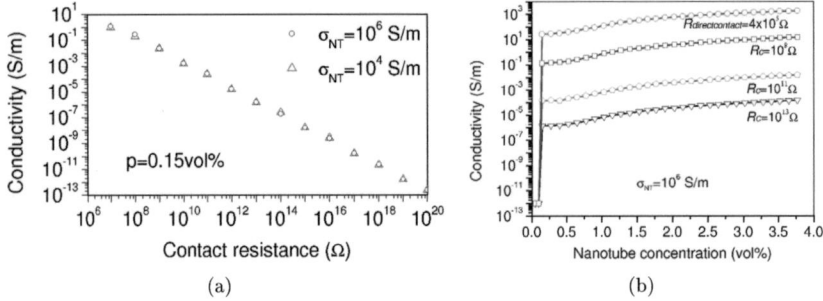

Abbildung 2.6. Elektrische Leitfähigkeit (englisch *conductivity*) eines Modellkomposites bei (a) konstantem CNT-Gehalt von 0,15 Vol.% und (b) Variation des CNT-Gehaltes und Kontaktwiderstandes [159]

2.3 Polymer/CNT-Komposite - Sensorik

2.3.1 Einleitung

Im Rahmen dieser Arbeit wurden Kompositmaterialien hergestellt und hinsichtlich ihrer sensorischen Eigenschaften charakterisiert. Dabei stellen die Komposite selbst nur Sensormaterialien aber jedoch keine Sensoren dar. Als „Sensor" (von lateinisch *sentire* „empfinden", „fühlen", „spüren") oder auch „Messfühler" bezeichnet man technische Bauteile, die bestimmte physikalische oder chemische Eigenschaften (z. B.: Wärmestrahlung, Temperatur, Feuchtigkeit, Druck, Schall, Helligkeit oder Beschleunigung) und/oder die stoffliche Beschaffenheit seiner Umgebung qualitativ oder als Messgröße quantitativ erfassen. Diese Größen werden mittels physikalischer oder chemischer Effekte erfasst und in weiterverarbeitbare Größen (meist elektrische Signale) umgeformt. Bei Sensoren zur Detektion gasförmiger Substanzen werden besonders an die Selektivität, Sensitivität, Handhabbarkeit und den Preis hohe Anforderungen gestellt. Die Sensitivität, die auch als Empfindlichkeit oder Kennlinie eines Sensors bezeichnet werden kann, ist dabei als Quotient des Ausgangssignals und der physikalischen Eingangsgröße definiert. Im Idealfall kann der Zusammenhang durch eine Gerade beschrieben werden. Darüber hinaus ist insbesondere eine hohe Selektivität von Chemosensoren, also die Einschränkung der Sensorreaktion auf eine Zielsubstanz, schwer zu realisieren, da die Sensoren in direkter Wechselwirkung mit ihrer Umgebung stehen. Dadurch sind sie auch wesentlich anfälliger für Querempfindlichkeit (andere Stoffe die nicht zu der Zielkomponente gehören rufen ein Sensorsignal hervor), Korrosion, Drift und Alterung. Des Weiteren werden hohe Sensitivitäten gefordert, um die Detektion sehr niedriger Gaskonzentrationen von wenigen Volumenprozenten bis hin zu wenigen „Teilen von einer Million" (englisch *parts per million*, ppm) zu ermöglichen. Bei resistiven Messprinzipien beeinflusst das zu messende Gas oder Gasgemisch direkt die Leitfähigkeit einer gasempfindlichen Sensorschicht. Diese häufig konzentrationsabhängige Widerstandsänderung dient dabei als Messgröße. Im Fall der kapazitiven Sensoren wird die Änderung der Kapazität eines Kondensators mit gasempfindlichem Dielektrikum gemessen. Eine dritte häufig angewandte Methode ist die Charakterisierung der optischen Eigenschaften (Brechungsindex, Absorptionsspektrum im Infrarotbereich, Intensität, Lumineszenz, etc.) eines mit Gas gefüllten Probenraumes.

Anwendung finden Gassensoren insbesondere in der Sicherheitstechnik, bei der der Explosionsschutz (Methan- und Kohlenmonoxiddetektion in Bergwerken, Wasserstoffdetektion bei Brennstoffzellen), die Detektion von Gaslecks (Erdgasversorgung, Flüssiggas), der Vergiftungsschutz (personengebundene Kohlenmonoxid- und Schwefelwasserstoffüberwachung), und die Leckageerkennung (Überwachung von Chemielagern mit flüchtigen organischen Komponenten, Lösungsmitteln und Kühlmitteln) eine wichtige Rolle spielen. Ebenfalls gehören Brandmelder und Alkoholtestgeräte für den Straßenverkehr zu wichtigen Anwendungen der Gassensoren. Ein weiterer bekannter Gassensor ist die Lambdasonde, die im Automobil den jeweiligen Restsauerstoffgehalt des Verbrennungsabgases misst, um das optimale Verhältnis von Verbrennungsluft zu Kraftstoff für die weitere Verbrennung so regeln zu können, dass weder ein Kraftstoff- noch ein Luftüberschuss auftritt.

2.3.2 Stand der Technik

Die Detektion von Leckagen mit ein- bzw. austretenden Flüssigkeiten und Gasen ist in vielen Bereichen notwendig, um die Funktionsweise von sicherheits- oder kos-

2 Grundlagen und wissenschaftlicher Kenntnisstand

tenrelevanten Komponenten sicherzustellen. Zum Beispiel kann Feuchtigkeit in Gebäudehüllen, entweder aufgrund von undichten Stellen oder Kondenswasserbildung, schwerwiegende und kostenintensive Folgen haben. Um etwaige Folgekosten zu minimieren, werden in der Praxis häufig Wartungsintervalle eingerichtet, um anfällige Gebäudekonstruktionen wie z. B. große Flachdächer von Industriekomplexen zu überwachen. Dabei kommt unter anderem die Infrarottechnologie zum Einsatz, die die Aufnahme von Wärmebildern ermöglicht und somit Wasserschäden sichtbar macht. In Abbildung 2.7 sind eine kommerziell erhältliche Infrarotkamera der Firma Flir Systems GmbH (Abbildung 2.7(a)) und zwei Anwendungsbeispiele zur Detektion eines Regenwassereintritts bei einem Flachdach (Abbildung 2.7(b)) bzw. dem Auffinden eines Gaslecks in einer Rohrleitung (Abbildung 2.7(c)) dargestellt [163].

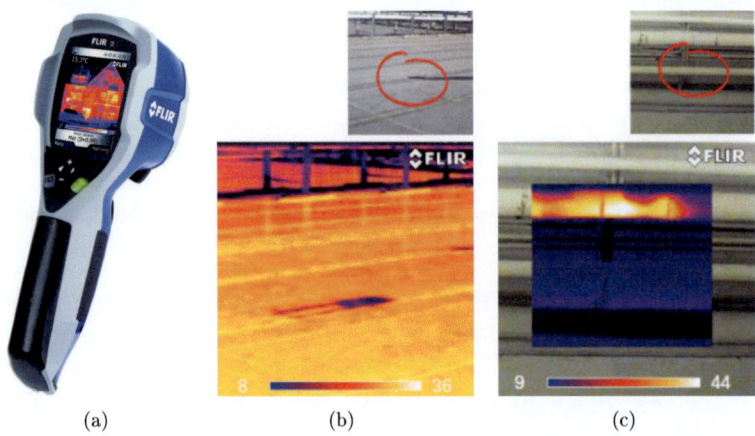

(a)   (b)   (c)

Abbildung 2.7. Praxisrelevante Leckagedetektion mittels Infrarottechnologie [163]: (a) handelsübliche Infrarotkamera der Firma Flir Systems GmbH und Anwendungsbeispiele zur Detektion (b) eines Regenwassereintritts bei einem Flachdach und (c) eines Gaslecks in einer Rohrleitung

Für Anwendungen in sicherheitsrelevanten Industrieabläufen sind in der Regel Lösungen gefragt, die die Inline-Überwachung von Gefäßen, Tanks und Leitungen ermöglichen. Da diese oft großflächigen Komponenten nicht ausreichend orts- und zeitaufgelöst mittels Infrarottechnologie untersucht werden können, werden Alternativen benötigt. Eine bereits kommerzielle Lösung unter Verwendung einer optischen Sensortechnologie liefert die Firma Baumer Holding AG (siehe Abbildung 2.8), welche eine Inline-Überwachung von Flüssigkeitsreservoirs ermöglicht [164]. Die Leckagesensoren (Abbildung 2.8(a)) können am tiefsten Punkt direkt unter oder neben dem Tank montiert werden und ermitteln somit Unterschiede in der Reflektion des Lichtstrahls bei ausgetretener Flüssigkeit (Abbildung 2.8(b)).

Kommerzielle Sensorsysteme, wie sie hier vorgestellt wurden, können allerdings für gewisse Anwendungen infolge konstruktiver Gegebenheiten nicht nutzbar sein. Die-

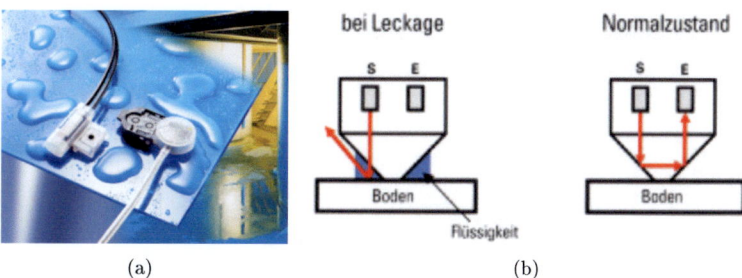

(a) (b)

Abbildung 2.8. Optische Leckagesensorik der Firma Baumer Holding AG [164]: (a) optischer Sensor und (b) konstruktive Lösung zur Überwachung eines Tankes

se Lücke könnte z. B. durch intelligente Textilien mit sensorischen Eigenschaften geschlossen werden. Diese elektrisch leitfähigen polymeren Textilien mit z. B. Kohlenstoffnanoröhren könnten die Wechselwirkung mit zu detektierenden Flüssigkeiten als elektrisches Signal infolge der Textilleitfähigkeitsänderung ausgeben. Solche Textilien sind sehr flexibel und könnten großflächig und formschlüssig in bestehende Konstruktionen integriert werden.

2.3.3 Designkonzepte

Neben der Verbesserung der elektrischen, thermischen und mechanischen Eigenschaften von Polymerkompositen durch die Zugabe kohlenstoffhaltiger Füllstoffe können darüber hinaus weitere neue Funktionen erzeugt werden. Seit der Jahrtausendwende sind elektrisch leitfähige Polymerkomposite (englisch *conductive polymer composites*, CPCs) auf Kohlenstoffbasis Gegenstand umfangreicher Arbeiten geworden, um deren Anwendbarkeit als Sensoren für die Detektion von Temperaturänderungen, mechanischen Beanspruchungen und/oder Chemikalien in Form von Gasen oder Flüssigkeiten zu erforschen. In der Literatur wurden bisher unterschiedlichste CPC-Designs mit CNTs vorgestellt und deren Nutzung für sensorische Anwendungen diskutiert [5]. Bisher wurden CPCs hergestellt, bei denen die CNTs teilweise [165] (Abbildung 2.9(a)) oder vollständig (Abbildung 2.9(c)) [95, 166–174] in die Polymermatrix eingebracht wurden, bzw. ein polymeres Substrat (z. B. eine Faser) mit CNTs beschichtet wurde [175, 176] (Abbildung 2.9(b)).

Die Herstellung von dünnen sensorischen Filmen [165–169] kann dabei unter anderem durch die Verarbeitung aus der Lösung realisiert werden. Auf diese Weise können gezielt hierarchische Kompositaufbauten erzielt werden [95], welche prinzipiell die Imprägnierung elektrisch isolierender Oberflächen ermöglicht. Solche elektrisch modifizierten Oberflächen könnten dadurch ebenfalls als Sensoren fungieren, auch wenn dies bisher nicht experimentell belegt werden konnte. Im Kontext mit der großindustriellen Herstellung sensorischer CPCs weisen Materialien mit vollständig

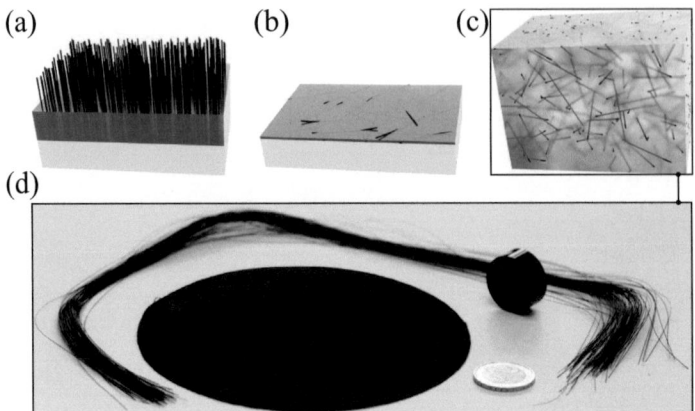

Abbildung 2.9. Designs verschiedener sensorischer CPCs: (a) teilweise eingebettete CNTs im Polymer, (b) ein Polymersubstrat beschichtet mit CNTs und (c) vollständig eingebettete CNTs im Polymer und (d) mögliche sensorische CPC-Formteile (Fasern, gepresste Platte und Zylinder, 2-€-Münze als Größenvergleich).

eingebetteten CNTs das größte Potential in Hinblick auf die zur Verfügung stehenden Schmelzeverarbeitungsprozesse dar, denn mit Spritzguss, Heißpressen [170, 171], Folienblasen, oder Faserspinnen [172–174] könnten maßgeschneiderte CPC-Sensoren kostengünstig hergestellt werden.

2.3.4 Leckagedetektion von Fluiden mit Polymer/CNT-Kompositen

Die Verwendung von Polymerkompositen mit CNTs in Chemosensoren basiert auf der Tatsache, dass diese Materialien in Wechselwirkung mit in der Umgebung befindlichen gasförmigen oder flüssigen Substanzen treten können. Diese Interaktion äußert sich in seiner einfachsten Form in einer Aufnahme von Fremdmolekülen, die zu einer Volumenzunahme des sensorischen Kompositmaterials führt. Die Stärke der Wechselwirkung wird dabei maßgeblich von der Affinität der polymeren Matrix des Komposites zum jeweiligen Fremdmolekül bestimmt. Die Ausdehnung des Komposites hat zwangsläufig eine Aufweitung des elektrisch leitfähigen Füllstoffnetzwerkes zur Folge, was sich in einem Ansteigen der Kontaktwiderstände zwischen benachbarten Füllstoffpartikeln äußert (siehe Kapitel 2.2.2.2). Aus diesem Grund hat es sich auf dem Gebiet der elektrisch leitfähigen Komposite für Sensoranwendung durchgesetzt, die elektrische Widerstandsänderung als Messsignal zu nutzen. Die Widerstandsänderung wird dabei in der Regel gemäß Gleichung 2.9 als relative Änderung des Probenwiderstandes R_{rel} beim Kontakt mit den Fremdmolekülen angegeben. Unter Berücksichtigung des Ausgangswiderstandes R_A und des Probenwiderstandes R_t zum Zeitpunkt t können Sensormaterialien mit z. B. unterschiedlichen Widerstandsniveaus infolge variierender Füllstoffgehalte direkt verglichen werden.

2.3.4 Leckagedetektion von Fluiden mit Polymer/CNT-Kompositen

$$R_{rel} = \frac{R_t - R_A}{R_A} \cdot 100\% \qquad (2.9)$$

Auch wenn hoch sensitive Sensoren auf der Basis von reinen CNTs hergestellt werden konnten [177], stellen diese aufgrund der geringen Größe und komplizierten Herstellung keine Alternative zu großflächigen kompositbasierten Sensormaterialien dar. Seit den ersten Arbeiten an sogenannten elektronischen Nasen (englisch *electronic nose* oder *e-nose*) Anfang der 90er Jahre des letzten Jahrhunderts [178], wurden eine Vielzahl von Kombinationen aus verschiedenen Matrixpolymeren und elektrisch leitfähigen Füllstoffen hinsichtlich ihrer Eignung als Gassensoren untersucht. Dabei standen eine hohe Sensitivität und eine mögliche Unterscheidbarkeit verschiedener Fremdmoleküle im Vordergrund. Erste Arbeiten an einer CNT-gefüllten PMMA-Matrix haben gezeigt, dass organische Dämpfe verschiedener Lösungsmittel (Dichlormethan, Chloroform und Aceton) sicher und reproduzierbar detektiert werden können [166, 179]. Eine deutliche Erhöhung der maximalen relativen Widerstandsänderungen konnte durch eine gezielte Oberflächenmodifikation der CNTs durch Oxidation mittels Kaliumpermanganat erreicht werden, was von den Autoren im wesentlichen auf zwei Ursachen zurückgeführt wurde. Durch Adsorption polarer funktioneller Gruppen auf den oberflächenmodifizierten CNTs wurden auch bei dem Kontakt mit Methanol deutlich höhere elektrische Widerstandsänderung gemessen, obwohl Methanol prinzipiell eine sehr geringe Affinität zu PMMA zeigt. Des Weiteren stieg der Ausgangswiderstand der untersuchten Proben generell durch die Einarbeitung der modifizierten CNTs im Vergleich zu den unmodifizierten CNTs im Ausgangszustand, was die Autoren auf unterschiedliche Dispersionszustände und eine veränderte Kompatibilität zwischen den CNTs und der Polymermatrix zurückführten. Wang et al. beschrieben eine Abhängigkeit der maximalen relativen Widerstandsänderung von Polymer/MWCNT-Kompositen in Abhängigkeit von der Polymermatrix/Dampf-Kombination [180]. Dabei wurden Komposite auf der Basis von Polyvinylpyridin, Polystyrol-b-Vinylpyridin und Polystyrol-co-Vinylpyridin mit Dämpfen von Methanol, Chloroform und Tetrahydrofuran mit Konzentrationen zwischen 1.000 und 10.000 ppm beaufschlagt und die unterschiedlichen elektrischen Antwortfunktionen im Kontext mit der Kompositmorphologie und der Natur der Lösungsmitteldämpfe diskutiert. Da leider keine Ausgangswiderstände der verschiedenen CNT-Komposite angegeben wurden, kann nicht ausgeschlossen werden, dass die unterschiedlichen elektrischen Messsignale auf unterschiedliche Dispersionszustände und nicht auf die spezifischen Wechselwirkungen zurückzuführen sind. Neben der erfolgreichen Detektion von zahlreichen organischen Lösungsmitteldämpfen [103, 175, 181–187], gelang es, kompositbasierte Sensormaterialien für die Detektion von Wasserdampf zu entwickeln [188–190]. Bouvree et al. [191] und Kumar et al. [103] nutzten dafür Komposite auf der Basis des Naturpolymers Chitosan, welches eine sehr hohe Quellbarkeit in Wasser aufweist. In Abbildung 2.10(a) ist die relative elektrische Widerstandsänderung eines chitosanbasierten Komposits mit CNTs beim Kontakt mit gesättigtem Wasserdampf im Vergleich zum Kontakt mit Methanol und Toluol dargestellt. Die maximal gemessene relative Widerstandsänderung von etwa 120 % nach 15 Minuten ist dabei nachweislich für Wasserdampf im Vergleich zu den beiden organischen Lösungsmitteldämpfen am höchsten. Weitere Feuchtigkeitssensoren wurden auf der Basis einer Nafionmatrix und CNTs entwickelt, um Wasserkonzentrationen von wenigen ppm zu detektieren [192].

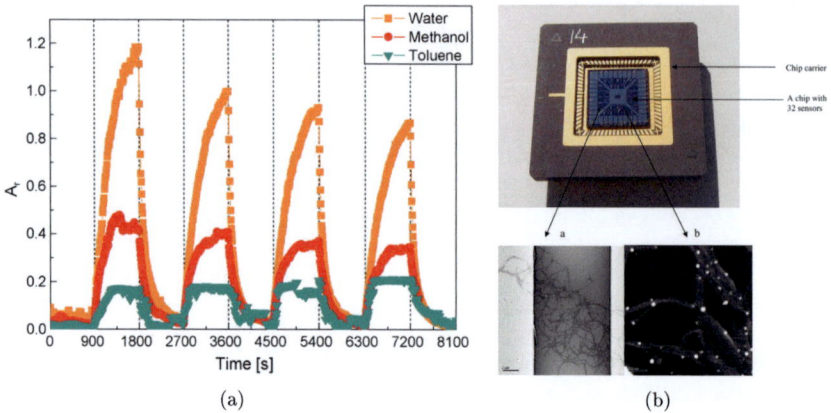

Abbildung 2.10. (a) Relative elektrische Widerstandsänderung ($A_r \cdot 100\ \% \mathrel{\hat{=}} R_{rel}$) einer Chitosan/CNT-Kompositprobe beim Kontakt mit unterschiedlichen gesättigten Dämpfen [191] und (b) Array bestehend aus 32 Sensoren, basierend auf Polymer/SWCNT-Beschichtungen [193]

Wie schon erwähnt, wird von Gassensoren für viele Anwendungsfälle ein hohes Maß an Selektivität erwartet, was bei der Verwendung von polymerbasierten Kompositmaterialien ungleich schwerer zu realisieren ist als bei ihren anorganischen Pendants. Polymere weisen gewisse Wechselwirkungsbereiche auf und reagieren selten ausschließlich auf ein spezifisches Fremdmolekül. Aus diesem Grund können unterschiedliche Gase oft nur dann zuverlässig voneinander unterschieden werden, wenn mehrere Sensoren parallel geschaltet werden, die jeweils unterschiedliche Wechselwirkungen zum zu detektierenden Fremdmolekül aufweisen. So kann jeder Sensor des Arrays mit einer spezifischen elektrischen Antwort auf den Kontakt mit dem Fremdmolekül reagieren und die Gesamtheit der Antworten kann über Mustererkennungstechniken analysiert werden. Erfolgreich konnte dies bereits für ein Array bestehend aus 32 Einzelsensoren demonstriert werden, wobei die sensorische Schicht des Substrats aus unfunktionalisierten und mit unterschiedlichen metallischen Nanopartikeln dekorierten SWCNTs, überzogen von dünnen Polymerbeschichtungen bestand (Abbildung 2.10(b)) [193]. Ein ähnliches Konzept der Mustererkennung im Kontext mit Sensorarrays wurde für andere Stoffsysteme durch Chang et al. vorgestellt [183].

Feller et al. nutzen das Langmuir-Henry-Cluster (LHC)-Modell, welches sich von klassischen Absorptionsformalismen ableitet, um die konzentrationsabhängige elektrische Widerstandsänderung von CPC-Sensoren zu erklären [176, 194]. Das Modell ermöglicht die Berechnung der relativen elektrischen Widerstandsänderung (hier A_r

mit $A_r \cdot 100\ \% \mathrel{\widehat{=}} R_{rel}$) gemäß Gleichung 2.10 unter Berücksichtigung dreier additiver Terme, die konzentrationsabhängige Prozesse wie Adsorption, Diffusion und Clusterung beinhalten. Die Gleichung enthält den Langmuir-Affinitätskoeffizienten b_L, die Gaskonzentration f, die Gaskonzentration f' ab der eine Clusterung auftritt, die Gaskonzentration f'' ab der die Langmuir-Adsorption in die Henry-Diffusion übergeht, den Henry-Löslichkeitskoeffizienten k_H und die Anzahl an Gasmolekülen n', die in Clustern gebunden sind.

$$A_r = \frac{b_L \cdot (f'' - f) \cdot f}{(1 + b_L) \cdot f} + k_H \cdot f + (f - f') \cdot f^{n'} \qquad (2.10)$$

Die Abbildung 2.11(a) (schematische Darstellung) zeigt anschaulich, wie sich die einzelnen konzentrationsabhängigen Mechanismen grundlegend auf die relative elektrische Widerstandsänderung von CPCs auswirken. Das Modell wurde zur Beschreibung der gaskonzentrationsabhängigen Widerstandsänderung von Sensoren basierend auf verschiedenen Kompositmaterialien angewendet [95, 103, 176, 194]. Unter anderem wurden Komposite mit hierarchischen Strukturen auf der Basis von kleinen CNT-dekorierten PMMA-Kugeln hergestellt (Abbildung 2.11(b)). Diese wurden in Ethanol dispergiert und schichtweise auf entsprechend strukturierte Elektroden gesprüht [176]. Diese sensorischen CPCs wurden anschließend mit den Lösungsmitteln Methanol, Toluol, Chloroform und Wasser in Kontakt gebracht, wobei die Lösungsmitteldampfkonzentration durch separate Durchflussregler für Ströme reiner Luft und des entsprechenden gesättigten Dampfes eingestellt wurden. Die maximale zeitabhängige relative Widerstandsänderung der Komposite nach erreichen eines Gleichgewichtszustandes wurde dann wie in Abbildung 2.11(a) (im Diagramm ist $A_r \cdot 100\ \% \cong R_{rel}$) über der Gaskonzentration aufgetragen und die Kurven mit dem LHC-Modell gefittet.

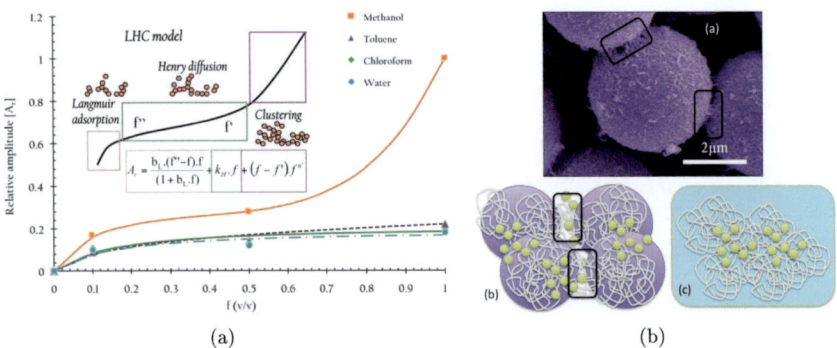

Abbildung 2.11. (a) schematische Darstellung des LHC-Modells zur Beschreibung der gaskonzentrationsabhängigen relativen Widerstandsänderung von CPC-Sensormaterialien [176, 194] und praktische Anwendung des LHC-Modells auf die elektrische Antort eines Sensors basierend auf PMMA/CNT-Kompositen; (b) hierarchische Architektur von CNT-dekorierten PMMA-Kugeln: (aa) Rasterelektronenmikroskopie (REM)-Aufnahme und (ab) schematische Darstellung der Überbrückung einzelner PMMA-Kugeln durch CNTs und (ac) eine schematische Darstellung des weitläufigen Netzwerkes im Kontakt mit Fremdmolekülen (symbolisiert durch gelbe Kreise) [176]

Die Sensitivität von Kompositsensoren hängt stark von der maximalen relativen Widerstandsänderung der Sensoren beim Kontakt mit den zu detektierenden Fremdmolekülen ab und wird dadurch maßgeblich vom CNT-Gehalt und der Morphologie der Polymer/CNT-Komposite (CNT-Dispersion und -Distribution) beeinflusst [169, 175, 191]. Fan et al. konnten für sensorische Fasern auf der Basis von thermoplastischem Polyurethan (TPU) und MWCNTs zeigen, dass die relative Widerstandsänderung der Fasern bei einem 120 s dauernden Kontakt mit Chloroform bei einer

2.3.4 Leckagedetektion von Fluiden mit Polymer/CNT-Kompositen

Konzentration von 7 % exponentiell abnimmt. Bezüglich der Selektivität der Fasern konnte gezeigt werden, dass die Polarität der untersuchten sieben Lösungsmittel eine wichtige Rolle spielt. Die relative Widerstandsänderung der Fasern sank mit steigendem polaren Anteil des Hansen-Löslichkeitsparameters der Lösungsmittel. Es wurde argumentiert, dass eine gewisse Anreicherung der recht unpolaren Weichsegmente des TPUs im Randbereich der Fasern zu einer stärkeren Affinität zu gering polaren Substanzen führt. Auf diese Weise konnte gezeigt werden, dass die Wechselwirkung zwischen der Polymermatrix eines sensorischen Komposites und den entsprechenden Fremdmolekülen ein wichtiger Aspekt ist, um die Selektivität solcher Sensormaterialien zu beschreiben. Bouvree et al. nutzten einen ähnlichen Ansatz, um die unterschiedlichen Niveaus der Widerstandsänderungen in Chitosan/CNT-Kompositen zu erklären [191]. Die Abbildung 2.12 zeigt die relative Widerstandsänderung zweier Komposite mit verschiedenen Chitosanmatrizes nach 15-minütigem Kontakt mit gesättigten Wasser-, Methanol- und Toluoldämpfen. Um ein Maß für die Wechselwirkung zwischen den Polymermatrizes und den verschiedenen Fremdmolekülen zu erhalten, wurde jeweils der Flory-Huggins-Wechselwirkungsparameter χ_{12} berechnet. Für die Kombination Chitosan/Methanol ergab sich der geringste Wert, was einer im Vergleich zu den anderen Dämpfen hohen Affinität zum Polymer entspricht. Diese spiegelt sich allerdings nicht in den gemessenen elektrischen Widerstandswerten wider und so wurde ebenfalls der polare Anteil des Hansen-Löslichkeitsparameters δ_P herangezogen (siehe Abbildung 2.12). Aufgrund der hohen Polarität des Chitosans scheint die Detektion von polaren Fremdmolekülen deutlich vorteilhafter zu sein. Als weitere Einflussgrößen auf das Niveau der relativen Widerstandsänderungen wurden der Lösungsmittelmoleküldurchmesser d und die relative dielektrische Permittivität ϵ_r angeführt. Um letztendlich aber sichere Zusammenhänge zwischen der elektrischen Antwort der Sensormaterialien und den Lösungsmitteleigenschaften ableiten zu können, müssten deutlich mehr als drei Lösungsmittel getestet werden. Ähnliches gilt für andere Arbeiten, bei denen der χ_{12}-Parameter für einen sehr kleinen Datensatz von wenigen Lösungsmitteln angesetzt wurde, um die Abhängigkeit von R_{rel} von Lösungsmitteleigenschaften zu diskutieren [102, 103]. Ebenfalls haben Arbeiten von Feller et al. gezeigt, dass die Betrachtung des χ_{12}-Parameters nicht immer zu sinnvollen Korrelationen mit den ermittelten Widerstandsänderungen von Polymer/CNT-Kompositen führt. In diesem Fall wurde der elektrische Widerstandsverlauf von PCL/CNT-Kompositen beim Kontakt mit Wasser, Methanol, Toluol, Tetrahydrofuran und Chloroform untersucht. Dabei wurde für ausgewählte Lösungsmittel eine exponentielle Zunahme von R_{rel} mit sinkendem χ_{12}-Parameter ermittelt, auch wenn Tetrahydrofuran deutlich von diesem Trend abwich. Aus diesem Grund legten die Autoren nahe, dass weitere Parameter, wie der Sättigungsdruck und die Molekülgröße der Lösungsmittel, betrachtet werden müssten.

Neben der Nutzung von Polymer/CNT-Kompositen als Gassensoren haben Arbeiten gezeigt, dass solche neuartigen Materialien auch als Flüssigkeitssensoren fungieren können. Erste Arbeiten auf diesem Gebiet wurden um die Jahrtausendwende veröffentlicht, wobei zu Beginn leitrußgefüllte Komposite auf der Basis unterschiedlichster Polymermatrizes (Homopolymere: Polyethylenglycol (PEG) [195], PCL [195], TPU [196]; Copolymer: Polyethylenadipat [195]; unmischbare Blends: PS/EVA [197],

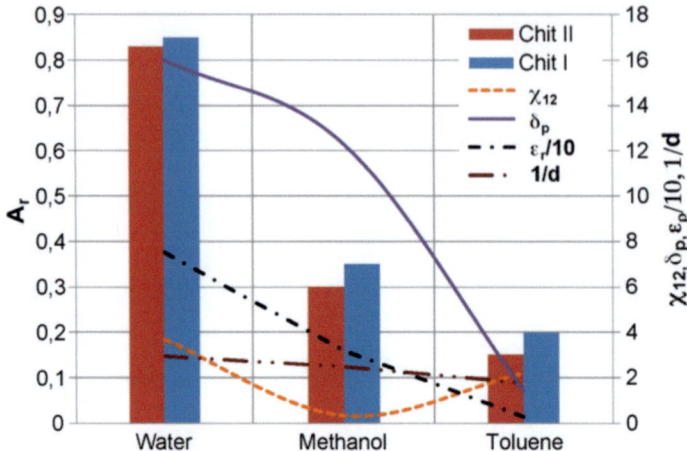

Abbildung 2.12. Korrelation der relativen elektrischen Widerstandsänderung ($A_r \cdot 100$ % $\cong R_{rel}$) von Chitosan/CNT-Kompositsensoren nach 15-minütigem Kontakt mit verschiedenen gesättigten Lösungsmitteldämpfen mit dem Flory-Huggins-Wechselwirkungsparameter χ_{12} und Lösungsmitteleigenschaften: δ_P, ϵ_r und d [191]

PP/PA6 [198], PP/TPU [199]) verwendet wurden. Die ersten Komposite mit CNTs für die Detektion von Flüssigkeiten wurden in der Arbeitsgruppe von Pötschke et al. verwendet [170–174, 200, 201]. Neben dem bereits diskutierten Einfluss des CNT-Gehaltes konnte für sensorische Komposite auf der Basis von Polylactid (PLA) und MWCNTs gezeigt werden, dass die elektrische Widerstandsänderung in Zusammenhang mit Hildebrand-Löslichkeitsparametern diskutiert werden kann [171]. Die Abbildung 2.13(a) zeigt, dass die maximale relative Widerstandsänderung der Komposite mit zunehmender Ähnlichkeit der Löslichkeitsparameter von PLA und Lösungsmittel steigt. Darüber hinaus steigt die gemessene Widerstandsänderungsrate mit zunehmender Ähnlichkeit der Löslichkeitsparameter. In weiterführenden Arbeiten wurde der Einfluss der Matrixmorphologie auf die resultierenden elektrischen Widerstandsänderungen in PLA/MWCNT-Kompositen aufgeklärt [170]. Die isotherme Kristallisation der Kompositproben mit 0,75 und 2,0 Ma.% CNT-Gehalt bei einer Temperatur von 105 °C für eine Stunde führte zu einer Erhöhung der Kristallinität der Matrix von etwa 3 auf rund 50 %. Dies führte zu einer deutlichen Reduktion der Lösungsmittelaufnahme der Proben verbunden mit einer reduzierten Quellung und einer geringeren elektrischen Widerstandsänderung (siehe Abbildung 2.13(b)).

2.3.5 Querempfindlichkeit

In der Sensortechnik bezeichnet man mit der „Querempfindlichkeit" die Empfindlichkeit einer Messeinrichtung auf andere Einflussgrößen als die Messgröße. Der Messwert eines querempfindlichen Sensors ändert sich somit allein schon dadurch, dass sich die Einflussgröße ändert. Da dieser Effekt eher unerwünscht ist, gehört zu den Zielen

2.3.5 Querempfindlichkeit

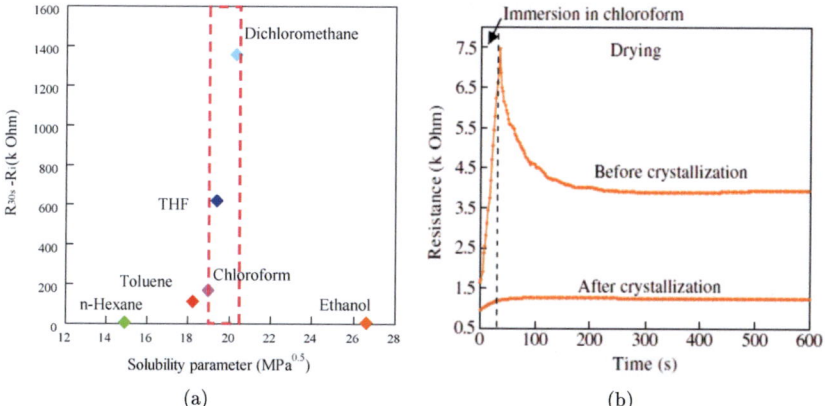

Abbildung 2.13. (a) Maximale relative elektrische Widerstandsänderung von PLA/MWCNT-Kompositen (0,75 Ma.% MWCNT-Gehalt) nach 30 s Eintauchen in Lösungsmittel mit verschiedenen Hildebrand-Löslichkeitsparametern; der gestrichelte Bereich markiert den Hildebrand-Löslichkeitsparameter des PLA (19,0 bis 20,5 MPa^{0,5} [171] und (b) relative elektrische Widerstandsänderung eines PLA/MWCNT-Komposites (2,0 Ma.% MWCNT-Gehalt) beim Eintauchen in Chloroform vor und nach isothermer Kristallisation der PLA-Matrix [170]

einer jeden Messgeräteentwicklung, die Querempfindlichkeiten gering zu halten. Im Falle der in Kapitel 2.3.4 vorgestellten Gassensoren trägt eine unvollständige Selektivität auch zur Querempfindlichkeit bei. Das heißt, dass diese oft auch auf Konzentrationen anderer Gase als dem ursprünglich zu detektierenden ansprechen. Die am meisten verbreitete Einflussgröße auf viele Messeinrichtungen ist die Temperatur.

Neben den klassischen Sensormaterialien in kommerzieller Messgerätetechnik ist auch bei Sensoren auf der Basis von elektrisch leitfähigen Polymerkompositen eine gewisse Querempfindlichkeit besonders auf Temperaturänderungen zu registrieren. Dabei spielen die thermoelektrischen Eigenschaften der Komposite mit zum Teil ausgeprägten negativen bzw. positiven Temperaturkoeffizienten eine entscheidende Rolle. Abbildung 2.14 zeigt das typische thermoelektrische Verhalten eines elektrisch leitfähigen Kompositmaterials während des Aufheizens und Abkühlens [194]. Typischerweise steigt der elektrische Widerstand von CPCs mit steigender Temperatur (positiver Temperaturkoeffizient, englisch *positive temperature coefficient*, PTC). Dies lässt sich auf zunehmende Kontaktwiderstände zwischen benachbarten Füllstoffpartikeln aufgrund unterschiedlicher Volumenausdehnungskoeffizienten der Polymermatrix und der Füllstoffe zurückführen [202–205]. Eine deutlich größere Zunahme des Kompositwiderstandes über mehrere Dekaden wird mit Erreichen der Schmelztemperatur bei teilkristallinen [206] bzw. Erreichen der Erweichungstemperatur bei amorphen Polymermatrizes [207] beobachtet und hängt direkt mit der temperaturabhängigen Dichte zusammen. Aus diesem Grund fällt der Effekt bei amorphen Kunststoffen deutlich geringer aus. Die sprunghafte Widerstandserhöhung bei Erreichen der sogenannten Umschalttemperatur (englisch *commutation temperature*) kann für Sensorikanwendungen genutzt werden. Durch Variation der Polymermatrix in Hinblick auf die Schmelz- bzw. Erweichungstemperatur konnte eine Vielzahl von Systemen entwickelt werden, die als Sensoren für gewisse Maximaltemperaturen verwendet werden können. So wurden z. B. Polyolefine für Umschalttemperaturen im Bereich zwichen 110 und 160 °C vorgeschlagen [208–212]. Deutlich niedrigere Temperaturen im Bereich des menschlichen Schmerzempfindens (40 bis 55 °C) konnten durch Verwendung spezieller Polymere detektiert werden [213, 214]. Solche Komposite könnten nach Aussagen der Autoren z. B. als temperatursensitive Textilien in Feuerwehrbekleidungen Anwendung finden. Als nicht wünschenswert ist allerdings der oftmals stark ausgeprägte negative Temperaturkoeffizient bei Überschreiten der Umschalttemperatur anzusehen. Der Effekt beruht auf der Reagglomeration von zuvor voneinander getrennten Füllstoffpartikeln infolge der Volumenausdehnung der Matrix [215]. Durch Verwendung geeigneter unmischbarer Polymerblends kann dieser Effekt minimiert werden, wenn die nicht leitfähige Phase als mechanisch stabilisierend wirkt [194].

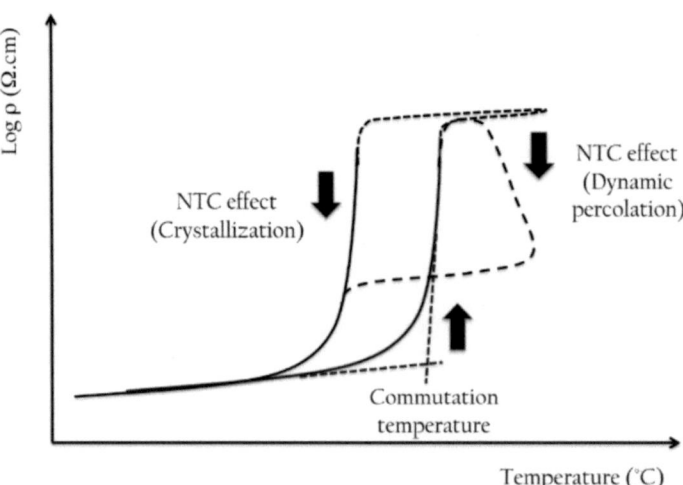

Abbildung 2.14. Thermoelektrisches Verhalten von elektrisch leitfähigen Kompositmaterialien mit negativem Temperaturkoeffizienten (englisch *negative temperature coefficient*, NTC) und PTC infolge von Kristallisation und dynamischer Perkolation [194]

Bei der Auslegung der Betriebstemperatur von kompositbasierten Chemosensoren sollte die Erweichungs- bzw. Schmelztemperatur nicht überschritten werden, da die resultierenden Effekte auf den elektrischen Widerstand stark nichtlinear und somit schwer zu korrigieren sind. Aus diesem Grund sollten solche Sensormaterialien vorzugsweise in einem Temperaturbereich betrieben werden, in dem der elektrische Widerstand möglichst in linearer Weise von der Temperatur abhängt. Dabei muss nicht immer ein positiver Temperaturkoeffizient vorliegen. Für verschiedene elektrisch leitfähige Polymer/CNT-Komposite auf der Basis von TPU [216] und Polyvinylalkohol

(PVA) [217] wurden negative Temperaturkoeffizienten über einen breiten Temperaturbereich beobachtet, wobei der elektrische Widerstand exponentiellen Gesetzmäßigkeiten folgte.

Neben der Temperatur können Chemosensoren je nach Konstruktion eine gewisse Querempfindlichkeit auf mechanische Deformationen zeigen. Insbesondere wenn gewisse Strukturteile mit beweglichen Komponenten mit z. B. textilförmigen Sensoren bestückt werden sollen, muss darauf geachtet werden, dass gewisse maximale Dehnungen nicht überschritten werden. An TPU/MWCNT-Filamenten konnte gezeigt werden, dass der elektrische Widerstand der Fasern beim Überschreiten einer kritischen Dehnung von 5 % exponentiell anstieg [218, 219]. Dieser Effekt ist in Abbildung 2.15(a) für eine TPU-Faser mit 3 Ma.% CNTs in Abhängigkeit von der Herstellungstemperatur dargestellt. Der Anstieg des Widerstandes kann ebenfalls durch die Aufweitung von Abständen zwischen CNTs und dem damit verbundenen Anstieg der Kontaktwiderstände erklärt und der dehnungsabhängige Widerstand mittels einer modifizierten Form des Modells für flokkulationsinduziertes Tunneln (englisch *flocculation induced tunneling*, FIT) gefittet werden. Wie in Abbildung 2.15(b) dargestellt ist, folgt der Widerstand der TPU/MWCNT-Fasern reproduzierbar mechanischen Belastungszyklen, solange keine plastische Deformation vorliegt und zeigt dabei eine Abhängigkeit der relativen Widerstandsänderung von der Faserherstellungstemperatur. Mit steigender Verarbeitungstemperatur und sinkendem Ausgangswiderstand wird die dehninduzierte Widerstandsänderung kleiner. Ähnliche Untersuchungen an Kompositmaterialien basierend auf CNTs und den Polymeren PMMA [220] und Polysulfon (PSU) [221] wurden bei deutlich niedrigeren Dehnungen bis maximal 1 % durchgeführt, wobei in diesem Bereich lineare Zusammenhänge zwischen Dehung und elektrischem Widerstand ermittelt wurden.

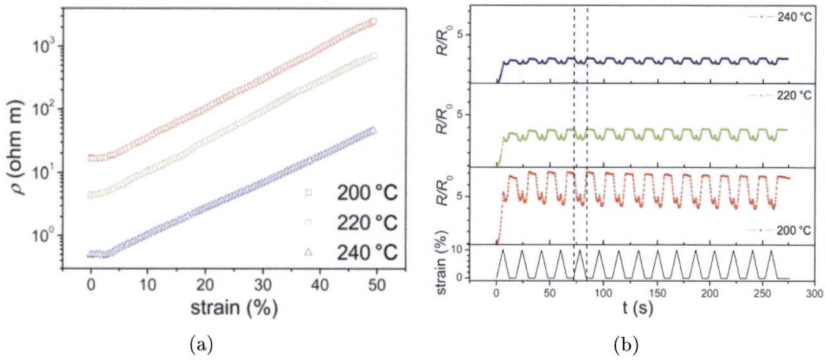

Abbildung 2.15. Abhängigkeit des spezifischen Widerstandes von TPU-Fasern mit 3 Ma.% CNT von der mechanischen Dehnung (englisch *strain*) im (a) statischen und (b) zyklischen Zugversuch [219]

2.4 Polymer/Lösungsmittel-Wechselwirkungen

2.4.1 Einleitung

Um die elektrische Widerstandsänderung von Chemosensoren beim Kontakt mit Gasen, Lösungsmitteldämpfen oder Lösungsmitteln im flüssigen Aggregatzustand erklären zu können, ist es notwendig, Aussagen über die spezifische Wechselwirkung zwischen dem Sensormaterial und den zu detektierenden Fremdmolekülen zu treffen. Einen entscheidenden Beitrag können hier Löslichkeitskonzepte wie das von Charles M. Hansen liefern, über welches sich Aussagen über die Affinität verschiedener Materialien zueinander treffen lassen. Die Triebkraft für die Entwicklung der Hansen-Löslichkeitsparameter (HLP) war die Lack- und Beschichtungsindustrie in der Mitte des letzten Jahrhunderts, die neue und leistungsfähigere Instrumente für die Auswahl des richtigen Lösungsmittels benötigte. Zur Faustregel entwickelte sich der oft zitierte Satz „Gleiches löst sich in Gleichem" (englisch „*like dissolves like*"), denn Flüssigkeiten mit ähnlichen Löslichkeitsparametern mischen sich bevorzugt und Polymere lassen sich besonders gut in Lösungsmitteln lösen, deren Löslichkeitsparameter nicht allzu weit von den eigenen entfernt liegen. Da die HLP immer häufiger auch für die Charakterisierung von Pigment-, Faser- und anderen Füllstoffoberflächen verwendet wurde und diese in der Regel nicht gelöst werden können, wird im Zusammenhang mit Löslichkeitsparametern auch das Sprichwort „Gleiches gesellt sich zu Gleichem" (englisch „*like seeks like*") verwendet.

2.4.2 Flory-Huggins- und Hildebrand-Parameter

Betrachtet man die Mischung zweier Flüssigkeiten (auch Polymerschmelzen) oder auch den Prozess des Lösens eines Polymers in einem Lösungsmittel, müssen gewisse thermodynamische Bedingungen erfüllt sein. So muss die freie Mischungsenergie ΔG^M, die nach Gleichung 2.11 berechnet werden kann, kleiner oder gleich Null sein. Die Terme ΔH^M und ΔS^M bezeichnen dabei die Änderung der Enthalpie und Entropie des Systems, während T die absolute Temperatur darstellt.

$$\Delta G^M = \Delta H^M - T\Delta S^M \qquad (2.11)$$

Die erste Theorie zur Berechnung der entropischen und enthalpischen Beiträge geht auf Flory und Huggins zurück [222, 223]. Für eine binäre Mischung berücksichtigt die Gleichung 2.12 durch die Terme $\frac{\Phi_i}{P_i}ln\Phi_i$ und $\chi_{12}\Phi_1\Phi_2$ die kombinatorische Mischungsentropie und -enthalpie, wobei χ_{12} rein enthalpischer Natur ist.

$$\Delta G^M = RT \cdot \left(\frac{\Phi_1}{P_1}ln\Phi_1 + \frac{\Phi_2}{P_2}ln\Phi_2 + \chi_{12}\Phi_1\Phi_2\right) \qquad (2.12)$$

Da die Theorie ursprünglich für Polymermischungen entwickelt wurde, beinhalten die Gleichungen Bezüge zum Polymerisationsgrad P_i. Im Fall von Lösungsmitteln nimmt

2.4.2 Flory-Huggins- und Hildebrand-Parameter

dieser den Wert 1 an. Neben der universellen Gaskonstante R berücksichtigt die Gleichung die absolute Temperatur T, die Volumenanteile Φ_i und den Flory-Huggins-Wechselwirkungsparamter χ_{12} zwischen den Mischungspartnern. Dieser Wechselwirkungsparameter ist in der Praxis eine sehr komplexe Größe, die von den Mischungsanteilen, der Temperatur, dem Druck und dem Polymerisationsgrad abhängt und nicht auf der Basis von Stoffkennwerten berechnet werden kann. Aus diesem Grund ist die Vorhersage über das Mischungsverhalten zweier Stoffe nur begrenzt möglich. Dazu kommt, dass experimentell bestimmte χ_{12}-Parameter für ganz spezielle Stoffpaarungen, wie sie z. B. für Polymerblends in Referenz [224] gelistet sind, nur selten generalisiert angewendet werden können. Auch ist der experimentelle Aufwand für die Bestimmung sehr hoch, so dass sich alternative Ansätze zur Berechnung der enthalpischen Wechselwirkung durchgesetzt haben.

Einen Ansatz beschreiben Hildebrand und Scott [225, 226], auf die der Begriff des Löslichkeitsparameters zurückgeht. Sie definierten die freie Mischungsenergie nach Gleichung 2.13 in Abhängigkeit von der Verdampfungs- bzw. Kohäsionsenergie E, den Volumina der Einzelkomponenten V und der Mischung V_{12}. Die Verdampfungsenergie beschreibt dabei die Energiemenge, welche nötig ist, um alle intermolekularen physikalischen Bindungen einer Substanz unter isothermen und isobaren Bedingungen aufzubrechen und ist gemäß Gleichung 2.14 unter Berücksichtigung der Verdampfungsenthalpie ΔH^V definiert. Bezogen auf ein definiertes Volumenelement ergibt sich die Kohäsionsenergiedichte (englisch *cohesion energy density*, CED) nach Gleichung 2.15.

$$\Delta G^M = V_{12} \cdot \left[\left(\frac{E_1}{V_1}\right)^{0,5} - \left(\frac{E_2}{V_2}\right)^{0,5} \right]^2 \cdot \Phi_1 \Phi_2 \qquad (2.13)$$

$$E = \Delta H^V - RT \qquad (2.14)$$

$$CED = \frac{E}{V} \qquad (2.15)$$

Per Definition ergibt sich der Hildebrand-Löslichkeitsparameter δ gemäß der Gleichung 2.16 als Wurzel der Kohäsionsenergiedichte, so dass die freie Mischungsenergie in Abhängigkeit vom Löslichkeitsparameter gemäß Gleichung 2.17 beschrieben werden kann. Unter Berücksichtigung von Gleichung 2.11 macht der Zusammenhang deutlich, dass die Löslichkeit einer Substanz in einer zweiten bzw. die Mischbarkeit zweier Stoffe mit abnehmender Differenz der Löslichkeitsparameter δ_1 und δ_2 zunimmt. Die freie Mischungsenergie ΔG^M nimmt nur dann Werte kleiner gleich Null an, wenn der enthalpische kleiner als der entropische Anteil ist ($\Delta H^M < \Delta S^M$).

$$\delta = CED^{0,5} \qquad (2.16)$$

$$\Delta G^M = V_{12} \cdot (\delta_1 - \delta_2)^{0,5} \cdot \Phi_1 \Phi_2 \qquad (2.17)$$

Als gewisser Nachteil der Hildebrand-Löslichkeitsparameter wird allerdings verstanden, dass sie keine spezifischen Molekülwechselwirkungen, wie z. B. Wasserstoffbrückenbindungen (H-Bindungen), berücksichtigen. Außerdem sind der Einfluss von Morphologie (z. B. Kristallinität und Vernetzung), Temperatur und Konzentration nicht erfasst. Ein erster Ansatz, diese Ungenauigkeit infolge fehlender spezifischer Wechselwirkungen zu korrigieren, geht auf Burrell zurück [227]. Er argumentierte, dass die stärksten Wechselwirkungen zwischen Stoffen ähnlicher Polarität auftreten und klassifiziert Lösungsmittel nach der Stärke ihrer H-Bindungen. Neben den Kohlenwasserstoffen (auch chlorierte und nitrohaltige Verbindungen), die einen großen H-Bindungsanteil aufweisen, zählte er unter anderem die Ketone, Ester und Ether zur Gruppe mit einem mittleren H-Bindungsanteil. Die Alkohole und Amide bilden schließlich die Gruppe der Lösungsmittel mit geringen H-Bindungsanteilen. Ein ähnliches Konzept zur Aufspaltung des Löslichkeitsparameters in einen „polaren" und „unpolaren" Anteil verfolgten Blanks und Prausnitz [228].

Trotz gewisser Einschränkungen des Hildebrand-Löslichkeitskonzeptes bei der Anwendung auf Mischprozesse muss als wesentliches Ergebnis die Möglichkeit der Ableitung des Flory-Huggins-Parameters als Funktion des Löslichkeitsparameters δ festgehalten werden. Auf diese Weise wurde es möglich, den vorher schwer zugänglichen χ_{12}-Parameter mit Hilfe von tabellierten Stoffkennwerten zu berechnen. Die Mischbarkeit zweier Stoffe nimmt dabei gemäß Gleichung 2.18 mit sinkendem χ_{12}-Parameter zu. In dieser Gleichung beschreibt V_{ref} ein molares Referenzvolumen, welches gängigerweise mit einem Wert von 100 cm^3/mol angesetzt wird [229]. Im Falle einer Polymerlösung geht das molare Volumen des Lösungsmittels und nicht das Referenzvolumen in die Berechnung ein.

$$\chi_{12} = \frac{[V_{ref}(\delta_1 - \delta_2)^{0,5}]}{RT} \qquad (2.18)$$

2.4.3 Löslichkeitskonzept nach Hansen

2.4.3.1 Grundlagen

Hansens Bestrebung bestand ebenfalls in der Berücksichtigung molekularer Wechselwirkungen und so entwickelte er Löslichkeitsparameter basierend auf drei spezifischen Wechselwirkungen [230]. Die erste Wechselwirkung, die alle Moleküle aufweisen, beruht auf den sogenannten dispersiven bzw. Londonschen[1] Kräften. Diese Kräfte basieren auf der Wechselwirkung zweier induzierter Dipole infolge einer Polarisierung der Moleküle und sind atomarer Natur. Polare bzw. Keesomsche[2] Wechselwirkungen herrschen zwischen zwei permanenten Dipolen. Sie sind molekularen Ursprungs und

---

[1]Fritz Wolfgang London, 07.03.1900 - 30.03.1954, war ein deutsch-amerikanischer Physiker
[2]Willem Hendrik Keesom, 21.06.1876 - 24.03.1956, war ein niederländischer Physiker

2.4.3 Löslichkeitskonzept nach Hansen

beruhen auf der Asymmetrie von Molekülstrukturen, die bei Elektroneutralität zur Ausbildung eines permanenten Dipolmomentes führt. Dipol-Dipol-Käfte sind stärker als Dispersionskräfte. Den dritten wichtigen Beitrag liefern Wechselwirkungen der Wasserstoffbrückenbindungen, die elektrostatischer Natur sind. Sie werden auch als „Elektronenaustausch"-Parameter bezeichnet und stellen die stärkste der drei Wechselwirkungsarten dar. Aus diesem Grund schlug Hansen vor, die Kohäsionsenergie E als Summe dreier Beiträge (Indizes: D dispersiv, P polar und H H-Bindungen) in Analogie zu den unterschiedlichen Wechselwirkungen zu betrachten (Gleichung 2.19). Unter Berücksichtigung der Gleichung 2.20 und der Herleitung des Löslichkeitsparameters in Kapitel 2.4.2 ergibt sich das Quadrat von δ aus der Summe der Quadrate der partiellen Hansen-Löslichkeitsparameter δ_D, δ_P und δ_H (Gleichung 2.21).

$$E = E_D + E_P + E_H \tag{2.19}$$

$$\frac{E}{V} = \frac{E_D}{V} + \frac{E_P}{V} + \frac{E_H}{V} \tag{2.20}$$

$$\delta^2 = \delta_D^2 + \delta_P^2 + \delta_H^2 \tag{2.21}$$

2.4.3.2 Bestimmung von Hansen-Löslichkeitsparametern

Für eine Vielzahl von Lösungsmitteln stehen Hansen-Löslichkeitsparameter in entsprechenden Tabellen zur Verfügung [230, 231], die auf der Basis verschiedener Methoden bestimmt werden können. Unter anderem kann die Verdampfungsenthalpie ΔH^V experimentell mit Hilfe von temperaturabhängigen Dampfdruckdaten oder temperaturabhängigen Wärmekapazitätsmessungen ermittelt werden. Für die meisten Lösungsmittel sind diese Daten ebenfalls vorhanden, so dass die Berechnungen der δ-Werte möglich ist.

dispersiver Löslichkeitsparameter δ_D

Der Parameter δ_D wird mit Hilfe des Ansatzes nach Blanks und Prausnitz [228] mit Hilfe von homomorphen (von griechisch *homós* „gleich" und *morphé* „Form") Molekülen bestimmt. Zum Beispiel nutzten sie für die Charakterisierung polarer Moleküle unpolare Gegenspieler mit sehr ähnlicher Größe und Struktur. Die geringere der beiden bestimmten Verdampfungsenergien ist dabei den dispersiven Wechselwirkungen zuzuschreiben und die ermittelte Differenz der Verdampfungsenergien ist ein Maß für den polaren Anteil. Die Abbildung 2.16 zeigt den dispersiven Anteil der Verdampfungsenergie für Kohlenwasserstoffe mit gestrecktem Molekül als Funktion des molaren Volumens und der reduzierten Temperatur. Ähnliche Diagramme wurden für andere Lösungsmittelklassen in Abhängigkeit von ihrer Struktur (z. B. cycloaliphatisch oder aromatisch) ermittelt [232].

Um die Diagramme nutzen zu können, wird die reduzierte Temperatur T_r benötigt. Sie ergibt sich als Quotient aus der Raumtemperatur T_R (298,15 K) und der

2 Grundlagen und wissenschaftlicher Kenntnisstand

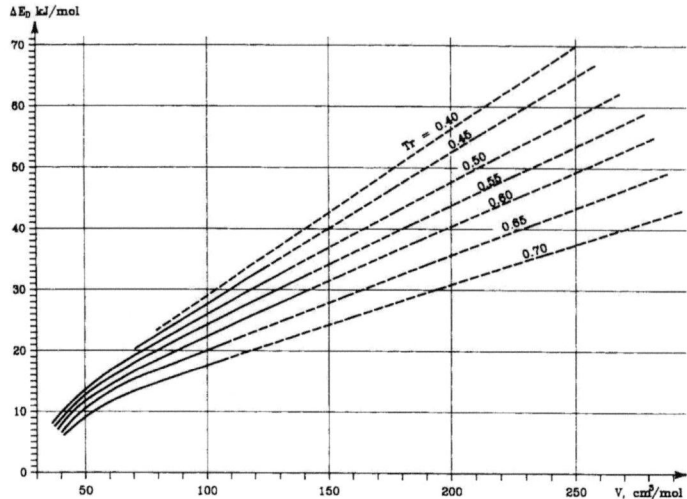

Abbildung 2.16. Dispersiver Anteil der Verdampfungsenergie ΔE_0 für Kohlenwasserstoffe mit gestrecktem Molekül als Funktion des molaren Volumens V_{mol} und der reduzierten Temperatur T_r [232]

kritischen Temperatur T_c (Gleichung 2.22), welche ebenfalls für viele Lösungsmittel tabelliert ist. Falls dies nicht der Fall ist, kann sie mit Hilfe von Gleichung 2.23 ermittelt werden. Der Parameter Δ_T bezeichnet dabei Beiträge einzelner Bindungen, die auf Lydersen zurückgehen [233] und T_s die Siedetemperatur.

$$T_r = \frac{T_R}{T_c} \tag{2.22}$$

$$\frac{T_s}{T_c} = 0,567 + \sum \Delta_T - \left(\sum \Delta_T\right)^2 \tag{2.23}$$

polarer Löslichkeitsparameter δ_P

Die erste Benennung eines quasi-polaren Löslichkeitsparameters geht auf Blanks und Prausnitz zurück, wobei dieser eine Kombination aus polaren Wechselwirkungen und Wasserstoffbrückenbindungen darstellte [228]. Die Berechnung des ersten polaren Löslichkeitsparameters im Sinne des hier vorgestellten Konzeptes durch Hansen und Skaarup [234] geht auf die Böttcher-Gleichung zurück (siehe Gleichung 2.24). Sie berücksichtigt das Debye[3]-Dipolmoment μ, die dielektrische Konstante ϵ, den Brechungsindex n_B und das molare Volumen V_{mol} einer Flüssigkeit. Die vereinfachte Gleichung 2.25 nach Hansen und Beerbower [235] gibt den Parameter δ_P direkt in SI-Einheiten aus.

---

[3]Peter Debye, 24.03.1884 - 02.11.1966, war ein niederländischer Physiker & theoretischer Chemiker, der 1936 den Nobelpreis für Chemie erhielt

$$\delta_P^2 = \frac{[12108(\epsilon - 1)(n^2 + 2)\mu^2]}{[V^2(2\epsilon + n^2)]} \qquad (2.24)$$

$$\delta_P = \frac{37,4\mu}{V^{0,5}} \qquad (2.25)$$

Wasserstoffbrücken-Löslichkeitsparameter δ_H

In den frühen Arbeiten zu Hansen-Löslichkeitsparametern wurde der Parameter δ_H häufig durch Subtraktion der polaren und dispersen Anteile von der Verdampfungsenthalpie ermittelt. Dieses Vorgehen hat sich über die Jahre deutlich geändert und so wird der Parameter heute in der Regel rechnerisch über energetische Einzelbeiträge von Atomen und Molekülen ermittelt. Laut Hansen selbst ist diese Methode zur Zeit infolge der steigenden Zuverlässigkeit der „Beitragsmethode" am sichersten [230]. Die am häufigsten verwendeten Datensätze von Atom- und Molekülbeiträgen gehen dabei auf Hoftzyer, Van Krevelen [236] und Hoy [237] zurück, mit deren Hilfe partielle Löslichkeitsparameter berechnet werden können.

2.4.3.3 Löslichkeit von Polymeren

Die Löslichkeit von Polymeren in Lösungsmitteln kann mit Hilfe von eindimensionalen Löslichkeitsparametern nicht zuverlässig beschrieben bzw. vorhergesagt werden. Dies liegt, wie bereits ausführlich diskutiert, an der Vielzahl der zu berücksichtigen atomaren und molekularen Wechselwirkungen. Die erste dreidimensionale grafische Methode unter Berücksichtigung des Hildebrand-Löslichkeitsparameters δ, des Debye-Dipolmomentes μ und einer Wasserstoffbrückenzahl h geht auf Crowley zurück [238]. Durchgesetzt und mittlerweile in vielen Feldern der Wissenschaft und Industrie akzeptiert und angewendet wird jedoch das Verfahren nach Hansen [230]. Es beschreibt die Löslichkeit eines Polymers als dreidimensionale Kugel, wobei ihren Mittelpunkt die partiellen Löslichkeitsparameter δ_D, δ_P, δ_H des Polymers definieren (siehe Abbildung 2.17). R_0 gibt den Radius der Kugel an und wird auch als Wechselwirkungsradius (englisch *interaction radius*) bezeichnet. Der Abstand R_a eines beliebigen Lösungsmittles im Löslichkeitsraum zum Mittelpunkt der Löslichkeitskugel wird durch die Gleichung 2.26 beschrieben, wobei die Indizes P und L auf die δ-Parameter von Polymer und Lösungsmittel hinweisen.

$$R_a^2 = 4 \cdot (\delta_{D,P} - \delta_{D,L})^2 + (\delta_{P,P} - \delta_{P,L})^2 + (\delta_{H,P} - \delta_{H,L})^2 \qquad (2.26)$$

Der Faktor 4 wurde infolge praktischer Erfahrungen eingeführt, denn erst durch ihn erhält die Löslichkeitskugel ihre Erscheinung, die ohne diese Korrektur ein Ellipsoid wäre. Mittlerweile wurde dieser Faktor auch durch theoretische Arbeiten geprüft und als korrekt befunden. Eine direkte Abschätzung der Affinität eines Lösungsmittels zum Polymer ist über den sogenannten RED-Wert möglich (englisch *relative energy difference*, RED), welcher gemäß Gleichung 2.27 definiert ist. Je kleiner der RED-Wert, desto größer ist die Affinität des Lösungsmittels zum Polymer und dadurch die

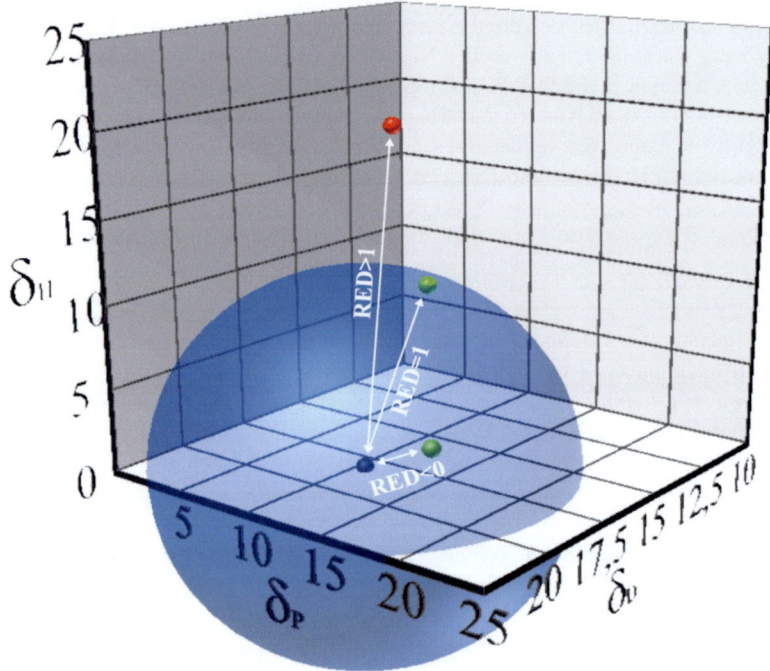

Abbildung 2.17. Schematische Darstellung des dreidimensionalen Löslichkeitsraumes nach Hansen mit einer Polymerlöslichkeitskugel (hellblau), ihrem Mittelpunkt (dunkelblau) und drei verschiedenen Lösungsmitteln in ihrer Umgebung (grüne und rote Punkte); die Pfeile symbolisieren den Abstand der Lösungsmittel zum Kugelmittelpunkt

Tendenz, dieses zu lösen. In Abbildung 2.17 ist die Löslichkeitskugel eines Polymers mit einem definierten Radius R_0 dargestellt, welche von mehreren Lösungsmitteln (kleine Kugeln) umgeben ist. Lösungsmittel, die innerhalb (RED<0) bzw. direkt auf der Mantelfläche der Kugel (RED=1) liegen, weisen dabei die Fähigkeit auf, das Polymer zu lösen. Lösungsmittel, die außerhalb der Kugel (RED>1) liegen, sind sogenannte Nichtlöser für das betrachtete Polymer.

$$RED = \frac{R_a}{R_0} \qquad (2.27)$$

Bestimmung der Hansen-Löslichkeitsparameter von Polymeren

Für die Bestimmung von Hansen-Löslichkeitsparametern eines Polymers steht eine Vielzahl von Ansätzen zur Verfügung, die eine grundlegende Gemeinsamkeit aufweisen. Unabhängig davon ob das Quellverhalten, die Glasübergangstemperaturverschiebung, die Chemikalienbeständigkeit oder die Barriereeigenschaften von Polymeren beim Kontakt mit Lösungsmitteln bzw. die Viskosität von Polymerlösungen betrachtet wird, muss die entsprechende zu messende Eigenschaftsänderung für eine große Anzahl an Lösungsmitteln gemessen werden (vorzugsweise mindestens 40 gut ausgewählte Lösungsmittel [230]). Die anschließende Beurteilung der Affinität zwischen Polymer und Lösungsmittel führt zu der Klassifizierung in „gute" (hohe Affinität) und „schlechte" (geringe Affinität) Lösungsmittel. Neben den drei partiellen Löslichkeitsparametern geht also auch die Stärke der Wechselwirkung als vierte Dimension ein. Dadurch kann die Auswertung der Daten über grafische Methoden oder Computerprogramme erfolgen. Kommerziell erhältlich steht das von Steven Abbott und Charles M. Hansen entwickelte Programm „Hansen Solubility Parameters in Practice" zur Verfügung, welches auch im Rahmen der hier vorliegenden Arbeit genutzt wurde.

Bevor man Hansen-Löslichkeitsparameter von Polymeren aufwendig berechnet, ist die Bestimmung des Löslichkeitsverhaltens des Polymers in verschiedenen Lösungsmitteln am naheliegendsten. Dabei kann das Quellverhalten über optische oder die Lösungsmittelaufnahme über gravimetrische Methoden bestimmt werden. Viskositätsbestimmungen der entsprechenden Polymerlösungen können ebenfalls Aufschluss über die Affinität beider Stoffe liefern, denn Lösungsmittel mit Löslichkeitsparametern ähnlich denen des Polymers führen zu größeren Viskositätsänderungen, weil die Polymerketten im vollständig gequollen Zustand das größte hydrodynamische Volumen einnehmen. In allen Fällen startet man dabei mit einer Grundmenge an Lösungsmitteln, wie sie Hansen als Standard definiert hat [230], und erweitert die Auswahl dann sukzessive durch die gezielte Aufnahme von Grenzlösungsmitteln (RED≈1). Nur durch die genaue Lokalisierung des Übergangsbereiches zwischen „guten" und „schlechten" Lösungsmitteln im dreidimensionalen Löslichkeitsraum wird die exakte Bestimmung von Kugelmittelpunkt und -radius möglich. Kjellander et al. [239] ermittelten auf diese Weise z. B. die Hansen-Löslichkeitsparameter von verschiedenen Polycarbonattypen durch die optische Beurteilung des Lösungsmittelangriffs auf die Proben. Viele weitere Polymere wurden durch Hansen vermessen und tabelliert [230].

Einfluss von Molekülgröße und -form

Die Molekülgröße des zu lösenden Polymers und der Lösungsmittel haben einen Einfluss auf Löslichkeitsprozesse, Permeation und Diffusion. Polymere mit kleineren Molekülen tendieren dazu, leichter in Lösungsmitteln mit geringerem molaren Volumen gelöst zu werden als in Lösungmitteln mit großen Molekülen, auch wenn ihre Löslichkeitsparameter identisch sind. Diesen Effekt beschrieb bereits Hildebrand [225, 226] und auch die Flory-Huggins-Theorie liefert einen theoretischen Ansatz zur Erklärung dieses Phänomens [240]. Neben der Größe spielt auch die Form der Moleküle eine große Rolle. So wurde beobachtet, dass die Diffusion von linearen Molekülen bei konstantem molaren Volumen im Vergleich zu sperrigen Pendants deutlich schneller ist. Dies kann dazu führen, dass der Gleichgewichtsquellzustand in Polymerproben, wie z. B. an Polyphenylsulfid (PPS) gemessen, erst nach mehreren Jahren eintritt [241]. Bisher schlugen Bestrebungen, einen „neuen" Löslichkeitsparameter mit einbezogenem Größenfaktor zu entwickeln, leider fehl. Dies liegt in erster Linie daran, dass der Löslichkeitsparameter auf thermodynamischen Betrachtungen beruht, die den Größeneffekt überwiegend nicht berücksichtigen. Auswirkungen auf die Kinetik von Lösungs- bzw. Diffusionsprozessen können daher nicht mit Hilfe von Löslichkeitsparametern beschrieben werden. Allerdings stellt die Molekülgröße von Lösungsmitteln die fünfte Dimension dar, wodurch die Löslichkeit von Polymeren noch zuverlässiger beschrieben werden kann. Abbildung 2.18 zeigt sehr anschaulich, wie die Auftragung der Löslichkeitseigenschaften von Polymeren als Funktion des RED-Wertes und der Molekülgröße V_{mol} zu neuen Erkenntnissen führen kann. Dargestellt ist das Penetrationsverhalten verschiedener Lösungsmittel durch definierte Probekörper eines glasfasergefüllten Fluoropolymers [242]. Dabei durchdrangen Lösungsmittel mit geringen Molekülgrößen unter 75 cm^3/mol die Proben jeweils innerhalb von drei Stunden (im Diagramm gekennzeichnet durch „ALL"). Bei Lösungsmitteln mit Molekülgrößen zwischen 75 und 105 cm^3/mol konnte teilweise eine ausreichende Barrierewirkung nachgewiesen werden, denn einige Lösungsmittel dieser Größenklasse konnten die Proben innerhalb von drei Stunden nicht vollständig penetrieren (im Diagramm gekennzeichnet durch „DOUBLE BOND"). Bei der Verwendung von Lösungsmitteln mit Lösungsmittelmolekülvolumina größer als 105 cm^3/mol konnte auch bei sehr geringen RED-Werten überhaupt kein Durchdringen der Proben innerhalb der Testdauer von drei Stunden beobachtet werden (im Diagramm gekennzeichnet durch „NONE").

Temperaturabhängigkeit

Nur wenige Bemühungen wurden unternommen, Löslichkeitsparameter bei höheren Temperaturen zu messen. Korrelationen zwischen dem Löslichkeitsverhalten von Polymeren und den Löslichkeitsparametern, die bei 25 °C bestimmt wurden, waren in der Regel hinreichend zufriedenstellend. Entsprechend den Gleichungen 2.28-2.30 ist eine solche Berechnung allerdings möglich. Berücksichtigt wird dabei die Tatsache, dass der Wasserstoffbrückenparameter am empfindlichsten auf Temperaturänderun-

2.4.3 Löslichkeitskonzept nach Hansen

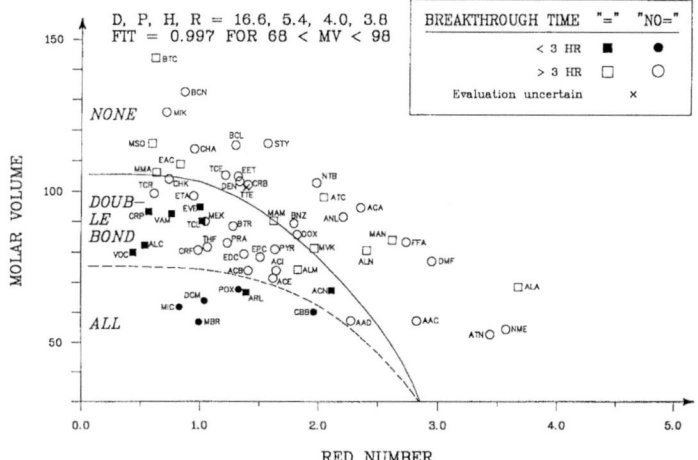

Abbildung 2.18. Grafische Methode für die Korrelation von Löslichkeitseigenschaften des Barrierekunststoffes Challenge 5100 mit dem RED-Wert und dem molaren Volumen der Testlösungsmittel [242]

gen reagiert. Mit steigender Temperatur werden zunehmend Wasserstoffbrückenbindungen geschwächt bzw. gebrochen, was ein deutlich schnelleres Sinken dieses Energiebeitrages zur Folge hat. Auch wenn die Stärke der Dipolmomente nicht temperaturabhängig ist, ändert sich ihr Beitrag zur Kohäsionsenergiedichte infolge der Volumenänderung, die durch den Volumenausdehnungskoeffizient α beschrieben wird.

$$\frac{\Delta \delta_D}{\Delta T} = -1,25 \cdot \alpha \cdot \delta_D \tag{2.28}$$

$$\frac{\Delta \delta_P}{\Delta T} = -0,5 \cdot \alpha \cdot \delta_P \tag{2.29}$$

$$\frac{\Delta \delta_H}{\Delta T} = -\delta_H \cdot (1,22 \cdot 10^{-3} + 0,5\alpha) \tag{2.30}$$

Höhere Temperaturen führen generell zu einer beschleunigten Löslichkeit, Diffusion und Permeation in Polymer/Lösungsmittel-Systemen. Darüber hinaus nimmt der Kugelradius R_0 mit steigender Temperatur zu. Das bedeutet, dass Lösungsmittel infolge der Temperaturerhöhung vom Nichtlöser zum guten Lösemittel für ein bestimmtes Polymer werden können. In Ausnahmefällen kann sogar ein Lösungsmittel, das ein bestimmtes Polymer bei Raumtemperatur löst, bei erhöhten Temperaturen zum Nichtlöser werden. Beide Beobachtungen gelten prinzipiell eher für Lösungsmittel mit einem RED-Wert um 1, die als sogenannte Grenzlösungsmittel (englisch *boundary solvents*) bezeichnet werden. Detaillierte Beschreibungen dieses Effektes gehen auf Patterson et al. [243, 244] zurück.

Korrelation von δ mit Werten zur Oberflächencharakterisierung

Die freie Energie und die Löslichlichkeitseigenschaften einer Oberfläche bzw. eines Stoffes resultieren aus intermolekularen Kräften. Bereits Flory stellte fest, dass Moleküle über Kontakte zwischen (molekularen) Oberflächen interagieren und somit Lösungen geformt werden können [240]. Weil solche Oberflächenkontakte ausschlaggebend für Lösungs- und Oberflächenphänomene sind, ist es nicht überraschend, dass Korrelationen zwischen HLPs und Oberflächeneffekten gefunden wurden. Skaarup war der erste, der Korrelationen zwischen der Oberflächenspannung γ von Flüssigkeiten und HLPs beschrieb. Seine Ergebnisse veröffentlichte er in dänischer Sprache, weswegen sie im internationalen Raum kaum Beachtung fanden. Die Gleichung 2.31 beinhaltet die Proportionalitätskonstante k_S, welche von der involvierten Flüssigkeit abhängt. Werte von 0,8 für verschiedene homologe Reihen, 0,265 für Alkohole und 10,3 für Alkylbenzole wurden berichtet [230]. Unabhängig davon veröffentlichte Beerbower wenige Jahre später eine sehr ähnliche Formel (Gleichung 2.32) zur Berchnung der Oberflächenspannung von Flüssigkeiten, auch wenn aliphatische Alkohole und alkalische Halogenide nicht berücksichtigt waren [245]. Bei beiden Gleichungen müssen die Hansen-Löslichkeitsparameter in den Einheiten cal/cm^3 angegeben werden, woraus sich die Einheit dyn/cm (1 dyn/cm $\cong$ 1 mN/m) für die Oberflächenenergie γ ergibt. Weitere Korrelationen wurden unter anderem von Koenhen und Smolders veröffentlicht [246].

$$\gamma = 0,0688 \cdot V_{mol}^{1/3} \cdot [\delta_D^2 + k_S \cdot (\delta_P^2 + \delta_H^2)] \tag{2.31}$$

$$\gamma = 0,0715 \cdot V_{mol}^{1/3} \cdot [\delta_D^2 + 0,632 \cdot (\delta_P^2 + \delta_H^2)] \tag{2.32}$$

Für einige der im Rahmen dieser Arbeit verwendeten Lösungsmittel sind Oberflächenenergien in Tabellen aufgeführt [247]. Die Korrelation dieser tabellierten Werte mit Oberflächenenergien, die mit der Gleichung 2.32 berechnet wurden, ist in Abbildung 2.19(a) dargestellt. Die Auftragung führt zu einer linearen Korrelation, woraus geschlossen werden kann, dass die Grundlage zur Berechnung der Oberflächenenergie basierend auf HLP sinnvoll ist. Dieses Wissen lässt sich im Weiteren anwenden, um nicht lösbare Stoffe bzw. Oberflächen zu charakterisieren. Die Abbildung 2.19(b) zeigt die HLP-Korrelation einer Epoxidoberfläche, wobei das Spreitverhalten verschiedener Lösungsmitteltropfen beobachtet wurde [248]. Unterteilt wurde das Spreitverhalten in die Kategorien: sofortiges spontanes Spreiten und Nichtauftreten und Auftreten von Entnetzung. Es ist klar zu sehen, dass sich für jedes Verhalten charakteristische Bereiche im Diagramm finden lassen, um das Materialverhalten basierend auf HLP zu beschreiben. Die Beschreibung von Oberflächen durch HLP kann dabei eine umfangreiche Charakterisierung ermöglichen und erlaubt Aufschluss darüber, wie sich die Oberflächenenergie als Einpunktmessung in das energetische Gesamtbild eines Materials einfügt. Neben solchen Oberflächen ist die Charakterisierung von Pigmenten, Füllstoffen und Fasern mittels HLP-Korrelationen möglich. Hansen stellt in seinem Buch [230] Methoden vor, wie das Suspensions- bzw. Sedimentationsverhalten solcher Stoffe in verschiedenen Flüssigkeiten ermittelt und ausgewertet werden kann. Mit steigender Ähnlichkeit der HLP zwischen Flüssigkeiten und dem zu untersuchenden Füllstoff nimmt die adsorbierte Flüssigkeitsmenge auf dem Füllstoff und die Feinheit der Suspension zu, während die Sedimentationsgeschwindigkeit abnimmt. In neueren Arbeiten anderer Autoren, die sich mit der Bestimmung von HLP von Kohlenstoffnanoröhren beschäftigten, wurde unter anderem die maximale Löslichkeit der Füllstoffpartikel als Maß für die Verträglichkeit in verschiedenen Testlösungsmitteln [249–252] bestimmt.

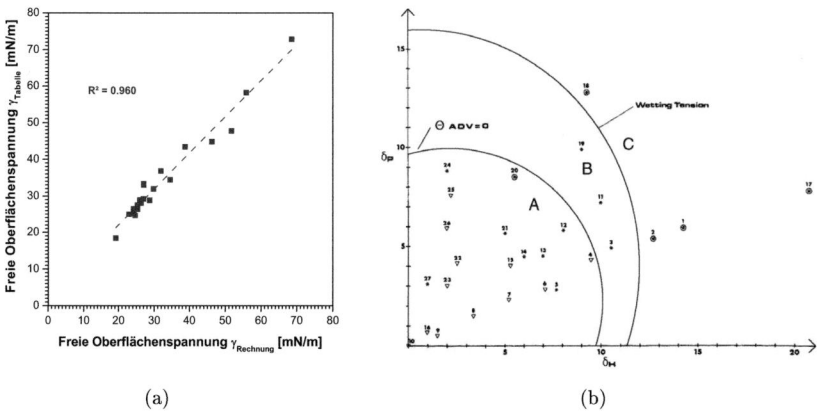

Abbildung 2.19. (a) Korrelation der mit Gleichung 2.32 berechneten Oberflächenenergien γ verschiedener Lösungsmittel mit Tabellenwerten [247] und (b) HLP-Oberflächencharakterisierung basierend auf dem Spreitverhalten verschiedener Lösungsmittel auf einer Epoxidoberfläche: (A) spontanes Spreiten, (B) Nichtauftreten von Entnetzung und (C) Auftreten von Entnetzung [248]

2.4.4 Diffusion und Quellung

Diffusion[4] ist ein Prozess, der für die Bewegung von Stoffen von einem Ort eines Systems zu einem anderen verantwortlich ist [253] und hauptsächlich regellosen molekularen Bewegungen unterliegt. Diffusionsprozesse laufen in Gasen im Vergleich zu Flüsigkeiten und Festkörpern sehr schnell ab und werden durch Faktoren wie Temperatur, Druck, Molekülgröße und Viskosität beeinflusst [254]. Der Diffusionsvorgang in Polymeren ist sehr komplex und sollte Diffusionsraten aufweisen, die zwischen denen liegen, die typischerweise für Vorgänge in Flüssigkeiten bzw. Festkörpern gelten. Die Diffusion wird dabei maßgeblich durch die Konzentration und den Grad der Quellung des Polymers bestimmt.

Eine erste mathematische Auseinandersetzung mit Diffusionsvorgängen geht auf Fick

---

[4]von lateinisch *diffundere* „ausgießen", „verstreuen", „ausbreiten")

zurück [255], der ein Gesetz für die Diffusion in eine Raumrichtung formulierte (Gleichung 2.33). Dabei ist die Teilchenstromdichte J (mol·m^{-2}·s^{-1}) proportional zum Konzentrationsgradienten entgegen der Diffusionsrichtung $\partial c/\partial z$ (mol·m^{-4}) und der Diffusionskoeffizient D (m^2·s^{-1}) die Proportionalitätskonstante. Diese Gleichung ist der Ausgangspunkt vieler Modelle zur Beschreibung von Diffusion in Polymeren.

$$J = -D\frac{\partial c}{\partial z} \tag{2.33}$$

Bei der Untersuchung von Diffusionsvorgängen in Polymeren wurden verschiedene Verhalten beobachtet. Ursache dafür ist die Abhängigkeit der Diffusion von pysikalischen Eigenschaften des Polymernetzwerkes und den Wechselwirkungen zwischen dem Polymer und den Lösungsmittelmolekülen. Alfrey et al. schlugen daraufhin vor, eine Klassifikation unter Berücksichtigung der Diffusions- und Polymerkettenrelaxationsrate vorzunehmen [256] und unterschieden zwischen Fickscher und nicht-Fickscher Diffusion. Die Menge aufgenommenen Lösungsmittels pro Volumeneinheit Polymer zur Zeit t, M_t, im Verhältnis zur Gleichgewichtsmasseaufnahme M_∞ nach Gleichung 2.34 folgt einer Potenzfunktion mit der Konstante k und dem Exponenten n, der in Bezug zum vorliegenden Diffusionsmechanismus steht und Werte zwischen 0,5 und 1 annehmen kann.

$$M_t/M_\infty = k \cdot t^n \tag{2.34}$$

Ficksche Diffusion, auch bezeichnet als Fall-I-Diffusion, tritt in der Regel in Polymernetzwerken auf, wenn die Temperatur deutlich über der Glasübergangstemperatur T_G liegt. Im gummiartigen Zustand des Polymeren ist die Beweglichkeit der Polymerketten deutlich höher und die Penetration von Lösungsmittelmolekülen begünstigt [257]. Daher zeichnet sich Ficksche Diffusion durch eine Diffusionsrate des Lösungsmittels in das Polymer aus, die geringer ist als die Relaxationsrate der Polymerketten. Das Polymer/Lösungsmittel-System weist ein Konzentrationsprofil auf, welches exponentiell vom komplett gequollenen Randbereich zum Kern hin abfällt. Der Diffusionsweg ist proportional zur Quadratwurzel der Zeit (Parameter n in Gleichung 2.34 gleich 0,5). Nur wenige Studien über Ficksche Diffusion in Polymeren wurden veröffentlicht, weil Quellversuche von Polymeren in Lösungsmitteln überwiegend bei Raumtemperatur und somit unter T_G durchgeführt werden. Nachgewiesen wurde sie aber unter anderem für die Diffusion von Methanol in PMMA, wobei das PMMA vorher in Wasser, welches als Weichmacher fungiert, gelagert wurde [257].

Nicht-Ficksche Diffusion wird überwiegend bei glasartigen Polymeren vorgefunden, wenn die Versuchstemperatur niedriger ist als die Glasübergangstemperatur. Bei diesen Temperaturen sind die Polymerketten nicht ausreichend mobil um die Penetration von Lösungsmittel zuzulassen [257]. Zwei Arten von nicht-Fickscher Diffusion wurden definiert: Fall-II-Diffusion und anomale Diffusion. Der Hauptunterschied zwischen beiden besteht in den Lösungsmitteldiffusionsraten. Bei der Fall-II-Diffusion ist die Diffusionsrate größer als die Polymerrelaxationsrate, wohingegen sie bei der anomalen Diffusion Werte in der gleichen Größenordnung annimmt [256]. Prinzipiell wird Fall-II-Diffusion bei Lösungsmitteln hoher Aktivität beobachtet [258] und resultiert in einem sehr raschen Anstieg der Lösungsmittelkonzentration in der gequollenen Randschicht und der Ausbildung einer scharfen Lösungsmittelfront, die die Randschicht vom Kern der Probe trennt. Darüber hinaus ist die Lösungsmittelkonzentration im gequollenen Randbereich nahezu konstant und die Lösungsmittelfront schreitet mit einer konstanten Rate vorwärts. Somit ergibt sich für den Parameter n ein Wert von 1. Bei der Beschreibung von Diffusionsvorgängen in glasartigen Polymeren spielt die Fall-II-Diffusion die bedeutendere Rolle, so dass in der Literatur viele Beispiele für diesen Typ veröffentlicht wurden [259].

Untersuchungen von Diffusions- bzw. Quellvorgängen mittels Gravimetrie, Membranpermeation, Fluoreszenzspektroskopie, dynamischer Lichtstreuung und Kernspinresonanzspektroskopie (englisch *nuclear magnetic resonance*, NMR) führten dabei zu einem besseren Verständnis der Morphologie und Struktur von Polymeren und Transportvorgängen. Mit der Zeit entstand eine Vielzahl an Modellen basierend auf „Behinderungs"-Effekten (Maxwell-Fricke-, Mackie & Meares- und Ogston-Modell), hydrodynamischen Ansätzen (Cukier-, Altenberger-, Phillies-, und De Gennes-, Gao & Fagerness-Modell) und der Theorie des freien Volumens (Fujita-, Yasuda-, Vrentas & Duda- und Peppas & Reinhart-Modell) [259].

Der Diffusionsprozess von Lösungsmitteln in Polymere steht dabei unmittelbar mit dem Prozess des Lösens eines unvernetzten, amorphen und glasartigen Polymeren in Verbindung. Dieser ist ein komplexer Vorgang und kann grundsätzlich in zwei Vorgänge unterteilt werden. Neben dem reinen Lösungsmitteltransport in das Polymer findet ein Entschlaufen von Polymerketten statt, wobei ein Diffusionsprozess nur für thermodynamisch kompatible Lösungsmittel zu erwarten ist. Aufgrund der Weichmachung des Polymeren durch das Lösungsmittel bildet sich eine gelartige, gequollene Schicht neben zwei separaten Interphasen aus. Eine Interphase befindet sich zwischen dem glasartigen Polymer und der Gelschicht und die zweite zwischen der Gelschicht und dem Lösungsmittel. In Ausnahmefällen kann es zu Rissen auf der Oberfläche einer Polymerprobe ohne die Ausbildung einer gelartigen Schicht kommen.

Eine der ersten Studien zum Verständnis von Polymerlösungsprozessen und der Ausbildung von oberflächennahen Schichten geht auf Überreiter zurück [260]. Zu Beginn kommt es zu einem schnellen und sprunghaften Aufquellen der Randschicht und dem Transport dieser durch Lösungsmittel verdünnten Schicht in Richtung des Lösungsmittelstromes. Eine voranschreitende Penetration in das Polymer führt schließlich zu einem quasistationären Quellzustand, bei dem der Transport von Makromolekülen aus der gequollen Schicht heraus in das Lösungsmittel ein weiteres Quellen dieser Schicht verhindert. Überreiter teilte die Struktur der Oberflächenschicht eines glasartigen Polymers während des Lösungsprozesses, wie in Abbildung 2.20 gezeigt, in vier Bereiche ein und definierte eine Infiltrationsschicht, eine feste gequollene, eine gelartige und eine flüssige Schicht. Die Infiltrationsschicht ist dabei die erste an das ungequollene Polymer angrenzende Schicht. Diese entsteht, weil Polymere im glasartigen Zustand ein freies Volumen in Form von „Kanälen" und „Löchern" von molekularer Größenordnung aufweisen, die zu Beginn des Diffusionsprozesses von Lösungsmittelmolekülen besetzt werden, ohne zwangsläufig neue „Löcher" zu bilden. Die folgende feste gequollene Schicht, die ebenfalls aus einem Polymer/Lösungsmittel-System besteht, befindet sich immer noch im glasartigen Zustand, wohingegen die angrenzende gelartige Schicht bereits gequollenes Polymermaterial mit gelartigen Eigenschaften aufweist. Anschließend folgt eine flüssige Schicht.

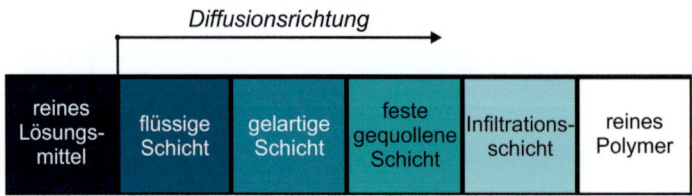

Abbildung 2.20. Schematische Darstellung der Zusammensetzung einer polymeren Probenoberfläche, die in Kontakt mit einem „guten" Lösungsmittel steht (adaptiert von [229])

Die Permeation einer Flüssigkeit oder eines Gases durch ein Polymer wird durch die Gleichung 2.35 beschrieben, wobei der Permeationskoeffizient P als Produkt des Diffusions- (D) und des Löslichkeitskoeffizienten (S) definiert ist. Der Diffusionskoeffizient ist, wie bereits erläutert, ein Maß für die Diffusionsgeschwindigkeit von Molekülen durch das Polymer und wird maßgeblich von der Form und Größe der Lösungsmittelmoleküle beeinflusst. Große Moleküle und ein „sperriger" Molekülaufbau führen zu niedrigeren Diffusionskoeffizienten. Durch Quellversuche kann D mit Gleichung 2.36 berechnet werden, wobei die Probendicke b, der Anstieg der Masseaufnahmekurve im linearen Bereich θ und die Masseaufnahme im Gleichgewichtsquellzustand M_∞ zu berücksichtigen sind [261]. Im Gegensatz dazu beschreibt der Löslichkeitskoeffizient wieviele der Fremdmoleküle im Polymer gelöst werden können. Diese Menge bestimmt den Konzentrationsgradienten über den Probenquerschnitt, welcher die Triebkraft für den Massetransport darstellt. Mit zunehmender Löslichkeit des Fremdmoleküles im Polymer steigt der Konzentrationsgradient, was bei konstantem Diffusionskoeffizienten zu einem proportional größeren Massentransport führt. Der Löslichkeitskoeffizient steigt dabei mit zunehmender Ähnlichkeit der Hansen-Löslichkeitsparameter von Polymer und Lösungsmittel. Er kann experimentell mittels Quelluntersuchungen ermittelt werden und ergibt sich nach Gleichung 2.37 aus M_∞ und der Probenausgangsmasse M_0.

$$P = D \cdot S \tag{2.35}$$

$$D = \pi \cdot \left(\frac{b \cdot \theta}{4 \cdot M_\infty}\right)^2 \tag{2.36}$$

$$S = \frac{M_\infty}{M_0} \tag{2.37}$$

3 Materialien und Methoden

3.1	Verwendete Materialien	47
	3.1.1 Matrixpolymere	47
	3.1.2 Kohlenstoffnanoröhren	48
	3.1.3 Organische Lösungsmittel	49
3.2	Charakterisierung der Ausgangsmaterialien	52
3.3	Herstellung und Charakterisierung der Kompositmaterialien	52
	3.3.1 Kompositherstellung	52
	3.3.2 Kompositcharakterisierung	53
	3.3.2.1 Mikroskopie	53
	3.3.2.2 Spektroskopie	54
3.4	Herstellung und Charakterisierung der Sensorprobekörper	55
	3.4.1 Heißpressen und Stanzen	55
	3.4.2 Geometrie	55
	3.4.3 Probenvorbereitung	57
	3.4.4 Messung des elektrischen Widerstandes	57
	3.4.5 Messung der relativen Widerstandsänderung	59
	3.4.6 Diffusions- und Quellverhalten	60
	3.4.7 Bestimmung der Löslichkeitsparameter	61

3.1 Verwendete Materialien

3.1.1 Matrixpolymere

Als Matrixpolymere wurden drei verschiedene Polycarbonate vom Typ Lexan der Firma SABIC Innovative Plastics GmbH verwendet. Diese sind laut Datenblatt mittel- (141R und 144R) bzw. hochviskose Typen (104R). Die Dichte von PC wird mit 1,2 g/cm^3 angegeben. Diese Polycarbonate wurden gewählt, da für sie experimentell bestimmte Hansen-Löslichkeitsparameter zur Verfügung standen [239] (siehe Tabelle 3.1). Bestimmt wurden die HLP von Kjellander et. al durch Bewertung der Spannungsrisskorrosion der Polycarbonatproben beim Kontakt mit 42 verschiedenen Lösungsmitteln. Chloroform, Dichlormethan und N-Methyl-2-Pyrrolidon lösten alle in diser Studie verwendeten Polycarbonate vollständig, woraus allgemeine HLP für Polycarbonat abgeleitet wurden (siehe Tabelle 3.1, PC nur Löslichkeit (n. L.)).

3 Materialien und Methoden

Neben den HLP für die Lexan-Typen sind in der Referenz [239] auch Werte für das Makrolon Rx 1805 (Bayer MaterialScience) angegeben. Zwei weitere Sätze für HLP von Polycarbonat (PC1 und PC2) sind in der Referenz [230] ohne Angabe einer Typenbezeichnung aufgeführt. Als weiterer PC-Typ wurde für Versuche zur Optimierung des Extrusionsprozesses Makrolon 2600 von Bayer MaterialScience (Leverkusen, Deutschland) verwendet.

Tabelle 3.1. Hansen-Löslichkeitsparameter für Polycarbonat: typenspezifische und typenunabhängige Werte aus der Literatur (PC n. L., Lexan 144R und 104R und Makrolon Rx 1805 aus Referenz [239], PC1 und PC2 aus Referenz [230])

PC-Typ	δ (MPa^{0,5})	δ_D (MPa^{0,5})	δ_P (MPa^{0,5})	δ_H (MPa^{0,5})	R_0
PC n. L.	22,7	19,1	7,9	9,3	5,3
Lexan 144R	22,0	20,3	2,5	8,1	7,7
Lexan 104R	22,2	18,7	7,5	9,3	6,0
Makrolon Rx 1805	23,6	18,9	10,1	9,9	6,4
PC1	22,6	19,1	10,9	5,1	12,1
PC2	20,2	18,1	5,9	6,9	8,0

Für das Schmelzespinnen wurden Komposite mit CNTs basierend auf unterschiedlichen Homopolymeren und Polymerblends verwendet. Neben Kompositen auf der Basis von PC wurden PLA, PCL und PP verwendet. Das PLA 9000 von Biomer (Deutschland) ist ein teilkristallines Biopolymer, welches einen T_G von 60 °C und eine Schmelztemperatur von 170 °C aufweist. PLA wurde als Matrixpolymer für Kompositfasern gewählt, weil es für seine sehr gute Verspinnbarkeit, auch bei hohen Abzugsgeschwindigkeiten, bekannt ist [262–264]. Der zweite PLA-Typ Nature Works 6201 (Cargill) wurde mit PCL CAPA 6400 (Perstorp) zu Polymerblends mit einer Zusammensetzung von 50:50 verarbeitet. Für die Herstellung von PCL/PP-Blends wurde PCL CAPA 6800 (Perstorp) und PP HF445FB (Borealis) verwendet, wobei das PP ebenfalls ein Spinntyp ist. PCL ist ein bioabbaubarer Polyester mit einem Schmelzpunkt von etwa 60 °C und einem T_G von -60 °C. Die Typen CAPA 6400 und 6800 sind Homopolymer mit einem Molekulargewicht von 37.000 bzw. 80.000 g/mol und einem MFI[1]-Wert von 40 bzw. 3 g/10 min (2,16 kg bei 160 °C).

3.1.2 Kohlenstoffnanoröhren

Als elektrisch leitfähiger Füllstoff wurden kommerziell erhältliche MWCNTs der Firma Nanocyl S.A. (Sambreville, Belgien) eingesetzt. Das industrielle Produkt Nanocyl™ NC7000 (im Folgenden N7000) wird über den Gasphasenabscheidungsprozess hergestellt. Die individuellen CNTs weisen einen Durchmesser von 10±2,5 nm [265] und eine mittlere Länge von etwa 1,3 μm auf [140]. Laut Herstellerangaben liegt die Reinheit bei 90 % und die spezifische Oberfläche bei 250 bis 300 m^2/g [266]. Die Schüttdichte liegt bei etwa 66 kg/m^3 [82]. Im Rahmen dieser Arbeit wurde für

---
[1] englisch *melt flow index*, MFI, deutsch *Schmelzflussindex*

die Dichte von CNTs ein Wert von 1,75 g/cm³ [267] angenommen, auch wenn z. B. Kasaliwal einen Wert von etwa 1,9 g/cm³ publizierte [268]. Im Rahmen der Optimierung des Extrusionsprozesses von Polymer/CNT-Kompositen hinsichtlich der CNT-Dispersionsgüte wurden darüber hinaus die handelsüblichen CNTs Baytubes® C150P (im Folgenden BT150) der Firma Bayer MaterialScience verwendet. Castillo et al. bestimmten den mittleren Durchmesser mit 10,5 nm und ihre durchschnittliche Länge mit 770 nm [269]. Ihre Schüttdichte gibt Bayer MaterialScience mit 120 bis 170 kg/m³ an.

3.1.3 Organische Lösungsmittel

Die Auswahl der Lösungsmittel erfolgte in Hinblick auf die durchgeführten Löslichkeitsversuche von PC/CNT-Kompositen und Versuchen zur Beurteilung der elektrischen Widerstandsänderung dieser Kompositmaterialien beim Kontakt mit den Flüssigkeiten. Um die elektrische Antwort der Sensormaterialien in Abhängigkeit der Lösungsmittelmolekülgröße gezielt untersuchen zu können, wurden mehrere Lösungsmittel der Klassen Ketone (Aceton bis Acetophenon), aromatische Kohlenwasserstoffe (Benzol bis Mesitylen), Ester (Methylacetat bis Butylacetat), halogenierte Kohlenwasserstoffe (Dichlormethan bis 1,2-Dichlorbenzol) und Ether (Furan bis Anisol) ausgewählt und untersucht (siehe Tabelle 3.2). Die Tabelle enthält neben dem Namen der Lösungsmittel Angaben über die vom Hersteller garantierte Mindestreinheit in %, die CAS-Nummer, die die Chemikalien eindeutig definiert, das molare Volumen V_{mol} in cm³/mol und die Löslichkeitsparamter δ, δ_D, δ_P, δ_H mit der Einheit MPa^{0,5}.

Da die Auswahl der Lösungsmittel aus Tabelle 3.2 einen zu geringen Wertebereich an partiellen Hansen-Löslichkeitsparametern umspannt, um die Löslichkeitsparameter des PC möglichst genau zu bestimmen, wurden weitere Lösungsmittel in den Testraum aufgenommen. In einem ersten Schritt wurden Lösungsmittel getestet, die von Hansen [230] für die Bestimmung der Löslichkeitsparameter von Polyethersulfon (PES) benutzt wurden, da die HLP-Literaturwerte von PC Lexan denen des PES sehr ähnlich sind. Um die Verlässlichkeit der ermittelten Löslichkeitsparameter für PC Lexan 141R weiter zu steigern, wurde die Anzahl der getesteten Lösungsmittel sukzessive erweitert, wobei auf die Empfehlungen der Software „Hansen Solubility Parameters in Practice" (3. Edition, Version 3.1.08) von Steven Abbott und Charles M. Hansen zurückgegriffen wurde. Die Erweiterung des Lösungsmitteldatensatzes ist in Tabelle 3.3 dargestellt. Für die Berechnung der Hansen-Löslichkeitsparameter des PC Lexan wurden alle 59 Lösungsmittel einbezogen, die ohne weitere Vorbehandlung, so wie vom Hersteller erhalten, verwendet wurden. Bezogen wurden sie, mit der Ausnahme von Aceton (Berkel AHK), von Sigma-Aldrich.

Tabelle 3.2. Löslichkeitsparameter (in MPa^{0,5}) für die verwendeten Lösungsmittel, sortiert nach Klasse und molarem Molekülvolumen (in cm^3/mol) [230]

Lösungsmittel	Reinheit (%)	CAS-Nr.	δ	δ_D	δ_P	δ_H	V_{mol}
Aceton	96,4	67-64-1	19,9	15,5	10,4	7,0	73,5
2-Butanon	99,7	78-93-3	19,1	16,0	9,0	5,1	89,0
Cyclohexanon	99,5	108-94-1	20,3	17,8	8,4	5,1	103,3
3-Pentanon	99,0	96-22-0	18,2	15,8	7,6	4,7	106,3
Mesityloxid	99,0	141-79-7	18,6	16,4	7,2	5,0	115,5
Acetophenon	98,0	98-86-2	21,2	18,8	9,0	4,0	116,7
2-Hexanon	98,0	591-78-6	17,0	15,3	6,1	4,1	123,7
Methylisobutylketon	98,5	108-10-1	17,0	15,3	6,1	4,1	123,7
Isophoron	97,0	78-59-1	19,4	17,0	8,0	5,0	150,2
Benzol	99,9	71-43-2	18,5	18,4	0,0	2,0	88,8
Toluol	99,9	108-88-3	18,2	18,0	1,4	2,0	105,9
Ethylbenzol	98,0	100-41-4	17,9	17,8	0,6	1,4	122,0
Mesitylen	97,0	108-67-8	18,0	18,0	0,6	0,6	139,8
Methylacetat	98,0	79-20-9	18,7	15,5	7,2	7,6	79,7
Propylencarbonat	99,7	108-32-7	27,2	20,0	18,0	4,1	91,2
Ethylacetat	99,7	141-78-6	18,2	15,8	5,3	7,2	97,9
Diethylcarbonat	99,0	105-58-8	16,7	15,1	6,3	3,5	121,8
Butylacetat	99,5	123-86-4	17,4	15,8	3,7	6,3	132,0
Dichloromethan	99,8	75-09-2	19,8	17,0	7,3	7,1	63,9
1,2-Dichloroethan	99,0	107-06-2	19,9	18,0	7,4	4,1	79,2
Chloroform	99,0	67-66-3	18,9	17,8	3,1	5,7	80,7
Trichloroethylen	99,5	79-01-6	19,0	18,0	3,1	5,3	90,0
Chlorobenzol	99,0	108-90-7	19,6	19,0	4,3	2,0	101,4
1,2-Dichlorobenzol	99,0	95-50-1	20,5	19,2	6,3	3,3	111,4
Furan	99,0	110-00-9	17,9	17,0	1,8	5,3	72,4
Tetrahydrofuran	99,9	109-99-9	19,5	16,8	5,7	8,0	81,0
1,4-Dioxan	99,8	123-91-1	19,8	17,5	1,8	9,0	85,5
Diethylether	99,8	60-29-7	15,5	14,5	2,9	4,6	104,4
Anisol	99,0	100-66-3	19,6	17,8	4,4	6,9	109,2

Tabelle 3.3. Löslichkeitsparameter (in MPa^{0,5}) und molares Molekülvolumen (in cm^3/mol) aus der Literatur für die verwendetet Lösungsmittel [230]

Lösungsmittel	Reinheit (%)	CAS-Nr.	δ	δ_D	δ_P	δ_H	V_{mol}
Nitromethan	96,0	75-52-5	25,3	15,8	18,8	6,1	53,5
Nitroethan	98,0	79-24-3	22,7	16,0	15,5	4,5	71,5
N,N-Dimethylformamid	99,9	68-12-2	24,9	17,4	13,7	11,3	77,0
2-Nitropropan	96,0	79-46-9	20,6	16,2	12,1	4,1	90,0
N-Methyl-2-Pyrrolidon	99,0	872-50-4	23,0	18,0	12,3	7,2	96,2
Monoethanolamin	99,0	141-43-5	31,1	17,0	15,5	21,0	59,9
Formamid	99,0	75-12-7	36,7	17,2	26,2	19,0	39,9
Methanol	99,8	67-56-1	29,4	14,7	12,3	22,3	40,6
Ethanol	99,5	64-17-5	26,5	15,8	8,8	19,4	58,3
Methylglycol	99,0	109-86-4	23,4	16,0	8,2	15,0	78,5
1-Butanol	99,4	71-36-3	23,2	16,0	5,7	15,8	91,5
Cyclohexanol	99,0	108-93-0	22,4	17,4	4,1	13,5	105,4
Butyldiglycol	99,2	112-34-5	20,4	16,0	7,0	10,6	170,8
Ethylenglycol	99,0	107-21-1	33,0	17,0	11,0	26,0	55,9
1,2-Propandiol	99,0	57-55-6	29,1	16,8	10,4	21,3	73,2
Diethylenglycol	99,0	111-46-6	27,9	16,6	12,0	19,0	94,7
Dimethylsulfoxid	99,6	67-68-5	26,7	18,4	16,4	10,2	71,0
Hexan	95,0	110-54-3	14,9	14,9	0,0	0,0	130,6
destilliertes Wasser	-	7732-18-5	47,8	15,5	16,0	42,3	18,0
Dimethyldiglycol	99,0	111-96-6	19,3	15,8	6,1	9,2	142,7
Essigsäureanhydrid	99,0	108-24-7	22,3	16,0	11,7	10,2	94,5
Butyronitril	99,0	109-74-0	20,3	15,3	12,4	5,1	87,5
m-Kresol	98,0	108-39-4	23,9	18,5	6,5	13,7	105,0
Cyclohexan	99,0	110-82-7	16,8	16,8	0,0	0,2	107,9
Methyldiglycol	99,0	111-77-3	22,0	16,2	7,8	12,6	116,7
Dipropylamin	99,0	142-84-7	15,9	15,3	1,4	4,1	136,7
2-Ethoxyethylacetat	98,0	111-15-9	19,7	15,9	4,7	10,6	134,9
Isoamylacetat	98,0	123-92-2	17,1	15,3	3,1	7,0	149,6
Morpholin	99,0	110-91-8	21,7	18,0	4,9	11,0	87,1
Anilin	99,0	62-53-3	23,7	20,1	5,8	11,2	91,3

3.2 Charakterisierung der Ausgangsmaterialien

REM-Untersuchungen wurden an dem CNT-Ausgangsmaterial durchgeführt, um die Agglomeratstruktur zu untersuchen. Für diesen Zweck wurde das CNT-Pulver auf den Probenhalter, der mit einem elektrisch leitfähigen doppelseitig klebenden Klebeband bestückt war, aufgestreut. Für die Aufnahmen wurde ein Ultra Plus-REM der Firma Carl-Zeiss AG (Deutschland) verwendet, welches als Feldemissionsstrahler ausgeführt ist. Für die Bildgenerierung wurde ein Sekundärelektronendetektor verwendet.

Die Ausgangspolymere Polycarbonat Lexan 141R, 144R und 104R wurden mittels Gel-Permeations-Chromatographie (GPC) hinsichtlich ihres Molekulargewichtes vor der Verarbeitung untersucht. Dafür wurden Granulate für 24 Stunden in Terahydrofuran bei einer Konzentration von 4 mg Polymer pro ml Lösungsmittel unter Einwirkung einer permanenten Rüttelbewegung (Rütteltisch) gelöst. Das Molekulargewicht wurde anschließend mit einer HPLC Pump Agilent 1200 (Agilent, USA) gemessen. Dieses Gerät wurde mit einem Viskositäts/Brechungsindex-Doppeldetektor ETA-2020 (WGE Dr. Bures, Deutschland) und einem Lichtstreuungsdetekor Dawn-EOS (Wyatt Technologies, USA) kombiniert. Alle Messungen wurden als Doppelbestimmung mit der Software „ASTRA 4.9" der Firma Wyatt Technologies durchgeführt.

3.3 Herstellung und Charakterisierung der Kompositmaterialien

3.3.1 Kompositherstellung

Die Herstellung der Kompositmaterialien erfolgte mit einem gleichlaufenden Doppelschneckenextruder ZE25 der Firma Berstorff. Er ist mit Schnecken eines Durchmessers von 25 mm ausgerüstet und in Abbildung 3.1(a) dargestellt. In einem ersten Schritt wurde ein 7,5 Ma.% haltiges Masterbatch hergestellt. Dabei wurden das Polycarbonat und die N7000 gleichzeitig über den Haupttrichter dosiert. Für den anschließenden Masterbatchverdünnungsschritt, bei dem CNT-Gehalte zwischen 0,125 und 4,0 Ma.% eingestellt wurden, wurde das Masterbatch und das reine PC über eine Vormischung über den Haupttrichter dosiert. Beide Prozessschritte wurden hinsichtlich der Prozessparameter, der Schneckenkonfiguration und dem Temperaturprofil einheitlich durchgeführt. Es wurde jeweils mit einer Drehzahl von 500 min^{-1} und einem Durchsatz von 5 kg/h gearbeitet. Da der verwendete Extruder einen modularen Aufbau aufweist, konnte eine Prozesslänge von 1200 mm genutzt werden, welches einem Länge/Durchmesser (L/D)-Verhältnis von 48 entspricht. Die Extrusionsschnecke wurde, wie in Abbildung 3.1(b) dargestellt, distributiv mischend ausgeführt. Dies wurde durch die Bestückung der Schnecke mit einer Vielzahl an Zahnelementen realisiert. Weiterhin wurden Rückstauelemente hinter den Zahnelementen platziert um eine Verweilzeiterhöhung der Schmelze während des Extrusionsprozesses zu ermöglichen. Das Temperaturprofil wurde mit einer durchschnittlichen Gehäusetemperatur von 260 °C ausgelegt. Die Extrudate wurden nach dem Passieren der Extrusionsdüse (Durchmesser 3 mm) in einem Wasserbad abgekühlt und anschließend granuliert.

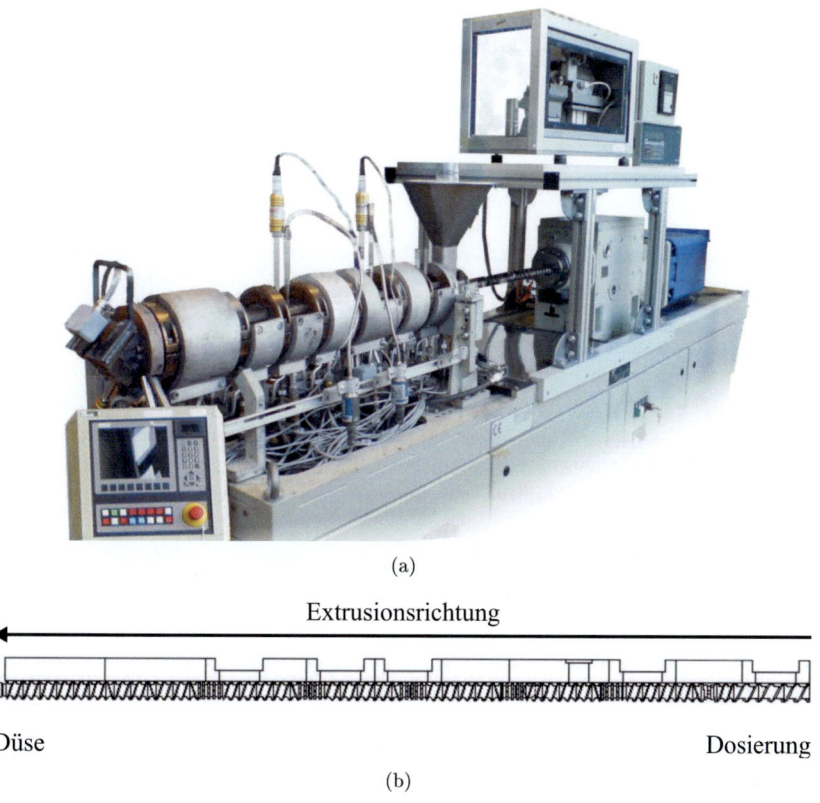

(a)

Extrusionsrichtung

Düse   Dosierung

(b)

Abbildung 3.1. (a) Doppelschneckenextruder ZE25 der Firma Berstorff und (b) verwendete Schneckenkonfiguration in distributiv mischender Ausführung mit einem L/D-Verhältnis von 48

3.3.2 Kompositcharakterisierung

3.3.2.1 Mikroskopie

Die makroskopische CNT-Dispersionsgüte in den Kompositen wurde mittels Lichtmikroskopie an Dünnschnitten untersucht. Die Schnittdicke richtete sich dabei jeweils nach dem CNT-Gehalt im Komposit und lag bei 2,5, 5 bzw. 10 µm für CNT-Gehalte von 7,5, 3 bzw. 1,5 Ma.%. Die Schnitte wurden jeweils direkt am Granulatkorn abgenommen und mit einem Glasmesser an einem Mikrotom 2055 bzw. einem Ultra-

3 Materialien und Methoden

mikrotom Reichert Ultracut S (beide Leica, Deutschland) präpariert. Die Probenpräparation erfolgte dabei in Anlehnung an die Norm ISO 18553. Sie sieht die Auswertung einer möglichst großen Schnittfläche und die Auswertung von mindestens fünf Schnitten vor. Aus diesem Grund wurden die Aufnahmen unter Verwendung eines Objektives mit fünffacher Vergrößerung aufgenommen. Die Auflösung betrug 2040x1536 Pixel. Die anschließende lichtmikroskopische Unterschung erfolgte an einem BH2-Mikroskop, welches mit einer DP71 Digitalkamera (beides von Olympus, Japan) ausgerüstet war. Mit Hilfe der frei verfügbaren Bildauswertesoftware Imgae J wurde die von Restprimäragglomeraten okkupierte Fläche A_{CNT} ermittelt. Die CNT-Dispersionsgüte steigt dabei mit sinkendem Flächenanteil A_A, welches sich nach Gleichung 3.1 aus der Gesamtfläche A_0 und der Fläche A_{CNT} ergibt.

$$A_A = \frac{A_{CNT}}{A_0} \cdot 100\% \tag{3.1}$$

TEM-Untersuchungen wurden an ultradünnen Schnitten mit einer Dicke um 100 nm durchgeführt. Verwendet wurde dafür das Mikroskop Libra 200 (Carl-Zeiss AG, Deutschland), welches bei einer Beschleunigungsspannung von 200 kV betrieben wurde. Die Schnitte wurden ebenfalls vom Granulat gefertigt, wobei ein Ultraschalldiamantmesser der Firma Diatome (Schweiz) und das Ultramikrotom Reichert Ultracut S der Firma Leica (Deutschland) verwendet wurden.

3.3.2.2 Spektroskopie

Polarisierte Raman-Spektroskopie wurde an PLA/CNT-Fasern durchgeführt, um die CNT-Orientierung in Abhängigkeit vom Reckverhältnis der Fasern zu untersuchen. Diese Vorgehensweise führte in der Vergangenheit zu qualitativen Aussagen für die CNT-Orientierung in PC-basierten Fasern [147]. Die Spektren von einzelnen Fasern, die auf Glassubstraten fixiert waren, wurden mit einem Raman-Spektrometer HoloProbe 5000 (KOSI Inc.) aufgenommen, welches mit einem Lichtmikroskop (Leica) und einem CCD-Detektor ausgerüstet ist. Untersucht wurde ein Wellenlängenbereich von 140 bis 4000 cm^{-1} mithilfe eines Lasers der Wellenlänge 785 nm und einer Energie von 11 mW. Ein Spektrum bestand dabei jeweils aus 50 Einzelabtastungen mit dem Programm „HoloGRAMS". Die für die Untersuchung von CNTs bzw. Polymer/CNT-Komposite interessanten Wellenlängen 1284 (D) und 1609 (G) cm^{-1} repräsentieren die Banden, die die Defektdichte (englisch *disordered band* bzw. *D-band*) bzw. die Vibrationen der der C-C-Bindungen der Graphitebene charakterisieren (englisch *graphitic* bzw. *G-band*). Beide Banden wurden mittels polarisierter Spektroskopie parallel und senkrecht zur Faserachse aufgezeichnet, wobei deren Verhältnis als Maß für den CNT-Orientierungsgrad herangezogen werden kann.

3.4 Herstellung und Charakterisierung der Sensorprobekörper

3.4.1 Heißpressen und Stanzen

Die extrudierten Kompositmaterialien, die als Granulate vorlagen, wurden mit einer Heißpresse vom Typ PW40EH (Paul-Otto Weber GmbH, Deutschland, Abbildung 3.2(a)) zu kreisrunden Platten verarbeitet. Sollprobendicken von 100, 300 und 500 µm und Durchmesser von 65 mm wurden durch die Verwendung entsprechender Pressformen eingestellt. Für jeden Presszyklus wurden die Granulate zwischen zwei als Presswerkzeug fungierenden Edelstahlplatten, die mit einer Polyimidfolie als Trennmittel abgedeckt wurden, und innerhalb der kreisrunden Aussparung der Pressform platziert. Dieser „Sandwich-Aufbau" wurde zwischen die auf Presstemperatur vorgeheizten Pressbacken gelegt und die Pressbacken auf Kontakt mit den Edelstahlplatten zusammengefahren. Nach zwei Minuten wurde der Presszyklus gestartet und die bereits geschmolzenen Granulate mit einer Geschwindigkeit von 6 mm/min und einer Kraft von 20 kN verpresst. Nach drei Minuten wurde der „Sandwich-Aufbau" aus der Presse entnommen und zwischen zwei Kühlplatten, die an einen Kühlkreislauf mit einer Temperatur von 6 °C) angeschlossen waren, auf etwa Raumtemperatur abgekühlt. Schlussendlich wurden die Polyimidtrennfolien entfernt und die Probekörper entformt. Die Komposite wurden, wenn nicht anders angegeben, bei 300 °C gepresst und nur im Rahmen der Versuchsreihe zur Untersuchung des Einflusses der Pressbedingungen auf die elektrische Sprungantwort zusätzlich bei 240 und 260 °C verarbeitet.

Aus den zu kreisrunden Platten verarbeiteten Kompositen wurden u-förmige Proben mit Außenkantenabmessungen von 9x13 mm^2 ausgestanzt. Verwendet wurde dafür eine Stanzvorrichtung mit entsprechendem Stanzwerkzeug (Abbildung 3.2(b)). Die genaue Geometrie der u-förmigen Proben ist in Kapitel 3.4.2 beschrieben.

3.4.2 Geometrie

Um den zeitlichen Verlauf der elektrischen Sprungantwort von Kompositen beim Kontakt mit Lösungsmitteln zu untersuchen, wurden u-förmige Sensorprobekörper aus heißgepressten Platten gestanzt. Die Geometrie der Proben mit den Außenkantenlängen von 13 und 9 mm ist in Abbildung 3.3 dargestellt. Die aufgedampften Goldelektroden, die später über Krokodilklemmen mit dem Widerstandsgerät verbunden werden, weisen eine Fläche von 3x2,25 mm^2 auf und befinden sich an den Enden des u-förmigen Profils. Der waagerechte Schenkel des Profils (R_3) stellt während des Versuchs den Bereich des Probekörpers dar, der mit dem entsprechenden Lösungsmittel in Kontakt ist. In Folge der Oberflächenspannungen der Flüssigkeiten bildete sich beim Eintauchen der Proben ein sogenannter Meniskus aus, so dass auch dieser Bereich als in Kontakt mit dem Lösungsmittel deklariert wurde (R_2 und R_4). Die beiden Bereiche zwischen den Goldelektroden und dem eingetauchten Abschnitt der Probe (R_1 und R_5) bleiben während des ganzen Versuchs trocken. Die

3 Materialien und Methoden

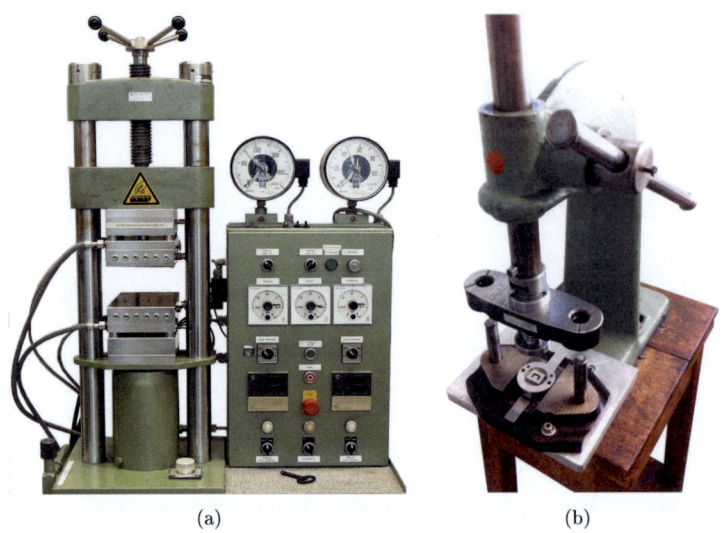

Abbildung 3.2. (a) Heißpresse vom Typ PW40EH der Paul-Otto Weber GmbH und (b) Stanzvorrichtung (Eigenbau des Leibniz-Instituts für Polymerforschung Dresden e.V.)

Zuordnung der einzelnen Bereiche zu den unterschiedlichen Widerständen R_i wird für die anschließenden Betrachtungen im Kapitel 4.2.6 wichtig. Neben geometrischen Größen ist in Abbildung 3.3 auch der gemittelte Verlauf des Stromflusses zwischen beiden Elektroden während des Versuchs dargestellt.

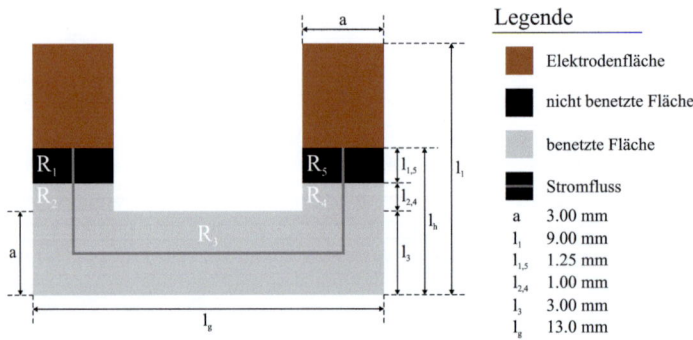

Abbildung 3.3. Geometrie der u-förmigen Sensorprobekörper

3.4.3 Probenvorbereitung

Vor der weiteren Verwendung der u-förmigen Proben für Sensorik-Messungen (Bestimmung des zeitlichen relativen Widerstandsverlaufes der CPC-Probekörper) wurden diese getempert, um mechanische Spannungen infolge des Formgebungsprozesses abzubauen und eine mögliche Effektüberlagerung der elektrischen Sprungantwort der Komposite beim Kontakt mit Lösungsmitteln zu vermeiden. Komposite basierend auf PC wurden im Vakuumtrockenschrank bei 120 °C für fünf Stunden getempert.

Die Enden der u-förmigen Proben wurden, wie in Kapitel 3.4.2 detailliert beschrieben, mit Goldelektroden besputtert [2]. Appliziert wurde die Beschichtung mit einem Sputtergerät vom Typ SCD 050 der Firma Balzers. Um Schichtdicken im Nanometerbereich zu erzielen, wurde der Sputtervorgang für 40 s bei einem Strom von 40 mA durchgeführt. Die nicht zu beschichtende Oberfläche der Probekörper wurde entsprechend mit einem Objektträger aus Glas abgedeckt.

Die Kenntnis über die exakte Dicke der u-förmigen Proben war für die Berechnung des spezifischen elektrischen Widerstandes und die Berechnung diffusionsspezifischer Kenndaten wichtig. Aus diesem Grund wurde sie vor jedem Experiment mittels Messschieber ermittelt.

3.4.4 Messung des elektrischen Widerstandes

Die elektrischen Widerstände der im Rahmen der Sensorik-Messungen verwendeten PC/CNT-Komposite wurden direkt an den u-förmigen Probekörpern bestimmt. Die Kontaktierung der Proben mit dem Versuchsaufbau zur Bestimmung der elektrischen Sprungantwort der Komposite beim Kontakt mit Lösungsmitteln liefert unmittelbar die Ausgabe des elektrischen Ausgangswiderstandes. Der elektrische Widerstand wurde entsprechend der Gleichung 3.2 in den spezifischen elektrischen Widerstand ρ_A umgerechnet, wobei die geometrischen Größen der Proben gemäß Abbildung 3.3 und der Ausgangswiderstand R_A berücksichtigt wurden.

$$\rho_A = \frac{a \cdot b \cdot R_A}{\left(l_g - 2 \cdot \frac{a}{2} + \frac{l_3}{2}\right) + 2 \cdot (l_{1,5} + l_{2,4})} \tag{3.2}$$

$$\sigma = \frac{1}{\rho_0} \tag{3.3}$$

$$A_p = 10^n \tag{3.4}$$

Dabei wurden jeweils fünf willkürlich gewählte Proben vermessen und der geometrische Mittelwert bestimmt. Um die Perkolationsschwelle in den untersuchten Polymerkompositen zu bestimmen, wurden die spezifischen Widerstände in Leitfähigkeiten

---

[2] Unter dem Begriff Sputtern (vov englisch *to sputter* „zerstäuben") wird meistens die Beschichtungsvorgang und nicht der eigentliche Vorgang der Kathodenzerstäubung bezeichnet

gemäß Gleichung 3.3 umgerechnet und logarithmisch gegen den Logarithmus der Differenz aus dem Füllstoffgehalt p und dem „angesetzten" Perkolationsgehalt an CNTs p_c (jeweils in Vol.%) aufgetragen. Der „angesetzte" Wert für p_c wurde in der Nähe des experimentell grob eingegrenzten Bereichs der Perkolationsschwelle zwischen der ersten leitfähigen und letzten noch nicht leitfähigen Probe mit einer Schrittweite von 0,005 bzw. 0,01 variiert und der Regressionskoeffizient R^2 der entsprechenden Geraden im doppelt logarithmischen Diagramm bestimmt. Für die Perkolationsschwelle der CNTs im jeweils betrachteten Komposit wird der Wert für p_c angegeben, der den größten Regressionskoeffizienten liefert. Die Umrechnung des Geradenparameters n gemäß der Gleichung 3.4 liefert den Formfaktor A_p, der für das Fitten der Perkolationskurven notwendig ist. Als weiteres Ergebnis der Perkolationsbestimmung mittels doppelt logarithmischer Auftragung der Leitfähigkeit in Abhängigkeit vom CNT-Gehalt ergibt sich der Exponent s_2, der gemäß Gleichung 2.3 die elektrische Leitfähigkeit der Komposite oberhalb der Perkolationsschwelle beschreibt.

Bei Kompositen, die im Rahmen dieser Arbeit diskutiert werden aber nicht für Sensorik-Messungen verwendet wurden, erfolgte die elektrische Widerstandsmessung bei Raumtemperatur direkt an den heißgepressten Platten. Verwendet wurde dafür die Plattenmesszelle Modell 8009 in Kombination mit einem Elektrometer Modell 6517A (beides von Keithley Instruments, Inc., USA). Bei einer Messspannung zwischen 40 und 400 V ergibt sich für den Widerstand ein Messbereich von 10^3-10^{16} Ω. Die untere Grenze wird allerdings durch den Eigenwiderstand der Messzelle bestimmt, der bei etwa 10^7 Ω cm liegt. Zur Bestimmung des spezifischen Widerstandes ρ_t nach Gleichung 3.5 wurde die Probendicke b der Platte bestimmt. Die Querschnittsfläche A beträgt etwa 28,3 cm^2 und ergibt sich durch die Elektrodengeometrie der Messzelle.

$$\rho_t = \frac{R_t \cdot A}{b} \qquad (3.5)$$

Für den Fall, dass die elektrischen Widerstände der Proben Werte kleiner 10^7 Ω cm aufwiesen, wurden diese mit einer am Leibniz-Institut für Polymerforschung Dresden e.V. entwickelten Streifenmesszelle in Kombination mit einem Digitalmultimeter DMM 2000 der Firma Keithley Instruments vermessen. Dazu wurden Streifen mit einer Breite a und einer Länge von etwa 30 mm aus den heißgepressten Platten herausgeschnitten. Die Messlänge l_0 ergab sich dabei durch den Elektrodenabstand der Messzelle von etwa 1 cm. Die Umrechnung in spezifische Widerstände erfolge gemäß Gleichung 3.6.

$$\rho = \frac{R \cdot b \cdot d}{l_0} \qquad (3.6)$$

3.4.5 Messung der relativen Widerstandsänderung

Der Versuchsaufbau zur Bestimmung der elektrischen Sprungantwort von Kompositproben beim Kontakt mit Lösungsmitteln besteht aus einem Widerstandsmessgerät (Typ DMM 2001 der Firma Keithley Instruments, Inc., Messbereich (10^{-6}-$10^9 \Omega$), einem Probenhalter (IPF-Eigenbau, Abbildung 3.4(a)), welcher auf einem vertikal höhenverstellbar gelagertem Schlitten befestigt ist, und einem Badthermostat (Typ RE 110 der Firma Lauda, Abbildung 3.4(b)). In diesem wurde das entsprechende Lösungsmittel in einem separaten, vom Temperiermedium umgebenen, rostfreien Edelstahlbehälter (80x60x160 mm^3) auf die gewünschte Temperatur gebracht und gehalten. Bei Raumtemperaturversuchen wurde als Temperiermedium destilliertes Wasser und bei Tieftemperaturversuchen Ethanol bzw. ein Gemisch aus destilliertem Wasser und Ethanol verwendet. Um eine hohe Reproduzierbarkeit der Ergebnisse zu ermöglichen, mussten die Proben mit sehr hoher Genauigkeit in die verschiedenen Lösungsmittel, auch bei unterschiedlichen Füllständen im Edelstahlbehälter, eingetaucht werden. Dies wird durch eine Justiereinrichtung bestehend aus zwei Messingspitzen gewährleistet, die vor dem Starten der Versuche auf die Lösungsmitteloberfläche aufgesetzt wurde. Die weitere Peripherie des Versuchsstandes besteht aus einem digitalen Thermometer (Firma Voltcraft), welches mit dem Messrechner verbunden ist und die Aufzeichnung des Temperaturverlaufes während des Versuchs ermöglicht. Das Kabelthermoelement wurde am Probenhalter befestigt und während der Versuche in das entsprechende Lösungsmittel eingetaucht. Das Widerstandsmessgerät wurde über eine serielle Schnittstelle mit dem Messrechner verbunden, um den aktuellen Widerstand der Probe und die Lösungsmitteltemperatur mit einem Intervall von ein bzw. zwei Sekunden aufzuzeichnen. Mit Hilfe einer eigens am IPF programmierten Software konnte der Versuchsverlauf verfolgt und die gesammelten Daten anschließend ausgewertet werden.

Der zeitliche Versuchsablauf variierte je nach Anforderung an das Experiment. Der überwiegende Teil der Versuche sah einen Versuchsablauf vor, bei dem die elektrische Sprungantwort der entsprechenden Probe beim erstmaligen Kontakt mit einem Lösungsmittel aufgezeichnet wurde. Versuche mit Lösungsmitteln, bei denen große relative Widerstandsänderungen auftraten, wurden nach der Ausbildung eines Plateauwiderstandswertes abgebrochen. Versuche, bei denen die Ausbildung eines Plateauwiderstandswertes viele Stunden gedauert hätte oder bei denen keine relative Widerstandsänderung gemessen werden konnte, wurden nach einer Stunde abgebrochen.

Des Weiteren wurden zyklische Messungen durchgeführt. Dabei wurden Proben mit sich regelmäßig wiederholenden Eintauch- und Trocknungszyklen beaufschlagt. Die Trocknung der Proben erfolgte dabei im kontaktierten Zustand in der vertikal verschobenen Höhenposition des Probehalterschlittens. Die Proben trockneten dabei bei der aktuell vorherrschenden Umgebungstemperatur und Luftfeuchte. Die genaue zeitliche Gestaltung der Zyklen ist bei der Diskussion der entsprechenden Ergebnisse dargestellt.

3 Materialien und Methoden

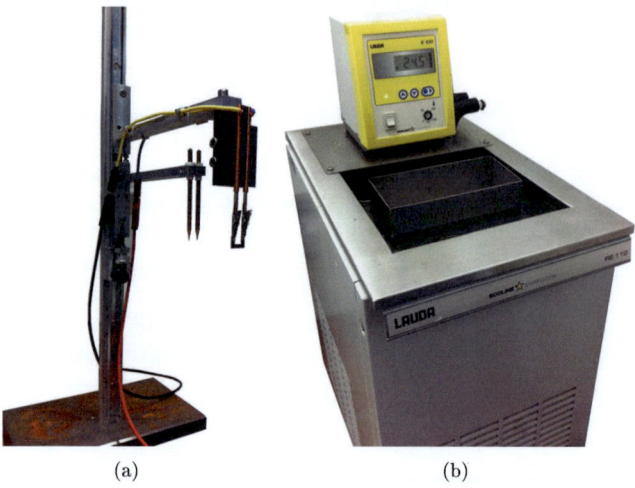

(a) (b)

Abbildung 3.4. Versuchsaufbau zur Bestimmung der elektrischen Sprungantwort von u-förmigen Sensorprobekörpern beim Kontakt mit Lösungsmitteln: (a) Probenhalter und (b) Badthermostat

3.4.6 Diffusions- und Quellverhalten

Bei der Diffusion von Lösungsmitteln in Kompositmaterialien bildet sich eine Lösungsmittelfront aus, die über Kontrastunterschiede mit Lichtmikroskopie visualisiert werden kann. Der zeitliche Verlauf dieser Front ermöglicht die Berechnung der Diffusionskinetik unter Berücksichtigung des Diffusionsweges s und der Zeit t. Für lichtmikroskopische Untersuchungen wurden quadratische Platten mit einer Größe von 1x1 cm^2 aus den gepressten Platten geschnitten und einseitig mit dem zu untersuchenden, auf 25 °C temperierten Lösungsmittel benetzt (Abbildung 3.5).

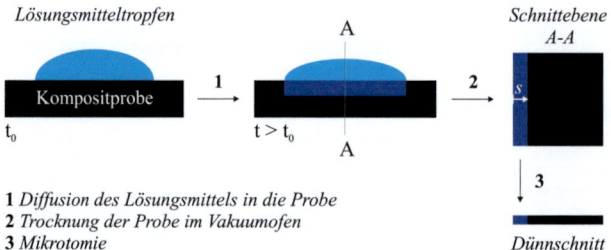

Abbildung 3.5. Präparation von 10 μm dicken Dünnschnitten für lichtmikroskopische Untersuchungen des zeitlichen Frontenverlaufes der Lösungsmitteldiffusion in PC/CNT-Komposite

Die Lösungsmittelfront wurde mittels polarisierter Transmissionslichtmikroskopie an

Dünnschnitten sichtbar gemacht. Der zeitabhängige Diffusionsweg s ergibt sich dabei in Anlehnung an Gleichung 2.34 nach Gleichung 3.7 durch Berücksichtigung der Probendicke a vor dem Quellen und der Dicke des „trockenen" Kernes $a_K(t)$ nach dem Quellen.

$$s = a - a_K(t) \tag{3.7}$$

Die auf diese Weise ermittelten Daten bezüglich des zeitabhängigen Diffusionsweges wurden entsprechend Gleichung 3.8 gefittet, wobei k als Maß für die Geschwindigkeit des Fortschreitens der Lösungsmittelfront angesehen werden kann und der Exponent n den Diffusionsmechanismus beschreibt. Im Falle der Fickschen Diffusion besitzt der Parameter k die Einheit cm/s^{0,5}. Die qualitative Größe der mittleren Frontengeschwindigkeit $\overline{v}_F$, die einen Vergleich zwischen dem Diffusionsverhalten verschiedener Komposit/Lösungsmittel-Systeme ermöglicht, ergibt sich gemäß Gleichung 3.9 unter Berücksichtigung der Diffusionsparameter und der Plateauzeit t_p.

$$s = k \cdot t^n \tag{3.8}$$

$$\overline{v}_F = \frac{1}{t_p} \int_0^{t_p} \left(\frac{k \cdot t^n \cdot n}{t} \right) dt \tag{3.9}$$

Das zeitliche Quellverhalten der Sensormaterialien in Aceton, Benzol und Ethylacetat wurde mittels gravimetrischer Methode bestimmt. Dafür wurden quadratische Platten mit der Größe von 1x1 cm^2 vor dem Eintauchen in die verschiedenen Lösungsmittel gewogen und die Masseaufnahme nach einer definierten Quellzeit ermittelt. Vor der Gewichtsbestimmung nach dem Quellprozess wurde das noch oberflächlich anhaftende Lösungsmittel mit einem Tuch vorsichtig entfernt, um eine möglichst genaue Bestimmung der von der Probe aufgenommenen Lösungsmittelmenge zu gewährleisten. Die Masseaufnahme wurde mittels der Lösungsmitteldichte in das vom Komposit aufgenommene Lösungsmittelvolumen umgerechnet, welches vereinfacht stellvertretend für die Volumenquellung des Komposites steht.

3.4.7 Bestimmung der Löslichkeitsparameter

Basierend auf elektrischen Widerstandsänderungsmessungen wurden die partiellen Hansen-Löslichkeitsparameter für ein Komposit, bestehend aus PC Lexan 141R und 1,5 Ma.% CNT ermittelt. Verwendet wurden die 59 in Tabelle 3.2 und 3.3 aufgelisteten Lösungsmittel. Entsprechend der gemessenen elektrischen Widerstandsänderungen wurden die Lösungsmittel in „gut" und „schlecht" unterteilt und basierend auf diesem Datensatz die HLP für das Komposit mit Hilfe der handelsüblichen Software „Hansen Solubility Parameters in Practice" (3. Edition, Version 3.1.08) von Steven

3 Materialien und Methoden

Abbott und Charles M. Hansen ermittelt. Es wurden insgesamt 25 Berechnungen durchgeführt um statistisch abgesicherte HLP für das Komposit zu erhalten.

4 Ergebnisse und Diskussion

4.1	Herstellung und Charakterisierung der Sensormaterialien		64
	4.1.1	Einleitung	64
	4.1.2	Charakterisierung der Ausgangsmaterialien	65
		4.1.2.1 Kohlenstoffnanoröhren	65
		4.1.2.2 Polymere	66
	4.1.3	Ansätze zur Optimierung des Extrusionsprozesses	67
		4.1.3.1 CNT-Vorbehandlung durch Mahlung	67
		4.1.3.2 Variation der Extrusionsbedingungen	71
	4.1.4	Kompositcharakterisierung	78
		4.1.4.1 Elektrische Leitfähigkeit und Morphologie	78
		4.1.4.2 Diffusions- und Quellverhalten	80
	4.1.5	Zusammenfassung	83
4.2	Elektrische Sprungantwort der Sensormaterialien		84
	4.2.1	Einleitung	84
	4.2.2	Reproduzierbarkeit und Kurvenverlauf	85
	4.2.3	Korrelation mit Diffusionskinetik	87
	4.2.4	Ursache für die Widerstandsänderung	88
	4.2.5	Einflussfaktoren	91
		4.2.5.1 Kompositzusammensetzung	91
		4.2.5.2 Probengeometrie und Verarbeitungsbedingungen	94
	4.2.6	Ableitung eines empirischen Modelles	96
	4.2.7	Zyklische Messungen	106
	4.2.8	Zusammenfassung	108
4.3	Selektivität der Sensormaterialien		110
	4.3.1	Einleitung	110
	4.3.2	Hansen-Löslichkeitsparameter	111
	4.3.3	Temperaturabhängiges Löslichkeitsverhalten	114
	4.3.4	Einfluss von Lösungsmitteleigenschaften	115
		4.3.4.1 Zusammenfassung	122
4.4	Querempfindlichkeit der Sensormaterialien		122
	4.4.1	Einleitung	122
	4.4.2	Einfluss der Temperatur	123
	4.4.3	Lösungsmittelkonzentration	125

	4.4.4	Mechanische Spannungen	127
	4.4.5	Zusammenfassung	128
4.5	Schmelzespinnen sensorischer Kompositfasern		130
	4.5.1	Einleitung	130
	4.5.2	Verarbeitungsfenster	130
	4.5.3	Ansätze zur Verbesserung der Verspinnbarkeit	132
	4.5.4	Sensortextilherstellung und Anwendungen	134
	4.5.5	Zusammenfassung	137

4.1 Herstellung und Charakterisierung der Sensormaterialien

4.1.1 Einleitung

Im folgenden Kapitel wird die Herstellung von elektrisch leitfähigen Polymer/CNT-Kompositen und deren Charakterisierung hinsichtlich ihrer elektrischen und morphologischen Eigenschaften beschrieben. Aus den möglichen Verarbeitungsverfahren zur Herstellung solcher Komposite wurde im Rahmen dieser Arbeit auf die Schmelzeverarbeitung mittels Doppelschneckenextrusion zurückgegriffen. Die Verwendung dieser industriell akzeptierten und relevanten Technologie und die damit verbundene Möglichkeit, Kompositmaterialien im Kilogramm-Maßstab herzustellen, ermöglicht die Adaption der im Rahmen dieser Arbeit gewonnenen Ergebnisse auf spätere Anwendungen. Um dabei einen möglichst schnellen und unkomplizierten Transfer der hier vorgestellten Ergebnisse und der damit verbundenen Möglichkeiten in die Anwendung zu fördern, werden verschiedene Ansätze zur Optimierung des Extrusionsprozesses vorgestellt. Dazu gehören die Optimierung der Prozessparameter Drehzahl und Durchsatz, das Design der Schneckenkonfiguration und die Art der CNT-Dosierung. Auf diese Weise wird eine Anleitung zur Herstellung sensorischer Komposite für potentielle Anwender erstellt. Darüber hinaus werden verschiedene Ansätze zur Kompositoptimierung hinsichtlich der elektrischen und morphologischen Eigenschaften diskutiert, die in anschließenden wissenschaftlichen Untersuchungen der sensorischen Eigenschaften solcher Komposite weiter verfolgt werden könnten.

Die Prozessoptimierung ist notwendig, da das Vorhandensein von primären CNT-Agglomeraten in Kompositmaterialien für deren Weiterverarbeitung zu Formteilen oder Fasern hinderlich sein kann. Ein geringer Grad an CNT-Dispersiongüte in der polymeren Matrix führt zu einer ökonomisch schlechten Ausnutzung des Potentials von CNTs, weil in Agglomeraten gebundene Füllstoffpartikel nicht zu den gewünschten Eigenschaftsänderungen der polymeren Matrix beitragen. Auch kann eine schlechte CNT-Dispersionsgüte in Kompositen zu großen Problemen bei deren Weiterverarbeitung zu dünnwandigen Spritzgussteilen, Folien oder Fasern führen. Neben dem möglichen Verstopfen von Maschinendüsen durch nicht dispergierte primäre CNT-Agglomerate können diese zu einer dramatischen Senkung des mechanischen Kennwertniveaus führen. Im schlimmsten Fall lassen sich Fasern oder Folien bei Vorhandensein sehr großer Agglomerate in der Größenordnung des Faserdurchmessers oder der Foliendicke überhaupt nicht abziehen bzw. extrudieren, weil die Schmelze infolge der Fehlstellen reißt. Im Fall von homogenen Kompositmaterialien mit einer hohen CNT-Dispersionsgüte ist deren problemlose Weiterverarbeitung zu sensorischen Formteilen durch Spritzguss, Profilextrusion oder Faserspinnen gewährleistet.

Die Notwendigkeit der Prozessoptimierung wurde durch erste Voruntersuchungen an PPA/CNT-Kompositen [270], die im Rahmen des INTELTEX-Projektes [271] durchgeführt wurden, unterstrichen. Vier verschiedene Masterbatches wurden unter Variation von Füllstoffgehalt, Temperaturprofil, Schneckenkonfiguration und Drehzahl hergestellt und hinsichtlich ihrer CNT-Dispersionsgüte untersucht. Die Gestaltung des Extrusionsprozesses erwies sich dabei als maßgeblich entscheidend für die resultierende CNT-Dispersionsgüte in der Polymermatrix. An Dünnschnitten wurden Flächenanteile A_A nicht dispergierter Restagglomerate zwischen 1,3 und 19 % gemessen. Die Dispersionsgüte in den Masterbatches war darüberhinaus mit entscheidend für die resultierenden elektrischen Eigenschaften in den anschließend zu niedrigeren Füllstoffgehalten verdünnten Kompositen. Basierend auf diesen ersten Ergebnissen wird im Folgenden der Einfluss von Prozess- (Drehzahl und Durchsatz) und Systemgrößen (Verweilzeit und Eintrag an spezifischer mechanischer Energie) auf die CNT-Dispersionsgüte in PCL diskutiert. Darüber hinaus wird gezeigt, wie das Design der Extrusionsschnecke die CNT-Dispersionsgüte in PCL beeinflussen kann. Die gewonnen Erkenntnisse wurden auf die Herstellung der Sensormaterialien übertragen. Parallel wurden weitere Optimierungsstudien durchgeführt, um die Kompositherstellung weiter zu verbessern und die gewünschten Eigenschaften der Komposite gezielter einstellen zu können.

Abschließend werden Ergebnisse zur Charakterisierung der Sensormaterialien vorgestellt. Diskutiert werden sowohl ihre elekrischen und morphologischen Eigenschaften, als auch ihr Diffusions- und Quellverhalten beim Kontakt mit verschiedenen Lösungsmitteln. Die Kenntnis über die Diffusionskinetik und den Quellgrad der Komposite in diesen Flüssigkeiten ist von Bedeutung für die Diskussion der anschließend gemessenen sensorischen Eigenschaften der Materialien.

4.1.2 Charakterisierung der Ausgangsmaterialien

4.1.2.1 Kohlenstoffnanoröhren

Um die CNT-Dispersionsgüte in den extrudierten Kompositen einschätzen zu können, wurden REM-Untersuchungen des trockenen CNT-Pulvers durchgeführt. Damit wurde zunächst eine Vorstellung von der Größe und Struktur der primären Agglomerate erlangt. Die Schwierigkeiten bei der Dispergierung von CNTs in polymeren Matrizes basieren auf van-der-Waals-Wechselwirkungen, die bei synthesebedingt kompakten Primäragglomeraten mit geringen Abständen zwischen benachbarten CNTs sehr groß sind. Des Weiteren können physikalische Verschlaufungen auftreten, wel-

4 Ergebnisse und Diskussion

che ein Separieren der individuellen CNTs erschweren. Wenngleich Kohlenstoffnanoröhren ein nanoskaliger Füllstoff sind, treten N7000 in Form von makroskopischen Primäragglomeraten mit Durchmessern von bis zu mehreren Millimetern auf. Eine typische REM-Aufnahme ist in Abbildung 4.1(a) dargestellt und zeigt mehrere Primäragglomerate mit einer breiten Größenverteilung. Neben der stark ausgeprägten Agglomeration zeigt Abbildung 4.1(b) garnartige Überstrukturen, wobei die „Garne" aus einer Großzahl individueller CNTs bestehen und Durchmesser von etwa einem Mikrometer aufweisen (Abbildung 4.1(c)). Die Primäragglomerate bestehen, wie in Abbildung 4.1(d) ersichtlich, aus relativ lose gepackten CNTs, die auf Grund der relativ großen Abstände zwischen einzelnen CNTs eine gute Dispergierbarkeit im Mischprozess erwarten lassen.

Abbildung 4.1. REM-Aufnahmen mehrwandiger Kohlenstoffnanoröhren vom Typ N7000) [Maßstabe (a) ⊢⊣ 200 µm , (b) ⊢⊣ 20 µm , (c) ⊢⊣ 2 µm und (d) ⊢⊣ 200 nm]

4.1.2.2 Polymere

Die Matrixsysteme PC Lexan 141R, 144R und 104R wurden mittels GPC hinsichtlich ihres Molekulargewichtes untersucht. Die ermittelten Werte für M_w (Gewichtsmittel) und M_n (Zahlenmittel) sowie die Polydispersität Q_p, welche sich aus dem Quotienten beider Molekulargewichte ergibt, sind in Tabelle 4.1 zusammengefasst. Die Messungen zeigen gewisse Unterschiede im Molekulargewicht, die den Herstellerangaben in etwa entsprechen.

Tabelle 4.1. Molekulargewichte M_n, M_w und Polydispersität Q_p der Polycarbonat Lexan-Typen

PC-Type	M_n (g/mol)	M_w (g/mol)	Q_p (-)
Lexan 141R	7500	17900	2,4
Lexan 144R	10300	26000	2,5
Lexan 104R	10850	30000	2,8

4.1.3 Ansätze zur Optimierung des Extrusionsprozesses

4.1.3.1 CNT-Vorbehandlung durch Mahlung

Wie bereits diskutiert, bestehen die primären CNT-Agglomerate der N7000 aus relativ kompakten Gebilden, die wiederum aus einer Vielzahl von einzelnen zum Teil stark verschlauften CNTs bestehen. Diese Agglomeration ist der entscheidende Grund, wieso sich CNTs sehr schwer in polymeren Matrizes vereinzeln lassen. Die Verschlaufungsdichte in solchen Primäragglomeraten hängt dabei maßgeblich vom Aspektverhältnis, den Oberflächendefektbedingungen, der Welligkeit und der Flexibilität der CNTs ab. Aus diesem Grund könnte die gezielte Reduktion der Verschlaufungsdichte durch die mechanische Kürzung der CNTs die Dispergierbarkeit dieser Materialien deutlich erhöhen. Eine Möglichkeit einer solchen gezielten CNT-Kürzung, ist die Anwendung eines Trockenmahlprozesses in einer Stahlkugelmühle [272, 273]. Wie bei allen Mahlkörpermühlen werden auch in der Kugelmühle Mahlkörper und Mahlgut bewegt, so dass Stöße zwischen den Mahlkörpern untereinander und zwischen Mahlkörpern und Wänden auftreten. Die Zerkleinerung der Partikel, hier CNTs bzw. CNT-Primäragglomerate, geschieht durch Prall- und Stoßbeanspruchung. Bisher sind einige Studien zum Einfluss der Kugelmühlenbehandlung von CNTs veröffentlicht, wobei der Grad der Kürzung in Abhängigkeit von der Mahlzeit häufig durch TEM nachgewiesen wurde [272, 274–277].

Im Rahmen dieser Arbeit wurde das N7000-Ausgangsmaterial direkt bei dessen Hersteller Nanocyl S.A. gemahlen. Verwendet wurde dafür ein Metallgefäß mit einem Volumen von 5 Litern. Dieses war mit rostfreien Stahlkugeln mit Durchmessern von 12 mm bestückt und wurde anschließend vollständig mit N7000-Pulver aufgefüllt. Über Gummirollen wurde das Gefäß in Rotation gebracht und bei einer Drehahl von 50 U/min für 5 bzw. 10 Stunden betrieben. Das auf diese Weise modifizierte CNT-Pulver wurde anschließend wie das Ausgangsmaterial mittels REM hinsichtlich der Primäragglomeratgröße und -kompaktheit untersucht. Die Abbildung 4.2(a) zeigt exemplarisch Aufnahmen des für 5 Stunden gemahlenen Materials. Im Vergleich zu den Aufnahmen des Pulvers im unmodifizierten Ausgangszustand (siehe Abbildung 4.1) sind die Primäragglomerate deutlich kleiner (Abbildung 4.2(a)(1)). Eine qualitative Auswertung mittels Lichtstreuexperimenten (Details siehe [122]) hat gezeigt, dass

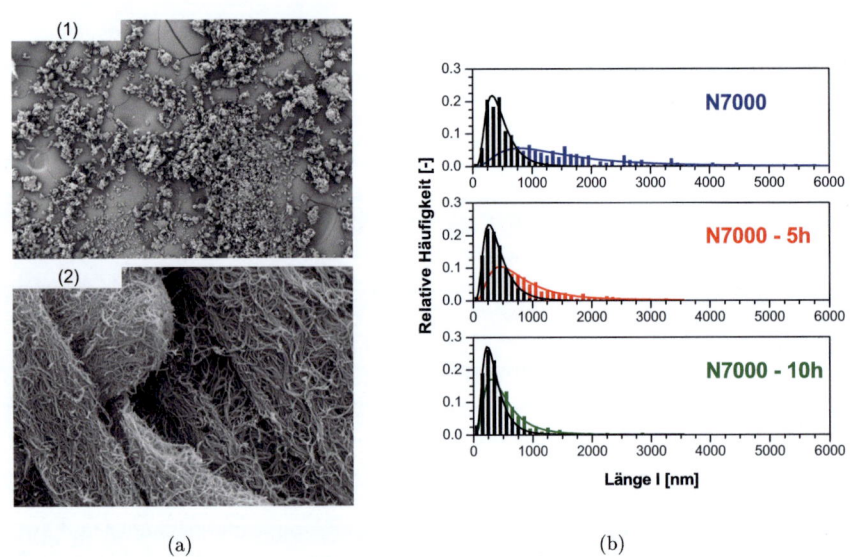

Abbildung 4.2. (a) REM-Aufnahmen der für 5 Stunden kugelmühlenbehandelten N7000 [Maßstabe (1) ⊢─⊣ 100 μm und (2) ⊢─⊣ 500 nm] und (b) CNT-Längenverteilungskurven der N7000 im Ausgangszustand und nach dem Mahlen für 5 bzw. 10 Stunden (farbige Diagramme) und jeweils nach der Verarbeitung im Extruder zu PC-Kompositen mit 2,0 Ma.% CNTs (schwarze Diagramme)(adaptiert von [122])

4.1.3 Ansätze zur Optimierung des Extrusionsprozesses

alle CNT-Primäragglomerate bereits nach einer Mahlzeit von 5 Stunden Größen kleiner als 50 µm aufweisen. Im Ausgangszustand hingegen betrug deren Größe bis zu mehreren Millimetern und zum Teil Zentimetern. Als weiteres Ergebnis des Mahlprozesses trat eine Verdichtung der Primäragglomerate auf, wie es in Abbildung 4.2(a)(2) sehr gut zu erkennen ist. Die CNTs liegen zum Teil parallel eng nebeneinander und bilden somit sehr kompakte Strukturen aus. Die Untersuchung der CNT-Längen, die an den hier vorgestellten Materialien mittels TEM durchgeführt wurden, geht auf eine Methode zurück, die von Krause et al. vorgestellt wurde [140]. Die CNT-Pulver wurden dafür in Chloroform unter Einwirkung von Ultraschall dispergiert und die erhaltenen Dispersionen anschließend auf TEM-Träger getropft (Details siehe [122]). Die CNT-Längenverteilungen des Ausgangsmaterials und der gemahlenen Materialien sind in Abbildung 4.2(b) dargestellt (farbige Diagramme). Im Ausgangszustand weisen N7000 eine sehr breite Längenverteilung auf, wobei die Länge einzelner CNTs bis zu 6 µm beträgt. Durch den Mahlprozess veringert sich die Verteilungsbreite der CNT-Längen deutlich, weil insbesondere die sehr langen CNTs verschwinden. Nach einem fünfstündigen Mahlvorgang liegt die maximale CNT-Länge noch bei etwa 3,5 µm und fünf Stunden später gar nur noch bei 2,5 µm. Um Verteilungsfunktionen zu beschreiben werden üblicherweise x_Y-Werte angegeben. Sie definieren die Partikelgröße x, die von Y % der Partikel unterschritten werden. Die x_{10}-, x_{50}- und x_{90}-Werte für die vorliegenden Verteilungskurven sind in Tabelle 4.2 zusammengefasst. Die Werte der über den Zeitraum von 5 Stunden gemahlenen CNTs entsprechen dabei in etwa der Hälfte der Werte des unbehandelten Ausgangsmaterials. Im Fall der für 10 Stunden gemahlenen CNTs ist es in etwa noch ein Drittel. Die Deffektdichte der CNTs wurde durch den Mahlprozess in der Kugelmühle auch bei langen Verarbeitungszeiten nicht erhöht. Dies wurde mittels Raman-Untersuchungen nachgewiesen, wobei die Flächenverhältnisse der D- und G-Banden ausgewertet wurden (Details siehe [122]).

Tabelle 4.2. CNT-Längenverteilung der N7000 im Ausgangszustand und nach der Behandlung in der Kugelmühle für 5 bzw. 10 h; dargestellt sind jeweils die Längen vor und nach der Einarbeitung in Polycarbonat [122]

	CNT-Längen (nm)					
	vor der Verarbeitung			nach der Verarbeitung		
	x_{10}	x_{50}	x_{90}	x_{10}	x_{50}	x_{90}
N7000	512	1341	3314	222	418	764
N7000-5h	314	726	1876	172	366	652
N7000-10h	209	466	1044	137	309	613

Die N7000 im Ausgangs- und gemahlenen Zustand wurden jeweils mittels Doppelschneckenextrusion in PC Lexan 141R eingearbeitet. In einem ersten Schritt wurden Masterbatches mit 7,5 Ma.% CNTs hergestellt und diese anschließend in einem weiteren Verarbeitungsschritt im Extruder unter Zugabe reinen PCs zu Kompositen mit geringeren CNT-Gehalten verdünnt. Details zu den Verarbeitungsbedingungen sind in Kapitel 3 zu finden. Zu beachten ist, dass die Komposite mit den gemahlenen N7000 unter identischen Extrusionsbedingungen hergestellt wurden, wie die PC/N7000-Komposite, deren sensorische Eigenschaften in Kapitel 4.2 vorgestellt werden. Dies schließt neben der Wahl des Extrudertypes die Prozessparameter Drehzahl und Durchsatz sowie das Schneckendesign ein. Um den Einfluss der Extrusion auf die CNT-Längenkürzung zu untersuchen, wurden aus den drei Versuchsreihen jeweils die Kompositprobe mit 2,0 Ma.% CNT ausgewählt. Dafür wurden die Komposite für eine Stunde in Chloroform gelöst und anschließend für drei Minuten im Ultraschallbad behandelt. Die Polymer/CNT-Lösungen wurden anschließend, wie auch vorher schon die reinen CNT-Dispersionen, auf TEM-Träger aufgetropft und analysiert (Details siehe [122]). Die Längenverteilungen der nach der Einarbeitung in PC untersuchten CNTs sind in Abbildung 4.2(b) (schwarze Diagramme) dargestellt. Die größte relative CNT-Kürzung trat dabei für die unbehandelten CNTs auf, bei denen sich der x_{50}-Wert in etwa auf ein Drittel verringerte. Während 50 % der CNTs vor der Verarbeitung mindestens 1350 nm lang waren, betrug ihre Länge nach der Verarbeitung nur noch knapp 420 nm. Daraus resultiert eine drastische Reduzierung des Aspektverhältnisses auf einen Wert von knapp 40, der deutlich unter die Werte fällt, welche gängigerweise in der Literatur angeführt werden. Die relative CNT-Kürzung fiel für die gemahlenen CNTs deutlich geringer aus, da diese schon vor der Schmelzeverarbeitung deutlich niedrigere Längen aufwiesen. Die x_{50}-Werte für die über 5 und 10 Stunden gemahlenen N7000 reduzierten sich von etwa 726 auf 366 nm bzw. von 466 auf 309 nm. Die relative CNT-Längenreduzierung liegt somit bei etwa 50 bzw. 35 %. Eine Kürzung von CNTs während der Verarbeitung wurde auch von anderen Autoren gefunden. Eine erhebliche CNT-Kürzung bei der Verarbeitung von expoxidharzbasierten Kompositen mittels Kalanderprozess beschrieben Fu et al. [278].

Die elektrische Leitfähigkeit der Komposite wurde an Platten gemessen, die bei einer Temperatur von 260 °C heißgepresst wurden. Die Abbildung 4.3 zeigt die füllstoffabhängige Leitfähigkeit der drei Kompositreihen. Die niedrigste Perkolationsschwelle von 0,18 Vol.% wurde demnach für die unbehandelten CNTs ermittelt. Eine Verschiebung der Perkolationsschwelle zu höheren Werten (0,23 und 0,26 Vol.%) ergab sich für die 5 bzw. 10 Stunden gemahlenen CNTs. Dieses Ergebnis reflektiert die für die unterschiedlichen CNTs gemessenen Längenverteilungen. Für die kürzeren CNTs mit dem geringeren Aspektverhältnis ergibt sich die höhere Perkolationsschwelle bei konstanten Verarbeitungsbedingungen. Im Rahmen dieser Arbeit ergab sich zu diesem Zeitpunkt kein Vorteil durch die Nutzung der heißgepressten Kompositproben mit gemahlenen CNTs und so wurden deren sensorische Eigenschaften im Bezug auf die Lösungsmitteldetektion nicht untersucht. Die Ergebnisse sind aber dennoch von Interesse im Kontext mit den Arbeiten, da das Mahlen eine Möglichkeit der Beeinflussung der elektrischen Eigenschaften von Polymer/CNT-Kompositmaterialien darstellt. Darüber hinaus könnten sich bei der Verarbeitung von Kompositen mit sehr kurzen CNTs durch Spritzguss oder insbesondere durch das Faserspinnen deutliche Vorteile für deren elektrische Eigenschaften ergeben. Diese Verarbeitungstechnologien führen aufgrund der hohen Scherkräfte beim Düsendurchgang zu teilweise hoch anisotropen Kompositproben, wobei die CNTs in Strömungsrichtung ausgerichtet werden. Der Orientierungseffekt sollte bei CNTs mit geringerem Aspektverhältnis

4.1.3 Ansätze zur Optimierung des Extrusionsprozesses

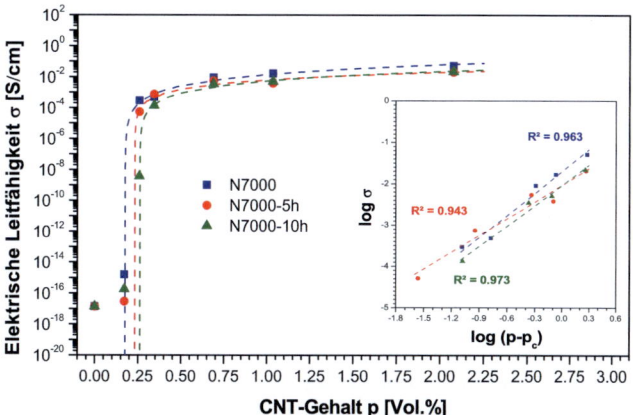

Abbildung 4.3. Einfluss des CNT-Gehaltes auf die elektrische Leitfähigkeit von Kompositmaterialien basierend auf PC mit durch Mahlung unterschiedlich vorbehandelten CNTs (CNTs im Ausgangszustand und nach einer Behandlung von 5 bzw. 10 Stunden in einer Kugelmühle); die eingebettete Grafik zeigt die doppelt-logarithmische Darstellung der Leitfähigkeit σ gegen $(p - p_c)$.

weniger stark ausfallen. Auch könnten diese sehr kurzen CNTs Vorteile bei der sekundären Agglomeratbildung bieten, da diese schneller in der Polymerschmelze agglomerieren können als längere CNTs.

4.1.3.2 Variation der Extrusionsbedingungen

Prozess-, Systemparameter und Schneckenkonfiguration

Des Weiteren wurde eine umfangreiche Studie zum Einfluss der Extrusionsbedingungen auf die Dispersionsgüte von CNTs in einer Polymermatrix durchgeführt. Dabei wurden zunächst umfangreiche Untersuchungen mit PCL sowie weiterführende Untersuchungen am Stoffsystem PC/CNT durchgeführt, welches im Rahmen dieser Arbeit hinsichtlich seiner Senosoreigenschaften analysiert wurde. Während für die PCL-Komposite N7000 zum Einsatz kamen, wurden für die Optimierungsversuche an PC auch BT150 verwendet.

Um den Einfluss der Extrusionsbedingungen auf die CNT-Dispersionsgüte in PCL zu untersuchen, wurden Masterbatches mit 7,5 Ma.% CNT unter Variation der Schneckenkonfiguration, der Drehzahl (100 und 500 min^{-1}) und des Durchsatzes (5, 10, and 15 kg/h) hergestellt (Details siehe [81]). Basierend auf verschiedenen Förder-, Misch- und Scherelementen wurden fünf Schneckenkonfikurationen (SK) entwickelt. Zwei dispersiv mischende Schnecken wurden auf der Basis von stark scherenden Knetblöcken erstellt. Die Anzahl und Position dieser Elemente entlang des Extrusionsweges war dabei in beiden Fälle identisch, wobei eine der beiden Schnecken mit einer größeren Anzahl an Rückstauelementen bestückt wurde (Anzahl der Rückstauelemente bei SK2>SK1). Diese Rückstauelemente wurden jeweils direkt hinter den Knetblöcken platziert und substituierten die vorher dort platzierten Förderelemente. Zusätzlich wurden zwei distributiv mischende Schnecken verwendet, deren Mischelemente sich an den Positionen befanden, an denen sich die Knetblöcke der dispersiv mischenden Schnecken befanden (Anzahl der Rückstauelemente bei SK4>SK3). Das L/D-Verhältnis dieser ersten vier Schnecken betrug 36. Daraus ergibt sich ein Extrusionsweg von 900 mm bei einem Schneckendurchmesser von 25 mm. Eine fünfte Schnecke wurde als distributiv mischend mit einem verlängerten L/D-Verhältnis von 48 ausgelegt (SK5). Diese Schnecke enthielt darüber hinaus vier weitere Mischelemente im hinteren Teil der Prozessstrecke. Diese Schnecke wurde bereits ausführlich im Kapitel 3.3.1 beschrieben, da sie im Weiteren für die Herstellung der hier verwendeten Sensormaterialien verwendet wurde. Das Temperaturprofil wurde bei allen Extrusionsläufen unter Verwendung variierter Prozessbedingungen mit einer durchschnittlichen Gehäusetemperatur von 200 °C konstant gehalten.

Weil CNT-Agglomerate hohe kohäsive Festigkeiten infolge von nan-der-Waals-Kräften und Verschlaufungen aufweisen, müssen gewisse kritische Scherspannungen im Mischprozess generiert werden, um diese Agglomerate zu dispergieren. Da die mittlere Scherspannung beim Extrusionsprozess nur sehr schwer zugänglich ist, wird üblicherweise der Eintrag an spezifischer mechanischer Energie in das Extrudat berechnet, um den Extrusionsprozess quantitativ zu charakterisieren. Die spezifische mechanische Energie (SME) in kJ/kg ergibt sich gemäß Gleichung 4.1 aus dem Drehmoment des Antriebsmotors τ (kJ), der Drehzahl N (s^{-1}) und dem Durchsatz $\dot{m}$ (kg·s^{-1}). Anschließend wurden die SME-Werte mit den lichtmikroskopisch bestimmten Flächenteilen A_A nicht dispergierter primärer CNT-Agglomerate in den Kompositmaterialien korreliert, welcher ein Maß für die makroskopische CNT-Disperionsgüte darstellt.

$$SME = \frac{2\pi \cdot \tau \cdot N}{\dot{m}} \qquad (4.1)$$

Als Hauptergebnis der Studie zur Ermittlung des Einflusses der Extrusionsbedingungen auf die CNT-Dispersionsgüte kann festgehalten werden, dass sich diese signifikant durch einen erhöhten SME-Eintrag verbessern lässt. Der Flächenanteil nicht dispergierter Primäragglomerate, welcher an Dünnschnitten mit einer Dicke von 2,5 μm bestimmt wurde, sank dabei exponentiell mit steigendem Energieeintrag. Dieser Effekt kann dabei durch eine höhere Drehzahl und/oder einen niedrigeren Durchsatz erzielt werden. Die Drehzahlerhöhung von 100 auf 500 min^{-1} bei gleichzeitig konstantem Durchsatz von 5 kg/h und dem damit verbundenen Anstieg des SME-Wertes bei der Extrusion der PCL/CNT-Masterbatches führte zu einer signifikanten Verbesserung der CNT-Dispersionsgüte bei der Verwendung aller vier Schneckenkonfigurationen mit einem L/D-Verhältnis von 36. Dabei wurde eine Reduktion des Flächenanteiles A_A um 70 % festgestellt (siehe Abbildung 4.4), obwohl sich gleichzeitig durch die Drehzahlerhöhung eine Reduktion der Mindestverweilzeit zwischen 25 und 40 % ergab.

4.1.3 Ansätze zur Optimierung des Extrusionsprozesses

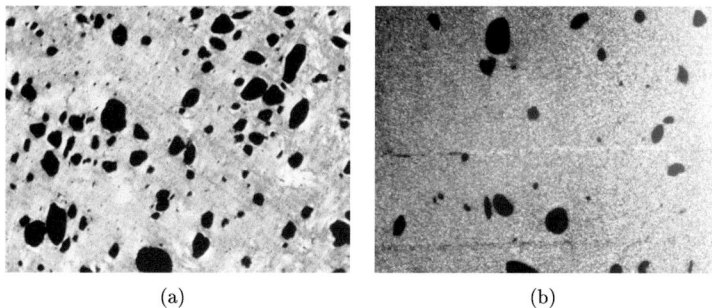

(a)   (b)

Abbildung 4.4. Lichtmikroskopische Aufnahmen an 2,5 µm dicken Dünnschnitten zur Verdeutlichung der CNT-Dispersionsgüte in PCL-Masterbatches mit 7,5 Ma.% CNTs in Abhängigkeit von der Drehzahl bei Verwendung einer dispersiv mischenden Schneckenkonfiguration (SK1) und konstantem Durchsatz von 5 kg/h: (a) 100 min^{-1} (A_A=12,9 %) und (b) 500 min^{-1} (A_A=4,9 %) [Maßstab jeweils ⊢——⊣ 100 µm , Schnittdicke 5 µm]

Die Verweilzeit wurde dabei rein empirisch direkt am Extruder ermittelt, wobei PCL/CNT-Masterbatchgranulate als Farbgeber während des Extrusionsprozesses in gepulster Weise in die reine ungefüllte PCL-Schmelze dosiert wurden. Die Mindestverweilzeit ergab sich schließlich aus der Zeitdifferenz zwischen der Dosierung und dem Austritt der ersten schwarz eingefärbten Schmelze aus der Extrusionsdüse. Im Fall der Schnecke mit einem L/D-Verhältnis von 48 konnte aufgrund einer Überschreitung des maximalen Drehmomentes keine Probe mit 100 min^{-1} hergestellt werden. Es ist aber davon auszugehen, dass die ermittelten Ergebnisse auf die Versuche mit verlängertem Extrusionsweg übertragen werden können. Neben der Drehzahl ist der Durchsatz eine wichtige Prozessgröße, die die Systemgrößen Verweilzeit und SME-Eintrag während der Extrusion beeinflusst. Während die Erhöhung der Drehzahl zu einem höheren Eintrag an SME führt, wirkt sich die Durchsatzerhöhung gegenteilig aus. Höhere Durchsätze bei gleichzeitig konstanter Drehzahl (100 min^{-1}) und konstantem Temperaturprofil führen bei der Extrusion von PCL/CNT-Masterbatches zu zunehmend schlechteren CNT-Dispersionsgüten, was aus deutlich höheren Flächenanteilen A_A nicht dispergierter Primäragglomerate bei der Lichtmikroskopie an Dünnschnitten geschlußfolgert werden konnte (Abbildung 4.5). Der Flächenanteil sank erneut exponentiell mit zunehmendem SME-Eintrag. Interessanterweise konnten die SME-abhängigen Flächenanteile A_A der unterschiedlichen Schneckenkonfigurationen entsprechend der Mischcharakteristik (dispersiv oder distributiv) gruppiert werden. Dabei ergab sich, dass die Verwendung der Extrusionsschnecken mit Mischelementen zu deutlich besseren CNT-Dispersionsgüten im Vergleich zu denen mit Knetblöcken führt. Bei vergleichbaren SME-Werten zeigten die Masterbatches, die mit distributiv mischenden Schnecken verarbeitet wurden, niedrigere Restagglomeratflächen. Dieser Zusammenhang ist in Abbildung 4.6(a) für den Einfluss des SME-

Eintrages in Abhängigkeit der Drehzahl bei konstantem Durchsatz und in Abbildung 4.6(b) für die Variation des Durchsatzes bei konstanter Drehzahl dargestellt.

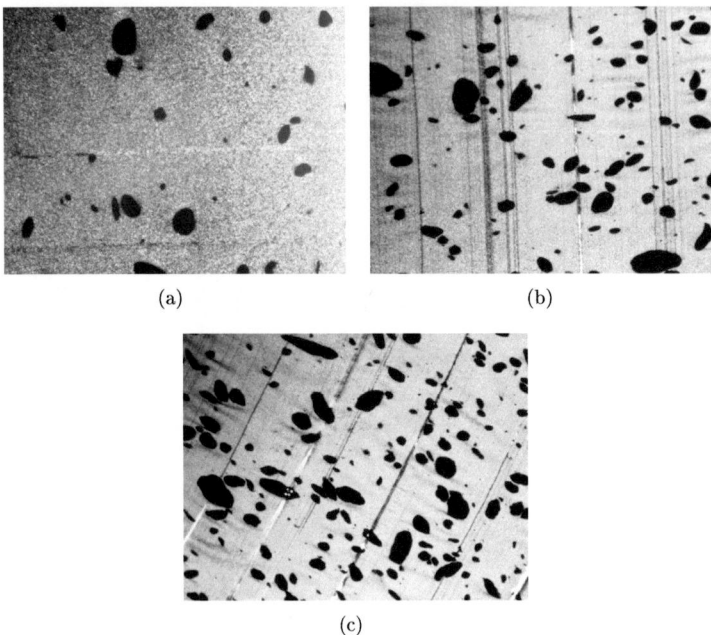

Abbildung 4.5. Lichtmikroskopische Aufnahmen an 2,5 µm dicken Dünnschnitten zur Verdeutlichung der CNT-Dispersionsgüte in PCL-Masterbatches mit 7,5 Ma.% CNTs in Abhängigkeit vom Durchsatz bei Verwendung einer dispersiv mischenden Schneckenkonfiguration (SK1) und einer konstanten Drehzahl von 500 min^{-1}: (a) 5 kg/h (A_A=4,9 %), (b) 10 kg/h (A_A=9,1 %) und (c) 15 kg/h (A_A=11,8 %) [Maßstab jeweils ⊢—⊣ 100 µm , Schnittdicke 5 µm]

Ausgehend von der Erkenntnis, dass hohe Drehzahlen, niedrige Durchsätze und die Verwendung von distributiv mischenden Extrusionsschnecken zu Kompositen mit guter CNT-Dispersionsgüte führen, wurden Kompositmaterialien mit unterschiedlichen Gehalten an N7000 auf der Basis von drei Polycarbonat Lexan-Typen unter konstanten Extrusionsbedingungen (500 min^{-1}, 5 kg/h, SK5) hergestellt. Diese Komposite werden im Folgenden als Sensormaterialien verwendet.

Parallel dazu wurden weiterführende Schritte zur Optimierung der Kompositherstellung unternommen. Dazu wurde zunächst untersucht, wie sich der Extrusionsprozess und dabei speziell der Eintrag spezifischer mechanischer Energie auf die CNT-Längenkürzung während der Verarbeitung auswirkt. Betrachtet wurde im Rahmen dieser Arbeiten ein Kompositsystem bestehend aus Polycarbonat Makrolon 2600 und 3 Ma.% BT150. Auch wenn dieser CNT-Typ eine deutlich kompaktere Primäragglo-

4.1.3 Ansätze zur Optimierung des Extrusionsprozesses

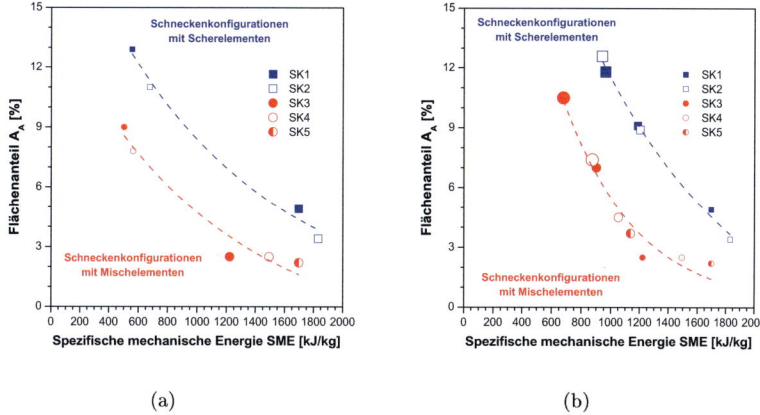

Abbildung 4.6. Einfluss des Eintrages spezifisch mechanischer Energie während des Extrusionsprozesses von PCL-Masterbatches mit 7,5 Ma.% CNTs auf den Flächenanteil A_A bei der Verwendung dispersiv und distributiv mischender Extrusionsschnecken; Variation des SME-Wertes durch Variation (a) der Drehzahl bei konstantem Durchsatz von 5 kg/h und (b) des Durchsatzes bei konstanter Drehzahl von 500 min^{-1}

meratstruktur aufweist, ist dieser kommerziell erhältliche Typ ähnlich wie die N7000 sehr für den Einsatz in Modellkompositen geeignet. Die Extrusionsversuche wurden ebenfalls unter Verwendung von SK5 durchgeführt (siehe Abbildung 3.1(b)). Variiert wurde die Drehzahl zwischen 100 und 1000 min^{-1} und der Durchsatz zwischen 5 und 15 kg/h. Da der Versuchspunkt 100 min^{-1} und 5 kg/h aufgrund der Überschreitung des maximalen Drehmomentes nicht extrudiert werden konnte, ergaben sich für diesen Versuchsraum 14 Versuchspunkte. Die Abbildung 4.7(a) zeigt den Flächenanteil A_A der nicht dispergierten Restagglomerate gemessen an 10 μm dicken Dünnschnitten in Abhängigkeit vom SME-Eintrag.

Erneut konnte ein deutliches Abfallen des Flächenanteils und somit eine zunehmende CNT-Dispersionsgüte mit steigendem SME-Eintrag festgestellt werden. Diese Art der Auftragung war für die PCL/CNT-Masterbatches nicht möglich, da pro Schneckenkonfiguration lediglich vier Versuchspunkte vorlagen. Aufgrund der hohen Versuchsanzahl kann mit Hilfe der PC/CNT-Komposite gezeigt werden, dass der Flächenanteil A_A mit zunehmendem Energieeintrag während der Extrusion exponentiell sinkt. Dabei konnte erneut ein gewisser Grenzwert der erreichbaren CNT-Dispersionsgüte bestimmt werden. Im Falle von Polycarbonat lag dieser etwa bei einem A_A-Wert von 0,4 %. Dies zeigt erneut, dass die Kompositherstellung über einen Masterbatchprozess vorteilhaft ist. Die Kenntnis der exponentiellen Abnahme des Flächenanteils mit zunehmendem Energieeintrag führt unweigerlich zu der Frage, inwieweit eine weitere Steigerung der Energieeinträge sinnvoll ist, um die CNT-Dispersionsgüte weiter zu steigern. Es bleibt festzuhalten, dass der ermittelte

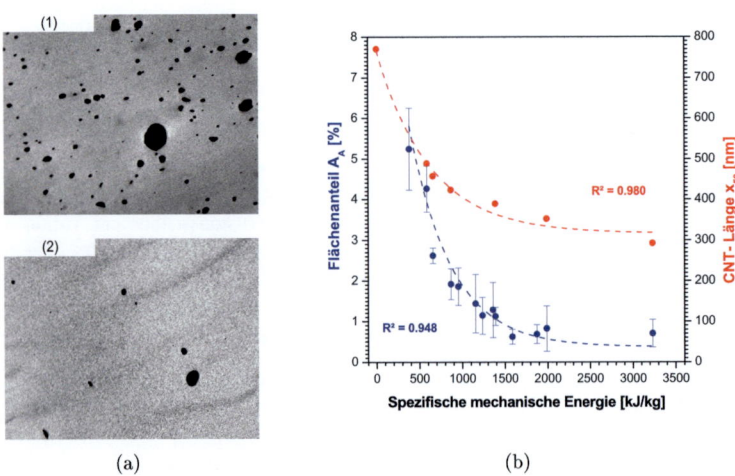

Abbildung 4.7. Einfluss von Verarbeitungsbedingungen auf die Morphologie von PC-Kompositen mit 3 Ma.% BT150: (a) lichtmikroskopische Aufnahmen zweier Komposite die bei konstantem Durchsatz von 5 kg/h und unterschiedlichen Drehzahlen verarbeitet wurden [(1) 100 min^{-1} (A_A=4,3 %) und (2) 1000 min^{-1} (A_A=0,7 %), Maßstab jeweils ⊢⊣ 100 μm] und (b) der Flächenanteil A_A und die CNT-Länge (x_{50}-Wert) in Abhängigkeit vom SME-Eintrag während des Extrusionsprozesses

Flächenanteil bei einer Steigerung des SME-Eintrages von 1585 auf 3230 kJ/kg lediglich von 0,8 auf 0,4 % sinkt. Da der SME-Wert direkt mit der Antriebsleistung des Motors zusammenhängt, kann es ökonomisch sinnvoll sein, den SME-Eintrag moderat zu halten und die nicht dispergierten CNTs in einem zweiten Prozessschritt zu eliminieren. Auch aus einem zweiten Grund erscheint es nicht sinnvoll, eine geringfügige Verbesserung der CNT-Dispersionsgüte auf Kosten deutlich höherer Energieeintrage zu generieren. Die Abbildung 4.7(b) zeigt neben dem SME-abhängigen Flächenanteil A_A ebenfalls die CNT-Länge unter Berücksichtigung des x_{50}-Wertes nach der Extrusion. Die Längenbestimmung erfolgte dabei analog zu der in Kapitel 4.1.3.1 vorgestellten Methodik. Es konnte auf diese Weise nachgewiesen werden, dass CNTs bei der Verarbeitung in herkömmlichen Doppelschneckenextrudern signifikant gekürzt werden. Während die MWCNTs BT150 im Ausgangszustand einen x_{50}-Wert von etwa 770 nm aufweisen, beträgt dieser nach der Extrusion bei einem SME-Eintrag von etwa 3230 kJ/kg nur noch 290 nm. Durch die zusätzliche Kenntnis über die CNT-Längenkürzung nach der Extrusion und die CNT-Dispersionsgüte in Abhängigkeit vom SME-Eintrag ergibt sich ein recht umfangreicher Versuchsraum, um die Polymer/CNT-Komposite hinsichtlich ihrer morphologischen und elektrischen Eigenschaften zu optimieren. Eine Untersuchung, inwieweit sich diese unterschiedlichen Eigenschaften auf die sensorischen Eigenschaften der Komposite auswirken, konnte im Rahmen dieser Arbeit nicht durchgeführt werden. Die Ergebnisse stellen aber einen interessanten Ansatzpunkt für anschließende Untersuchungen dar.

Füllstoffdosierung

Im Rahmen dieser Arbeit wurden die im Folgenden untersuchten Sensormaterialien auf Basis von PC und MWCNT N7000 mittels Doppelschneckenextrusion hergestellt, wobei beide Komponenten über den Haupttrichter dosiert wurden. Zum Zeitpunkt der Kompositherstellung entsprach dieses Vorgehen dem Stand der Technik. Müller et al. [279] veröffentlichten Studien zur Dosierung von kommerziellen CNT-Typen Baytubes C150P und Nanocyl N7000 bei der Doppelschneckenextrusion von PP-Kompositen, wonach eine deutliche Abhängigkeit der CNT-Dispersionsgüte von der Art der Dosierung besteht. Demnach führte die Dosierung der Nanocyl N7000 über eine Seiteneinspeisung und die Dosierung der Baytubes C150P über den Haupttrichter zu Kompositen mit im Vergleich zur jeweils entgegengesetzten Dosierung besseren CNT-Dispersionsgüte. Ebenfalls wurden auf diese Weise niedrigere elektrische Widerstände und ein höheres mechanisches Kennwertniveau an spritzgegossenen Probekörpern für die jeweils bessere Dosiervariante ermittelt. Die vorteilhafte Dosierung der N7000 über die Seiteneinspeisung begründeten die Autoren mit der relativ niedrigen Schüttdichte der Primäragglomerate, die bei starker Scherung bzw. Trockenmahlung in der Einzugszone des Extruders stark verdichtet werden. Dieser Vorgang ist vergleichbar mit den hier vorgestellten Ergebnissen zum Kugelmahlprozess von CNT-Materialien. Die auf diese Weise kompaktierten Agglomerate weisen eine niedrigere Dispergierbarkeit auf, die zu einer größeren Anzahl von nicht dispergierten Restagglomeraten in den Kompositen führte. Die Dosierung der im Ausgangszustand bereits sehr kompakten Baytubes C150P über den Haupttrichter wurde dabei von den Autoren im Vergleich zu den N7000 als vorteilhaft beschrieben.

Derartige Versuche wurden für das Kompositsystem Polycarbonat Makrolon 2600 und 3 Ma.% MWCNTs BT150, welches schon bei der Ermittlung des Einflusses der Extrusionsbedingungen auf die CNT-Länge verwendet wurde, nachgestellt. Damit sollte untersucht werden, ob dieser Effekt auch für eine Polymermatrix, deren Eigenschaften sich deutlich von den des Polyolefines PP unterscheiden, bestätigt werden kann. Für diesen Zweck wurden die CNT-Typen N7000 und BT150 jeweils über den Haupttrichter oder die Seiteneinspeisung dosiert, während die Prozessparameter Drehzahl bei 500 min^{-1}, der Durchsatz bei 5 kg/h und das Temperaturprofil bei einer durchschnittlichen Gehäusetemperatur von 260 °C konstant gehalten wurden. Die Versuche haben den für PP/CNT-Komposite gefundenen Trend auch für PC-basierte Materialien bestätigt. Die Abbildung 4.8 zeigt repräsentative lichtmikroskopische Aufnahmen für die verschiedenen Komposite mit 3 Ma.% N7000 und BT150 und den unterschiedlichen Dosiervarianten. Die Dosierung der N7000 über die Seiteneinspeisung führte dabei zu Kompositen mit der besten CNT-Dispersionsgüte, was sich in einem sehr niedrigen Flächenanteil A_A (Schnittdicke 5 µm) nicht dispergierter Restagglomerate von 0,2 % widerspiegelt. Die Dosierung der N7000 über den Haupttrichter führte zu einer deutlich schlechteren Dispersiongüte bei einem Flächenanteil von 1,1 %. Im Fall der BT150 tritt, wie zuvor im Fall von PP-basierten Kompositen beschrieben, der entgegengesetzte Effekt auf und die Dosierung ist bevorzugt über den Haupttrichter durchzuführen. Da die im Rahmen dieser Arbeit hergestellten Sensormaterialien auf der Basis von N7000 mit einer Dosierung der CNTs in den Haupttrichter hergestellt wurden und somit ein gewisses Potential an Dispergierwirkung des Extrusionsprozesses nicht genutzt wurde, sollten die hier beschriebenen Ergebnisse über die zu bevorzugende Dosierung der CNTs in Zukunft für weiterführende Arbeiten berücksichtigt werden.

4.1.4 Kompositcharakterisierung

4.1.4.1 Elektrische Leitfähigkeit und Morphologie

Die elektrische Leitfähigkeit der PC/CNT-Komposite wurde an den u-förmigen Proben, die aus den gepressten und anschließend getemperten Platten ausgestanzt wurden, ermittelt. Die Abbildung 4.9 zeigt die elektrische Leitfähigkeit der Komposite in Abhängigkeit vom CNT-Gehalt. Die elektrische Perkolation der CNTs in der PC-Matrix tritt deutlich unter 0,17 Vol.% auf. Die Probe mit 0,25 Ma.% (0,17 Vol.%) ist bereits elektrisch leitfähig und die Leitfähigkeit ist im Vergleich zur Probe mit 0,09 Vol.% um mehr als 10 Dekaden angestiegen. Um die Perkolationskonzentration p_c und den kritischen Exponenten s_2 für das Stoffsystem zu berechnen, wurde jeweils der Logarithmus der Leitfähigkeit σ gegen den Logarithmus von $(p - p_c)$ für den Füllstoffbereich $p > p_c$ geplottet. Der höchste Wert für den ermittelten Regressionskoeffizienten der linearen Anpassung wurde für die Parameter A_p=0,08, p_c=0,1 und s_2=1,43 bestimmt.

Die für dieses Stoffsystem ermittelte sehr niedrige Perkolationsschwelle kann zu einem gewissen Teil mit der sehr guten makroskopischen CNT-Dispersionsgüte in der poly-

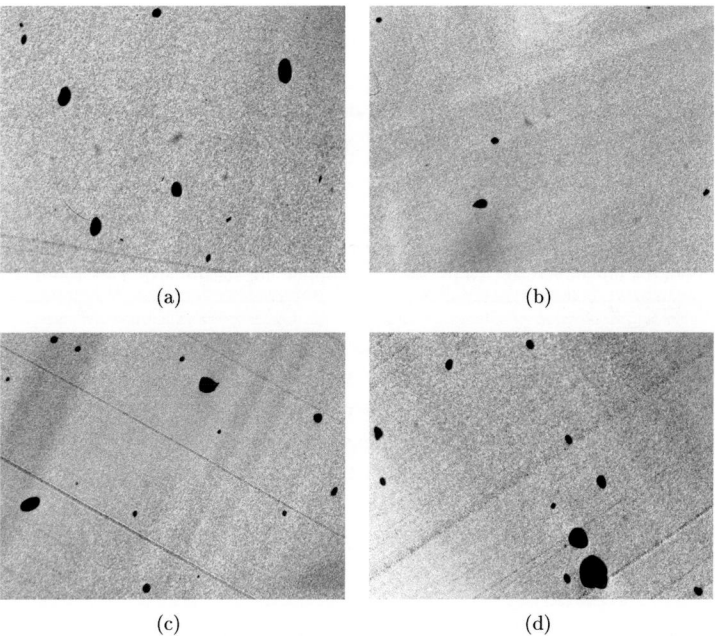

Abbildung 4.8. Lichtmikroskopische Aufnahmen an PC/CNT-Kompositen mit 3 Ma.% CNTs, die bei konstanten Extrusionsbedingungen verarbeitet wurden, sich aber im eingesetzten CNT-Typ und in der Art der CNT-Dosierung unterscheiden: (a) N7000 / Haupttrichter (A_A=1,1±0,3 %), (b) N7000 / Seiteneinspeisung (A_A=0,2±0,2 %), (c) C150P / Haupttrichter (A_A=0,8±0,3 %) und (d) C150P / Seiteneinspeisung (A_A=1,3±0,8 %) [Maßstab jeweils ⊢⊣ 100 μm, Schnittdicke 5 μm]

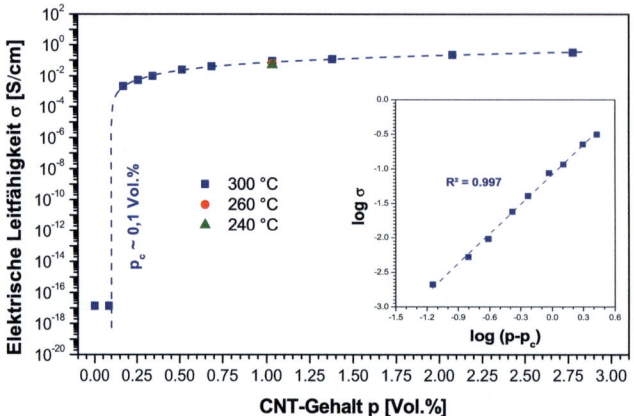

Abbildung 4.9. Einfluss des CNT-Gehaltes und der Presstemperatur auf die elektrische Leitfähigkeit von Kompositmaterialien, basierend auf Polycarbonat Lexan 141R und MW-CNTs N7000; die eingebettete Grafik zeigt die doppelt-logarithmische Darstellung der Leitfähigkeit σ gegen $(p - p_c)$

meren Matrix erklärt werden. Abbildung 4.10(a) zeigt die lichtmikroskopische Aufnahme einer Probe mit 1,0 Ma.% CNT, die nach der Extrusion nahezu keine primären CNT-Agglomerate enthält. Darüber hinaus konnte bereits in den extrudierten Kompositen eine ausgeprägte Sekundäragglomeration beobachtet werden, die nach dem Heißpressen noch ausgeprägter sein sollte. Die Abbildung 4.10(b) zeigt eine TEM-Aufnahme des Komposites mit 1,0 Ma.%, auf der ein Aufbau des CNT-Netzwerkes aus einzelnen Clustern zu sehen ist.

4.1.4.2 Diffusions- und Quellverhalten

Die Diffusion von Lösungsmitteln in Polymere oder polymerbasierte Kompositmaterialien kann mittels polarisierter Transmissionslichtmikroskopie untersucht werden. Speziell am Beispiel PC konnte dies für die Diffusion von Aceton [280, 281], 2-Pentanon, Methylisobutylketon und Xylol [281] gezeigt werden. Dabei wurde jeweils beobachtet, dass der gequollene Randbereich vom Kern der Probe durch eine scharfe Lösungsmittelfront abgegrenzt ist. Die Möglichkeit der Darstellung dieser beiden Bereiche mittels Lichtmikroskopie ist dabei auf die unterschiedlichen Dichten und damit verbundenen Brechungsindizes zurückzuführen. Im Rahmen dieser Arbeit wurde das Diffusionsverhalten von Tetrahydrofuran, Aceton, Ethylacetat und Dichlormethan in ein Komposit, bestehend aus PC und 1,5 Ma.% CNT, mittels Lichtmikroskopie untersucht und entsprechende Diffusionsparameter abgeleitet. Die Abbildung 4.11(a) zeigt eine exemplarische lichtmikroskopische Aufnahme an einem Dünnschnitt einer Probe, die sich für 210 s in Kontakt mit Aceton befand. Die Abbildung zeigt die Kompositprobe ockerfarben vor einem grünen Hintergrund. Am Rand weist die

4.1.4 Kompositcharakterisierung

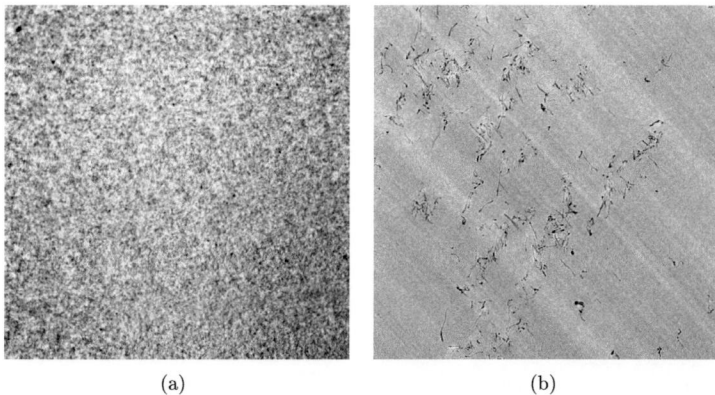

(a) (b)

Abbildung 4.10. Morphologie eines PC-Komposites mit 1,0 Ma.% CNT: (a) lichtmikroskopische Aufnahme (Maßstab ⊢⎯⎯⊣ 100 μm) und (b) TEM-Aufnahme (Maßstab ⊢⎯⎯⊣ 500 nm)

Probe einen sich farblich abhebenden Bereich auf, der in der hier dargestellten Projektion das Probevolumen repräsentiert, welches durch das Lösungsmittel gequollen wurde. Um den zurückgelegten Diffusionsweg des Lösungsmittels in die Kompositprobe zu ermitteln, müssen gemäß Gleichung 3.7 die Ausgangsdicke s_0 und die Dicke des Kerns s_K bestimmt werden. Aus dem zeitlichen Verlauf des Diffusionswegs sind dann Aussagen über die Kinetik möglich. Die Abbildung 4.11(b) zeigt den zeitlichen Verlauf des Diffusionsweges s, der im Rahmen dieser untersuchten vier Lösungsmittel bei der Diffusion in das PC-basiertes Komposit ermittelt wurde. Die ermittelten Kurven wurden jeweils mit einer Potenzfunktion gemäß Gleichung 3.7 angepasst. Die Fitparameter n und k sind für die einzelnen Lösungsmittel in der Tabelle in Abbildung 4.11(b) dargestellt.

Entsprechend der Kurvenverläufe kann gesagt werden, dass für Dichlormethan die größte Affinität zum PC besteht, da dieses das schnellste Voranschreiten der Front zeigt. Das langsamste Voranschreiten der Lösungsmittelfront wurde für Ethylacetat festgestellt. Interessanterweise konnte für die verschiedenen Lösungsmittel kein gemeinsamer Exponent ermittelt werden, der die Kinetiken gleichermaßen genau beschreibt. Dies hätte der Fall sein müssen, falls alle Lösungsmittel demselben Transportmechanismus unterlägen. Für die hier untersuchten Lösungsmittel wurden Werte für n zwischen 0,34 (Ethylacetat) und 0,62 (Dichlormethan) ermittelt. Da die genauen Gründe für diese Unterschiede an dieser Stelle nicht im Detail erklärt werden können, soll zumindest ein Überblick über in der Literatur beschriebene Diffusionsexponenten geliefert werden. Diese bestätigen die hier ermittelten Ergebnisse, auch wenn sie ebenfalls phänomenologischer Natur sind. Kobashi et al. [170] publizierten Exponenten n zwischen 0,35 und 0,58 für die Quellkinetik von Kompositen auf der Basis von PLA und CNTs. Werte zwischen 0,5 und 1 wurden von Kwei et al. für die

4 Ergebnisse und Diskussion

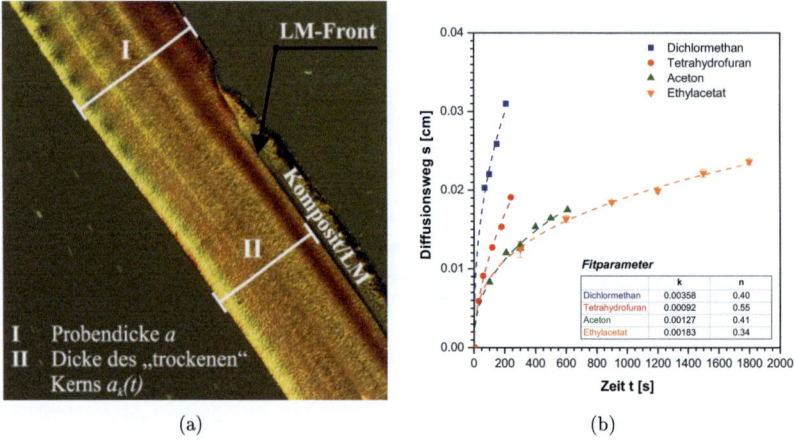

Abbildung 4.11. (a) Lichtmikroskopische Aufnahme eines Dünnschnittes einer Probe (PC+1,5 Ma.% CNT), die sich für 210 s in Kontakt mit Aceton befand (Maßstab ⊢——⊣ 200 µm), und (b) zeitabhängiger Diffusionsweg s der Lösungsmittelfront für Dichlormethan, Tetrahydrofuran, Acetone und Ethylacetat in PC+1,5 Ma.% CNT und Kurvenfit nach Gleichung 3.7; die eingebette Tabelle eenthält die entsprechenden Werte für k und n

Diffusion von Dichlormethan und Benzol und deren Gemische in glasartige Polymere bestimmt [282].

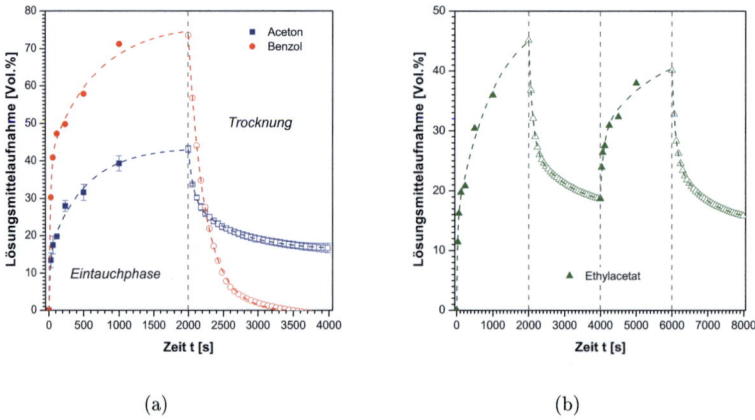

Abbildung 4.12. Zeitabhängige Volumenaufnahme eines PC-Komposites mit 1,5 Ma.% CNT beim Quellen in (a) Aceton, Benzol und (b) Ethylacetat

Um nicht nur Aussagen über die Kinetik des Lösungsmittelfrontenverlaufes während der Diffusion in das PC-Komposit mit 1,5 Ma.% CNT machen zu können, sondern auch den Quellgrad zu charakterisieren, wurde die zeitliche Volumenaufnahme beim Quellen in Ethylacetat, Aceton und Benzol gemessen. Für diesen Zweck wurden Kompositplätchen mit einer Fläche von 1 mm² in ein temperiertes Lösungsmittelreservoir getaucht und nach definierten Zeiten entnommen, um die Massedifferenz bezogen auf den Ausgangswert zu bestimmen. Für die Aufnahme von Ethylacetat und Aceton, welche Dichten von 0,90 bzw. 0,79 g/cm³ aufweisen, wurde jeweils nach einer Eintauchzeit von 2000 s ein Trocknungszyklus angeschlossen, um die Reversibilität des Quellprozesses zu untersuchen. Die Quellung von Aceton, die in Abbildung 4.12(a) dargestellt ist, wurde per Doppelbestimmung gemessen und zeigt lediglich eine geringe Standardabweichung. Die verwendete Methode liefert somit Daten, die als reproduzierbar betrachtet werden können. Aceton und Benzol, die eine ähnliche Frontengeschwindigkeit bei der Diffusion in das Komposit aufweisen (siehe Kapitel 4.2), zeigen generell sehr unterschiedliche maximale Quellgrade von etwa 40 bzw. 70 %. Trotz des dem PC ähnlicheren Hildebrand-Löslichkeitsparameters und der geringeren Löslichkeitsparameterdifferenz nach Hansen zeigt das Komposit den geringeren Quellgrad in Aceton. Dies kann hier als experimentelles Ergebnis nur phänomenologisch betrachtet werden, da im Rahmen dieser Arbeit keine Untersuchung des Quellverhaltens in Abhängigkeit von Lösungsmitteleigenschaften durchgeführt wurde. Die beiden Lösungsmittel wurden an dieser Stelle betrachtet, da der Quellgrad des Komposites in diesen beiden Lösungsmitteln eine wichtige Größe für die anschließende Diskussion der elektrischen Sprungantwort darstellt. In Abbildung 4.12(b) ist die Quellung des Komposites in Ethylacetat für zwei aufeinanderfolgende Ein- und Austauchzyklen dargestellt.

4.1.5 Zusammenfassung

In dem vorangegangen Kapitel konnte gezeigt werden, dass die Herstellung elektrisch leitfähiger Polymerkomposite, ausgehend von im Ausgangszustand stark agglomeriert vorliegenden CNTs, mittels Doppelschneckenextrusion möglich ist. Im Gegensatz zur Verarbeitung solcher Komposite in Kleinstmengenmischaggregaten ermöglicht die Extrusion eine Vielzahl an Prozessvariationen, die die maßgeschneiderte Herstellung von Kompositmaterialien erlaubt. Als wichtiges Maß zur Charakterisierung des Extrusionsprozesses gilt der Eintrag an spezifischer mechanischer Energie, der im Rahmen dieser Arbeit mit einer morphologischen Kenngröße der untersuchten Komposite korreliert werden konnte. Der mittels Lichtmikroskopie an Dünnschnitten bestimmte Flächenanteil A_A, der die CNT-Dispersionsgüte repräsentiert, sinkt exponentiell mit zunehmendem Energieeintrag in das Extrudat. Dieses Ergebnis wurde an PCL/CNT-Kompositen für fünf verschiedene Schneckenkonfigurationen untersucht, wobei die Auswertung separat für die Einzelfaktoren Drehzahl und Durchsatz durchgeführt wurde. Es konnte gezeigt werden, dass die Verwendung distributiv mischender Schnecken, die neben Förderelementen mit einer Vielzahl an Zahn- bzw. Mischelementen ausgestattet sind, zu deutlich besseren CNT-Dispersionsgüten führt. Bei vergleichbarem Energieeintrag zeigten Komposite, die mit diesen Schnecken extrudiert wurden, um 2 bis 4 Prozentpunkte geringere Flächenanteile als ihre dispersiv gemischten Pendants. Eine umfangreichere Studie, die insgesamt 14 Versuchspunkte für eine distributiv mischende Schneckenkonfiguration mit einem L/D-Verhältnis von 48 umfasste, wurde für PC/CNT-Komposite durchgeführt, wobei die SME-abhängige CNT-Dispersionsgüte und CNT-Länge untersucht wurden. Es konnte der experimentelle Befund bestätigt werden, wonach der Flächenanteil nicht dispergierter Restagglomerate mit steigendem Energieeintrag exponentiell abnimmt. Diese Abhängigkeit zeigte eine deutliche Annäherung des Flächenanteils an einen Grenzwert, der etwa bei einem halben Prozent lag. Daraus folgt, dass eine weitere Steigerung des Energieeintrages nicht zwangsläufig zu einer weiteren Verbesserung der CNT-Dispersionsgüte führen würde, wodurch die Verwendung eines Masterbatchprozesses als sinnvoll erscheint. Darüber hinaus kann festgehalten werden, dass der sehr hohe Energieeintrag im Plateaubereich des Flächenanteils aus ökonomischer Sicht nicht sinnvoll ist. Auch führen sehr hohe Energieeinträge zu einer starken CNT-Kürzung während des Extrusionsprozesses. Untersuchungen an PC/CNT-Kompositen mit Baytubes C150P haben gezeigt, dass die CNTs bei einem Energieeintrag von 3230 kJ/kg um mehr als 60 % gekürzt werden. Als weiterer Optimierungsansatz wurde für das Stoffsystem PC/CNT die Füllstoffdosierung identifiziert. Es konnte gezeigt werden, dass die Dosierung verschiedener CNT-Typen nicht standardmäßig über den Haupttrichter erfolgen sollte. Dies gilt für die im Rahmen dieser Arbeit untersuchten Baytubes, aber nicht für N7000. Diese sollten über eine Seiteneinspeisung hinter der Aufschmelzzone direkt in die Schmelze dosiert werden. Auch wenn nicht alle Optimierungsansätze für die untersuchten Sensormaterialien berücksichtigt werden konnten, so sollten diese beim Transfer der hier vorgestellten Ergebnisse in die Anwendung oder bei der Planung weiterführender wissenschaftlicher Untersuchungen berücksichtigt werden.

4.2 Elektrische Sprungantwort der Sensormaterialien

4.2.1 Einleitung

Nachdem PC/CNT-Komposite unter optimierten Bedingungen mittels Doppelschneckenextrusion hergestellt und anschließend hinsichtlich ihrer elektrischen und morphologischen Eigenschaften charakterisiert wurden, werden nun deren sensorische Eigenschaften beim Kontakt mit Lösungsmitteln untersucht. Für die Auslegung geeigneter Sensoren auf der Basis elektrisch leitfähiger Kompositmaterialien mit CNTs ist es notwendig, das elektrische Ausgangssignal bzw. die elektrische Sprungantwort des Sensormaterials beim Kontakt mit dem oder den zu detektierenden Lösungsmitteln vorhersagen zu können. Neben Fragen der Reproduzierbarkeit der Sensoreigenschaften sollen im Folgenden Ansätze zum generellen Verständnis des Mechanismus diskutiert werden. Darüber hinaus wird die Ableitung eines empirischen Modells zur Berechnung der relativen Widerstandsänderung der verwendeten Sensormaterialien vorgestellt, welches neben den geometrischen Größen der Probekörper die elektrischen Eigenschaften der Komposite und die Diffusionskinetiken der involvierten Lösungsmittel berücksichtigt. Inwieweit das Eigenschaftsprofil der Sensormaterialien bezüglich der maximal zu registrierenden relativen Widerstandsänderung und der Antwortgeschwindigeit beeinflusst werden kann, soll ebenfalls gezeigt werden. Dabei spielen die Kompositgestaltung mit Aspekten wie dem CNT-Gehalt sowie der Typ der Polycarbonatmatrix eine Rolle. Auch wird die Schmelzeverarbeitung der Komposite gezielt variiert um die Ausgangswiderstände der Sensormaterialien und somit die elektrische Sprungantwort beim Lösungsmittelkontakt zu beeinflussen. Im letzten Kapitel werden zyklische Messungen an den Kompositen in ausgewählten Lösungsmitteln vorgestellt.

4.2.2 Reproduzierbarkeit und Kurvenverlauf

Die Abbildung 4.13(a) zeigt die relative Widerstandsänderung von jeweils drei Proben des PC-Komposites mit 1,5 Ma.% CNT beim Kontakt mit Dichlormethan und Ethylacetat. Die ermittelten Kurven weisen sehr geringe Abweichungen auf und liegen nahezu deckungsgleich übereinander, so dass von einer hohen Reproduzierbarkeit der ermittelten Daten gesprochen werden kann. Dies liefert die Voraussetzung, dass im Folgenden die elektrischen Sprungantworten in Abhängigkeit von verschiedenen Einflussgrößen qualitativ diskutiert werden können.

Im Vergleich zu bisherigen Veröffentlichungen auf dem Gebiet sensorischer elektrisch leitfähiger Polymerkomposite mit CB oder CNTs wurde bezüglich der Charakterisierung der sensorischen Eigenschaften im Rahmen dieser Arbeit ein anderes Herangehen gewählt. Dies erfolgte zum einen zum Zweck der Abgrenzung der eigenen Arbeit von bestehenden Ergebnissen und bietet darüber hinaus die größere Relevanz hinsichtlich einer industriellen Anwendung für den Einsatzfall einer Leckagedetektion. Bisher stand die Untersuchung der elektrischen Sprungantworten sensorischer Komposite mit zeitlich definierten und sich wiederholenden Zyklen im Vordergrund. So wurden in der Arbeitsgruppe von Prof. Narkis typischerweise Zyklen des Eintauchens und Trocknens von 15/15 min [197, 198] bzw. 2/8 min [196, 199, 283] angewendet. Eine ähnliche Vorgehensweise wurde anfänglich in der Arbeitsgruppe von Dr. Pötschke gewählt und das Eintauchen von CPC-Proben wurde nach konkreten Zeiten abgebrochen [170–172]. In der hier vorliegenden Arbeit liegt der Fokus auf dem Verständnis des Mechanismus der zur Änderung des elektrischen Widerstandes von PC/CNT-Kompositproben während des ersten Kontaktes mit organischen Lösungsmitteln führt. Dabei wurden der Verlauf der relativen Widerstandsänderung bis zum Gleichgewichtszustand untersucht, wobei zusätzliche zyklische Messungen im Kapitel 4.2.7 vorgestellt werden.

In Abbildung 4.13(b) ist die elektrische Sprungantwort des PC-Komposites mit 1,5 Ma.% CNT beim Kontakt mit Ethylacetat in drei charakteristische Abschnitte unterteilt. In der Phase I, die etwa 5 % der gesamten Versuchszeit ausmacht und als Sättigungsphase bezeichnet werden kann, tritt eine sprunghafte relative Widerstandsänderung auf. In dieser Phase reichern sich die randnahen Bereiche der Kompositprobe mit Lösungsmittel an, so dass die Lösungsmittelkonzentration rasch ansteigt. In Phase II steigt die relative Widerstandsänderung exponentiell an. Diese Phase kann auf den kontinuierlichen Transport von Lösungsmittelmolekülen von randnahen Bereichen zum Kern der Kompositprobe zurückgeführt werden, wodurch das leitfähige Kernvolumen mit dem ursprünglich niedrigen spezifischen Widerstand ρ_0 stetig abnimmt. Am Ende dieser Phase sind die größten Widerstandsänderungsraten zu verzeichnen, da das Kernvolumen so stark abnimmt, dass der Stromfluss fast ausschließlich über die gequollene Randschicht realisiert wird. Die anschließende Vereinigung der Lösungsmittelfront im Zentrum der Probe und die damit verbundene Ausbildung einer homogen gequollenen Probe führt zur Phase III, in der sich ein Plateauwert für die relative Widerstandsänderung einstellt. Die Plateauphase kann bei linearer Auftragung des relativen Widerstandes über der Zeit besser identifiziert werden, weshalb diese Darstellung als Einschub in Abbildung 4.13(b) dargestellt ist.

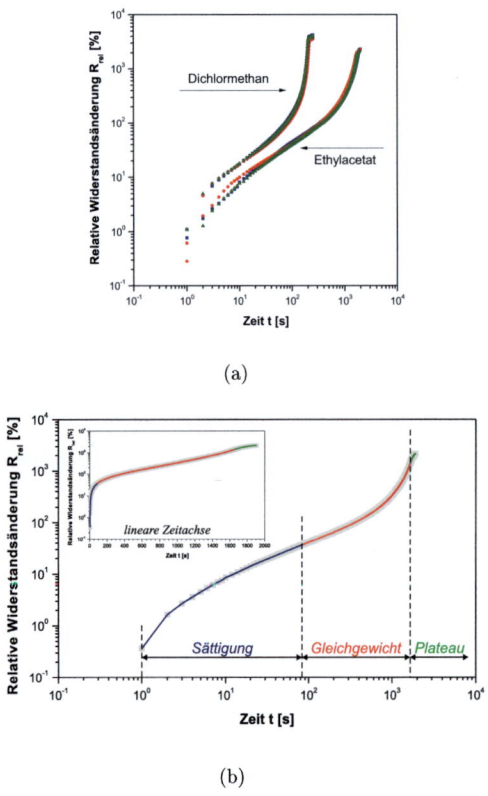

(a)

(b)

Abbildung 4.13. (a) Relative Widerstandsänderung von jeweils drei Proben des PC-Komposites mit 1,5 Ma.% CNT beim Kontakt mit Dichlormethan und Ethylacetat und (b) relative Widerstandsänderung des PC-Komposites mit 1,5 Ma.% CNT beim Kontakt mit Ethylacetat und die drei charakteristischen Phasen des Kurvenverlaufes

4.2.3 Korrelation mit Diffusionskinetik

In Kapitel 4.1 konnte gezeigt werden, dass die Diffusion von Lösungsmitteln in Polymer/CNT-Komposite über den zeitlichen Verlauf der Lösungsmittelfront verfolgt werden kann. Lichtmikroskopische Untersuchungen an Dünnschnitten partiell gequollener Kompositproben ermöglichte dabei die Bestimmung reproduzierbarer Diffusionsparameter, die mittels Gleichung 3.7 gefittet werden konnten. In Abbildung 4.14 sind diese lichtmikroskopisch ermittelten zeitlichen Verläufe der Lösungsmittelfronten von Dichlormethan, Tetrahydrofuran, Aceton und Ethylacetat beim Quellen eines PC-Komposites mit 1,5 Ma.% CNT und die an u-förmigen Proben gemessenen korrespondierenden relativen Widerstandsänderungen dargestellt. Unter Berücksichtigung der Tatsache, dass die Lösungsmittel von beiden Seiten in die Proben eindringen, ergibt sich ein maximal zur Verfügung stehender Diffusionsweg von $b/2$, was hier im konkreten Fall 250 µm entspricht (markiert mit gestrichelter Linie in Abbildung 4.14). Wie bereits diskutiert, weisen die verschiedenen Lösungsmittel unterschiedliche mittlere Frontengeschwindigkeiten $\bar{v}_F$ auf. Für Ethylacetat ergab sich für $\bar{v}_F$ ein Wert von 0,141 µm/s, woraus eine Zeit von etwa 2000 s resultiert, um die Lösungsmittelfront bis zur Probenmitte voranzutreiben. Überträgt man diese Überlegung auf die elektrische Widerstandsmessung der entsprechenden u-förmigen Probe beim Eintauchen in Ethylacetat, so sollte die Probe nach 2000 s homogen gequollen sein und sich ein entsprechendes Widerstandsplateau eingestellt haben. Die elektrische Sprungantwort des Komposites bestätigt diese Erwartung. Die relative Widerstandskurve des Komposites beim Eintauchen in Ethylacetat geht zwischen 1800 und 2000 s in die Plateauphase über.

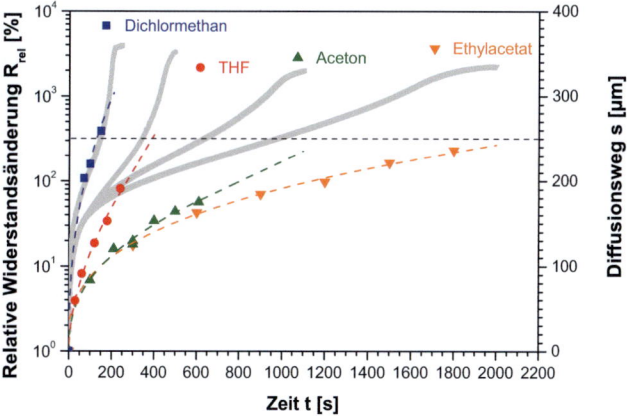

Abbildung 4.14. Relative Widerstandsänderungen (graue Graphen) des PC-Komposites mit 1,5 Ma.% CNT und Verlauf der Lösungsmittelfront (farbige Symbole) beim Kontakt mit Dichlormethan, Tetrahydrofuran, Aceton und Ethylacetat

Ein direkter Zusammenhang der elektrischen Sprungantwort des Komposits und dem zeitlichen Verlauf der Lösungsmittelfront konnte ebenfalls für Dichlormethan, Tetrahydrofuran und Aceton gefunden werden. Auf diese Weise konnte gezeigt werden, dass der Verlauf der relativen Widerstandsänderung direkt mit Diffusionsvorgängen der in die Messung involvierten Lösungsmittel in die Kompositmaterialien zusammenhängt. Basierend auf diesem Ergebnis ermöglicht die Bestimmung der elektrischen Sprungantwort von Kompositen beim Kontakt mit guten Lösungsmitteln indirekt Rückschlüsse auf die zugrunde liegende Diffusionskinetik.

4.2.4 Ursache für die Widerstandsänderung

Der genaue zugrunde liegende Mechanismus für die Widerstandsänderung von elektrisch leitfähigen Polymerkompositen beim Kontakt mit Gasen, Dämpfen oder Flüssigkeiten ist bisher in der Literatur nicht ausreichend nachvollziehbar diskutiert worden. Als eine Möglichkeit wird lediglich die Erhöhung der Kontaktwiderstände zwischen einzelnen CNT-Kontakten infolge der Deformation des leitfähigen Netzwerkes beim Quellen der polymeren Matrix genannt. Hinweise darauf gibt es in Publikationen zu sensorischen Polymer/CNT-Kompositen zur Detektion von mechanischen Dehnungen [218], organischen Lösungsmitteldämpfen [67, 103, 179] und flüssigen Lösungsmitteln [170]. Als weitere Möglichkeit wird die Änderung der elektrischen Eigenschaften der möglicherweise halbleitenden CNT-Oberfläche durch Adsorption von Lösungsmittelmolekülen [284–286] betrachtet. Dies ist insbesondere der Fall, wenn die Polarität der CNTs aufgrund von funktionellen Gruppen auf der Oberfläche der der Lösungsmittelmoleküle ähnelt [179]. Aus diesem Grund soll hier eine differenzierte Diskussion über unterschiedliche Beiträge geführt werden, die zur Widerstandserhöhung von elektrisch leitfähigen PC/CNT-Kompositen führen.

Das hier untersuchte Stoffsystem PC/CNT zeigt beim Kontakt mit ausgewählten Lösungsmitteln ein deutliches Aufquellen, welches sich zwangsläufig auf das elektrisch leitfähige CNT-Netzwerk innerhalb der Kompositprobe auswirken muss. Dabei sind prinzipiell zwei Szenarien möglich um die Widerstandserhöhung der Probe zu erklären. Abbildung 4.15(a) zeigt schematisch ein partiell gequollenes Kompositvolumen mit einer ausgeprägten Kern-Hülle-Morphologie, wobei der Randbereich durch den Lösungsmittelkontakt lokal gequollen ist. Der spezifische Widerstand sollte aus diesem Grund in der Hülle deutlich höher sein als im Kern. Infolge der Expansion des Kompositvolumens durch die Aufnahme von Lösungsmittelmolekülen kommt es in diesem randnahen Bereich zu einer Reduktion des effektiven Füllstoffgehaltes p_{eff} als Funktion des Quellgrades Q. Der Quellgrad ist definiert als der Quotient aus dem Probenvolumen im Gleichgewichtsquellzustand V_∞ und dem Probevolumen im Ausgangszustand V_0. Unter Berücksichtigung des CNT-Gehaltes p und der Dichten ρ der CNTs und der Matrix PC lässt sich der effektive Füllstoffgehalt p_{eff} mit der Gleichung 4.2 berechnen.

$$p_{eff}(Q) = \frac{p \cdot \rho_{PC}}{(1+Q) \cdot ((\rho_{PC} - \rho_{CNT}) \cdot p + \rho_{CNT})} \tag{4.2}$$

4.2.4 Ursache für die Widerstandsänderung

Szenario I (Abbildung 4.15(b)) geht nun von einer Abtrennung einzelner CNT bzw. CNT-Cluster vom elektrisch leitfähigen Netzwerk aus. Bei gleichzeitig konstanten Kontaktwiderständen der noch bestehenden Netzwerkkontaktpunkte kann man diesen Prozess als „Deperkolation" bezeichnen, da sich der spezifische elektrische Widerstand des gequollenen Komposites entsprechend seiner Volumenexpansion entlang der Perkolationskurve verschieben würde. In Szenario II ergibt sich ein Anstieg des elektrischen Widerstandes von Polymer/CNT-Kompositen infolge von zunehmenden Kontaktwiderständen zwischen benachbarten CNTs durch die dortige Substitution von Polymerketten durch Lösungsmittelmoleküle. Die kritische Tunnellänge liegt dabei bei etwa 1,8 nm [159]. Dieser Fall ist ebenfalls schematisch in Abbildung 4.15(b) (Szenario 2) dargestellt.

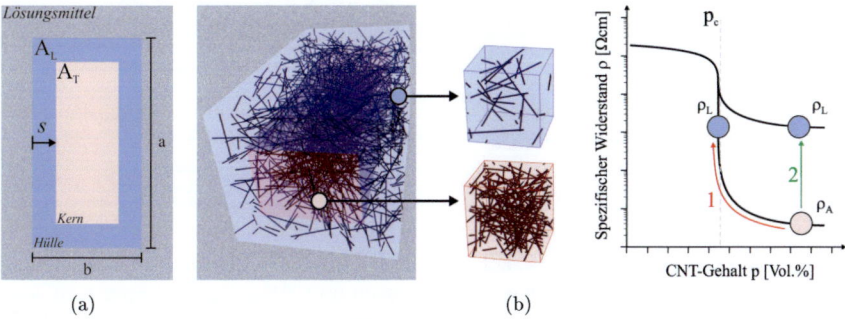

Abbildung 4.15. (a) Querschnitt durch eine u-förmige Kompositprobe mit einer ausgeprägten Kern (rot)-Hülle (blau)-Morphologie in Abhängigkeit vom Diffusionsweg s und (b) Schema einer partiell gequollenen Kompositprobe mit unterschiedlichen effektiven Füllstoffgehalten im Kern- bzw. Randbereich und deren korrespondierenden spezifischen elektrischen Widerstände

In den vorangegangen Kapiteln konnte gezeigt werden, dass PC/CNT-Komposite auf den Kontakt mit guten Lösungsmitteln mit charakteristischen relativen Widerstandsänderungen antworten. Ein Grund für die Widerstandserhöhung der Komposite beim Kontakt mit Lösungsmitteln ist das Aufquellen der Proben und die damit verbundene Aufweitung des CNT-Netzwerkes. In Kapitel 4.1 wurde das Quellverhalten eines PC-Komposites mit 1,5 Ma.% in verschiedenen Lösungsmitteln untersucht. Dabei wurde eine maximale Volumenausdehnung von etwa 40 % für Aceton und 70 % für Benzol festgestellt. Um Aussagen darüber zu treffen, welcher Mechanismus der Widerstandserhöhung zugrunde liegt, wurde die füllstoffabhängige Kompositleitfähigkeit im trockenen und unterschiedlich gequollenen Zuständen verglichen. Die Abbildung 4.16 zeigt die spezifische Leitfähigkeit der PC/CNT-Komposite im trockenen Ausgangszustand und die Leitfähigkeit der Komposite im Gleichgewichtsquellzustand in Aceton und Benzol nach 2000 s.

Prizipiell kann man erkennen, dass die ermittelten Perkolationskurven der Komposite im trockenen und gequollenen Zustand nicht deckungsgleich übereinander liegen.

4 Ergebnisse und Diskussion

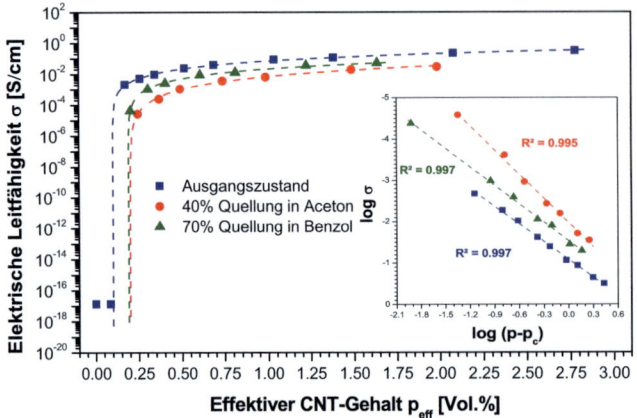

Abbildung 4.16. Elektrische Leitfähigkeit der PC/CNT-Komposite im Ausgangszustand und bei Gleichgewichtsquellung in Aceton (40 Vol.%) und Benzol (70 Vol.%)

Demzufolge muss neben der Deperkolation des PC/CNT-Systemes ein weiterer Effekt auftreten. Die Widerstandsplateaus der in Aceton und Benzol gequollenen Komposite sind deutlich niedriger als im trockenen Ausgangszustand. Überraschend erscheint im ersten Moment die Tatsache, dass die Widerstandskurve der in Benzol gequollenen Komposite höher als die der in Aceton gequollenen Komposite liegt, obwohl der gemessene Quellgrad mit 70 % Volumenausdehnung deutlich höher ist als bei Aceton. Um diesen Zusammenhang zu erklären, muss man die relative Permittivität ϵ_r der Lösungsmittel betrachten. Li et al. haben theoretisch nachgewiesen, dass die Kompositleitfähigkeit mit steigendem ϵ_r sinkt (siehe Kapitel 2.2.2.2) [159]. Für die hier diskutierten Lösungsmittel ist dies ebenfalls der Fall. Die Perkolationskurve für das Komposit/Aceton-System weist ein niedrigeres Leitfähigkeitsplateau auf, was mit dem deutlich höheren ϵ_r-Wert von etwa 20,7 korreliert. Bei Benzol entspricht der Wert von 2,3 in etwa dem von Polycarbonat (rund 3). Neben der Verschiebung des Leitfähigkeitsplateaus wurde ebenfalls eine Verschiebung der Perkolationsschwelle in den gequollenen Kompositmaterialien im Vergleich zum Ausgangszustand festgestellt. Dieser Umstand lässt sich so ohne Weiteres nicht erklären. Unter Umständen kommt es infolge des Quellens der Proben und des Relaxierens von Polymerketten zu einer erhöhten Füllstoffmobilität, die gewisse Umlagerungen von CNTs im erweichten Probenvolumen begünstigt. Da dies im Rahmen dieser Arbeit nicht untersucht wurde, kann es erst einmal nur als Vermutung formuliert werden. Es bleibt aber festzuhalten, dass die Widerstandsänderung der Sensormaterialien beim Quellen in verschiedenen Lösungsmitteln nicht allein durch eine Deperkolation erklärt werden kann. Vielmehr beeinflussen auch die dielektrischen Eigenschaften der Lösungsmoleküle und der Gleichgewichtsquellgrad die maximale Widerstandsänderung der Komposite.

4.2.5 Einflussfaktoren

4.2.5.1 Kompositzusammensetzung

In diesem Kapitel soll der Einfluss der Zusammensetzung des Sensormaterials auf deren elektrische Sprungantwort beim Kontakt mit organischen Lösungsmitteln diskutiert werden. Neben der Wahl der Polymermatrix ist der CNT-Gehalt ein sehr wichtiger Faktor. Die Abbildung 4.17(a) zeigt die relative Widerstandsänderung verschiedener PC/CNT-Komposite mit unterschiedlichem Füllstoffgehalt beim Eintauchen in Ethylacetat. Die Kurven zeigen dabei zu Beginn der Versuche im Bereich der Phasen I und II deutlich ähnliche Verläufe, wobei die Kurven vertikal verschoben sind. Diese Bereiche repräsentieren den Diffusionsvorgang von Lösungsmittelmolekülen in die Komposite und die damit verbundene Ausbildung der Diffusionsfronten. Die Kurvenhöhe nimmt dabei mit zunehmendem Füllstoffgehalt ab. Weitaus deutlichere Unterschiede zeigen die Kurven im Plateaubereich der relativen Widerstandskurven. In diesem Bereich vereinigt sich die Lösungsmittelfront im Zentrum der Kompositproben und es kommt zu einem Anstieg der relativen Widerstandsänderung von bis zu mehreren Dekaden bis zu einer Plateauausbildung. Der Effekt der Beeinflussung der Plateauhöhe durch den CNT-Gehalt kann mit Hilfe der Modellvorstellung, wie sie in Kapitel 4.2.4 vorgestellt wurde, erklärt werden. Infolge der Quellung des Komposites und der damit verbundenen Erhöhung der Kontaktwiderstände zwischen benachbarten CNTs kommt es zu einer Erhöhung des spezifischen Widerstandes im vom Lösungsmittel durchdrungenen Probenvolumen. Da im Fall von hochgefüllten Proben mehr redundante elektrische Leitpfade bestehen bleiben, fällt die relative Widerstandsänderung von Kompositen mit einem höheren Füllstoffgehalt weit oberhalb der Perkolationsschwelle deutlich niedriger aus als für Komposite mit einem niedrigeren Füllstoffgehalt. Die maximale relative Widerstandsänderung $R_{rel,max}$ sinkt dabei exponentiell mit steigendem Füllstoffgehalt, was ebenfalls für die Lösungsmittel Aceton und Benzol bestätigt werden konnte (Abbildung 4.17(b)). Der hier beschriebene Zusammenhang zwischen der maximalen Widerstandsänderung der PC/CNT-Komposite beim Kontakt mit einem guten Lösungsmittel und dem CNT-Gehalt deckt sich dabei mit bereits veröffentlichten Ergebnissen aus der Literatur [171, 172].

Neben dem Einfluss des CNT-Gehaltes auf die Plateauhöhe der relativen Widerstandsänderungskurven konnte ein zweiter experimenteller Befund bezüglich des zeitlichen Erreichens des Plateaubereichs festgestellt werden. Der Zeitpunkt t_P verschiebt sich mit steigendem CNT-Gehalt zu höheren Werten, wobei Werte von 1650 und 2005 s für die Komposite mit einem CNT-Gehalt von 0,5 bzw. 4,0 Ma.% bestimmt wurden. Würden allen Komposit/Lösungsmittel-Systemen identische Diffusionskinetiken mit konstanten Werten für die Parameter k und n zugrunde liegen, müssten die relativen Widerstandskurven zur gleichen Zeit in die Plateauphase übergehen. Aus diesem Grund muss die Verschiebung der Plateauzeit zu größeren Werten auf eine verlangsamte Diffusion von Lösungsmittelmolekülen in die Komposite zurückgeführt werden. Unter Berücksichtigung der Probendicken und t_P-Werte für die Experimente mit Ethylacetat ergibt sich die vom CNT-Gehalt abhängige

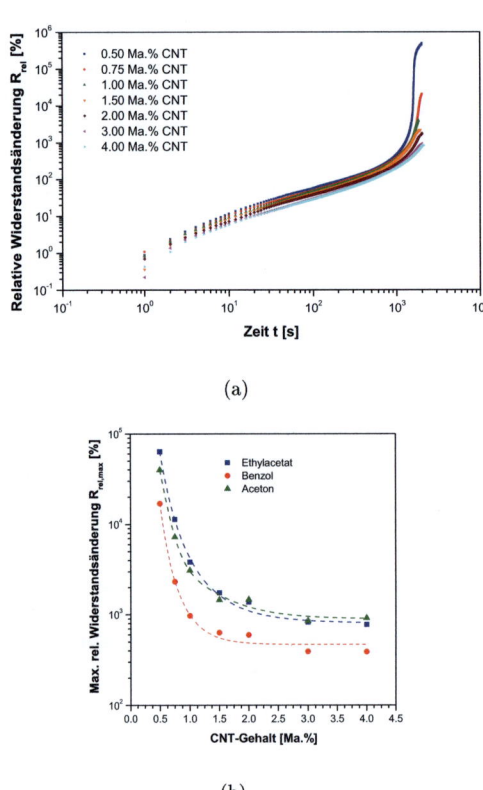

Abbildung 4.17. (a) Relative Widerstandsänderung von PC/CNT-Kompositen mit unterschiedlichem Füllstoffgehalt beim Kontakt mit Ethylacetat und (b) maximale relative Widerstandsänderung $R_{rel,max}$ von PC/CNT-Kompositen beim Kontakt mit Ethylacetat, Benzol und Aceton in Abhängigkeit vom CNT-Gehalt

mittlere Frontengeschwindigkeit $\bar{v}_F$. Diese sinkt durch Erhöhung des CNT-Gehaltes von 0,5 auf 4,0 Ma.% von 0,148 auf 0,122 µm/s. Die Verringerung der Geschwindigkeit, mit der das Lösungsmittel in die Komposite eindringt, ist auf die Verlängerung des Diffusionsweges infolge der Einbringung von Diffusionshindernissen zurückzuführen. Auf einen Einfluss des CNT-Gehaltes auf die Diffusionsprozesse in Komposit/Lösungsmittel-Systemen ist bereits Kobashi et al. eingegangen [170]. Der Diffusionskoeffizient D für Ethanol in PLA/CNT-Komposite sank dabei exponentiell mit steigendem CNT-Gehalt. Da PLA aufgrund seines teilkristallinen Charakters bei steigenden CNT-Gehalten einen höheren Kristallinitätsgrad aufwies, könnte dies ein zusätzlicher Grund für den sinkenden Diffusionskoeffizienten sein. Im Unterschied dazu konnte im Rahmen dieser Arbeit der Einfluss des CNT-Gehaltes auf die Diffusionskinetik von Lösungsmitteln in polymerbasierten Kompositen aufgeklärt werden, auch wenn der Effekt vergleichsweise gering ausfällt. Im Vergleich zu CNTs wirken sich plättchenförmige Füllstoffe, wie z. B. die Tonerden, deutlich stärker auf die Barriereeigenschaften von Polymeren aus [287].

Wie im vorangegangenen Abschnitt gezeigt werden konnte, ist die maximal messbare elektrische Widerstandsänderung der Sensormaterialien beim Lösungsmittelkontakt maßgeblich vom CNT-Gehalt abhängig. Im Folgenden soll gezeigt werden, wie sich eine Variation des Types der Polycarbonatmatrix auf die elektrische Sprungantwort von drei Komposten beim Kontakt mit Tetrahydrofuran, Aceton und Ethylacetat auswirkt. Verwendet wurden die drei Lexan-Typen 141R, 144R und 104R, die unterschiedliche Molekulargewichte aufweisen. Ihre Löslichkeitsparameter δ liegen mit Werten zwischen 21,8 und 22,2 MPa^{0,5} sehr nah beieinander, aber hinsichtlich ihrer partiellen Parameter unterscheiden sie sich zum Teil sehr deutlich (siehe Tabelle 3.1). Kjellander et al. haben für Lexan 144R und Lexan 104R Hansen-Löslichkeitsparameter bestimmt und dabei eine signifikante Differenz der polaren Löslichkeitsparameter δ_P (2,5 und 7,5 MPa^{0,5}) festgestellt [239]. Im Rahmen dieser Arbeit wurden die Hansen-Löslichkeitsparameter von PC Lexan 141R bestimmt und dabei eine starke Abweichung insbesondere des Wasserstoffbrückenanteils δ_H im Vergleich zu den beiden anderen Lexan-Typen festgestellt (siehe Kapitel 4.3.2). Diese deutlichen Unterschiede der partiellen Hansen-Löslichkeitsparameter führen zu stark unterschiedlichen Abständen im Löslichkeitsraum R_a, zwischen den Polymeren und den drei untersuchten Lösungsmitteln (Tabelle 4.3). Neben den Löslichkeitsparametern enthält die Tabelle 4.3 Werte für das durch GPC bestimmte Molekulargewicht M_n der Polycarbonate im reinen unverarbeiteten Zustand. Die Materialien können, wie in den Datenblättern beschrieben, als mittelviskos (PC Lexan 141R) und hochviskos (PC Lexan 144R und 104R) bezeichnet werden.

In Abbildung 4.18(a) ist die relative Widerstandsänderung der Komposite mit 1,5 Ma.% CNT und unterschiedlichem Typ der PC-Matrix beim Kontakt mit Tetrahydrofuran, Aceton und Ethylacetat dargestellt. Erneut zeigen die Widerstandskurven die größten Änderungsraten und den schnellsten Übergang in die Plateauphase für Tetrahydrofuran, gefolgt von Aceton und Ethylacetat. Es ist zu erkennen, dass die elektrischen Sprungantworten der Komposite für jeweils eines der Lösungsmittel sehr ähnlich sind. Die höchste mittlere Frontengeschwindigkeit $\bar{v}_F$ wurde bei

4 Ergebnisse und Diskussion

Tabelle 4.3. Molekulargewicht M_n der PC Lexan-Typen (M_w und Q siehe 4.1) und Abstand im Hansen-Löslichkeitsraum R_a für Lexan 141R, 144R und 104R zu Tetrahydrofuran, Aceton und Ethylacetat

	Lexan 141R	Lexan 144R	Lexan 104R
	Molekulargewicht M_n (g/mol)		
	7.500	10.300	10.850
	Abstand im Hansen Löslichkeitsraum R_a ($MPa^{0,5}$)		
THF	7,24	7,70	4,40
Aceton	6,50	12,5	7,39
Ethylacetat	8,25	9,50	6,55

allen Lösungsmitteln für das Polycarbonat Lexan 141R ermittelt, welches das geringste Molekulargewicht in diesem Vergleich aufweist. Das größte Molekulargewicht des Types Lexan 104R führte jeweils zu den niedrigsten mittleren Frontengeschwindigkeiten. Da die mittlere Frontengeschwindigkeit nicht mit den unterschiedlichen HLP der PC-Typen korreliert, kann daraus geschlossen werden, dass die Ähnlichkeit der Löslichkeitsparameter nicht für den Verlauf der elektrischen Sprungantwort verantwortlich ist. Bei grundlegend ähnlicher chemischer Struktur verschiedener Polymermatrizes ist das Molekulargewicht der entscheidende Faktor. Abbildung 4.18(b) zeigt, dass die mittlere Frontengeschwindigkeit der Lösungsmittel beim Eindringen in das Komposit im untersuchten Bereich linear mit steigendem Molekulargewicht der PCs abnimmt. Das geringere Molekulargewicht und die damit verbundene höhere Kettenbeweglichkeit ermöglicht somit ein schnelleres Eindringen von Lösungsmittelmolekülen in das Komposit, was zu einer messbar schnelleren relativen Widerstandsänderung führt.

Die Ergebnisse unterstreichen sehr deutlich, dass die Adaption der im Rahmen dieser Arbeit gewonnenen Ergebnisse, die zum Großteil auf Kompositen mit der Polymermatrix PC Lexan 141R beruhen, ohne Weiteres auf andere PC-Matrizes möglich ist, auch wenn sich aufgrund unterschiedlicher partieller Hansen-Löslichkeitsparameter gewisse Unterschiede für die Selektivität der Polymere ergeben können. Denn es ist nicht auszuschließen, dass ein Lösungsmittel, welches sich sehr knapp außer- oder innerhalb der Löslichkeitssphäre von PC-Lexan befindet, ein entgegengesetztes Löslichkeitsverhalten bei einem anderen PC-Typ eines anderen Herstellers zeigt.

4.2.5.2 Probengeometrie und Verarbeitungsbedingungen

Neben dem CNT-Gehalt sind es insbesondere die Probengeometrie und die Verarbeitungsbedingungen, die die elektrische Sprungantwort der sensorischen Kompositmaterialien beim Kontakt mit "guten" Lösungsmitteln beeinflussen. Abbildung 4.19(a) zeigt den Kurvenverlauf unterschiedlich dicker Kompositproben beim Kontakt mit Ethylacetat. Die Kurven zeigen dabei eine Verschiebung zu größeren relativen Widerstandsänderungen und einen deutlich früheren Übergang in die Plateauphase mit

4.2.5 Einflussfaktoren

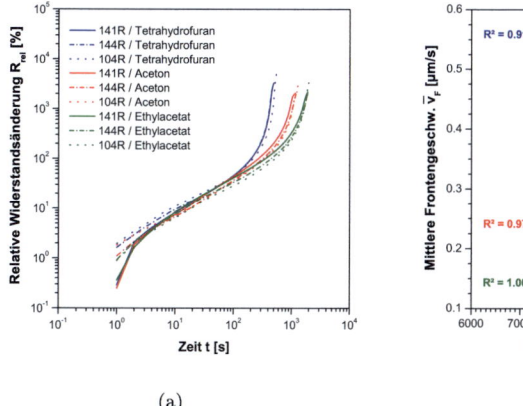
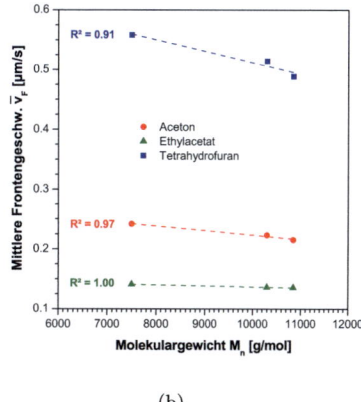

(a)   (b)

Abbildung 4.18. (a) Relative Widerstandsänderung verschiedener Komposite mit 1,5 Ma.% CNT und unterschiedlichem Typ der PC-Matrix beim Kontakt mit Tetrahydrofuran, Aceton und Ethylacetat und (b) Einfluss des Molekulargewichtes M_n der PC-Matrix (Lexan-Typen) auf die mittlere Frontengeschwindigkeit $\bar{v}_F$

sinkender Probendicke. Im Falle der Probe mit einer Dicke von 85 µm, was z. B. immer noch deutlich über der Dicke von kommerziellen technischen Fasern liegt, wurden bereits nach 25 s relative Widerstandsänderungen von etwa 2000 % gemessen. Dies lässt sich durch den reduzierten maximal zu überwindenden Diffusionsweg erklären, woraus ein viel früheres Zusammenfließen der Lösungsmittelfront im Zentrum der Proben resultiert. Die Probendicke ist somit ein wichtiger Faktor, um die elektrische Sprungantwort und dabei insbesondere die Widerstandsänderungsrate der Proben zu beeinflussen. Auf diese Weise könnten mit Hilfe von sehr dünnen Kompositproben sehr schnelle Sensoren hergestellt werden.

Eine weitere Möglichkeit der Beeinflussung der elektrischen Sprungantwort der Komposite beim Kontakt mit "guten" Lösungsmitteln besteht neben der Variation des CNT-Gehaltes und der Dicke in der Variation der Presstemperatur. Diese beeinflusst maßgeblich den Ausgangswiderstand R_A der u-förmigen Proben und ist auf die Tatsache zurückzuführen, dass der Perkolationsprozess der CNTs in der polymeren Matrix ein dynamischer und temperaturabhängiger Vorgang ist [142, 143, 288]. In Abhängigkeit von der Presstemperatur bei gleichzeitig konstanter Presszeit und konstantem CNT-Gehalt von 1,5 Ma.% konnten auf diese Weise Proben mit Ausgangswiderständen zwischen 11,5 (Presstemperatur 300 °C) und 20,0 kΩ (Presstemperatur 260 °C) hergestellt werden. Die relativen Widerstandsänderungen der drei Komposite sind in Abbildung 4.19(b) dargestellt. Die Kurven ähneln sich im Bereich I und II sehr in ihrem Kurvenverlauf, aber zeigen deutliche Unterschiede im Plateaubereich. Die Plateauhöhe steigt dabei deutlich mit steigendem Ausgangswiderstand R_0. Auch wenn der CNT-Gehalt in den Proben konstant ist, lässt sich der

4 Ergebnisse und Diskussion

Effekt wie schon im vorangegangenen Kapitel zum Einfluss des CNT-Gehaltes mit Hilfe der Perkolationstheorie erklären. Je niedriger der Ausgangswiderstand der Probe ist, desto geringer ist der mittlere Abstand zwischen zwei benachbarten CNTs. Die maximale Widerstandsänderung fällt beim Quellen im Vergleich zu einer niedriger gefüllten Probe geringer aus. Durch die Variation der Temperatur während des Formgebungsprozesses der Komposite kann die maximale Widerstandsänderung beeinflusst werden, wodurch gewisse Möglichkeiten zur Anpassung des Sensorverhaltens an entsprechende Anforderungen gegeben sind.

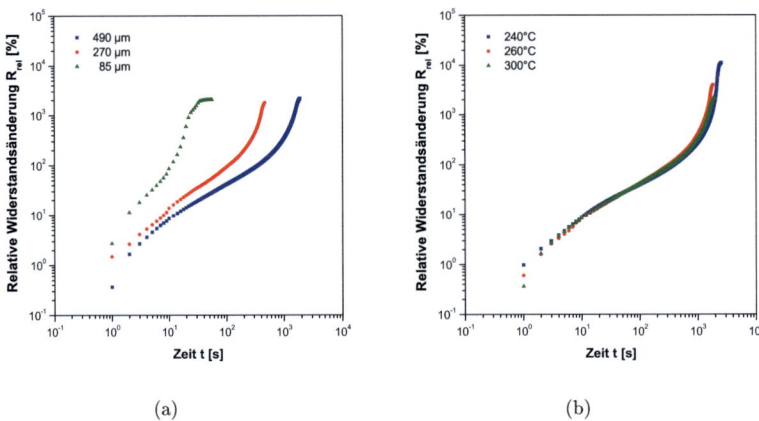

(a) (b)

Abbildung 4.19. Relative Widerstandsänderung von PC/CNT-Kompositen mit 1,5 Ma.% CNT beim Kontakt mit Ethylacetat in Abhängigkeit von (a) der Probendicke und (b) der Presstemperatur

4.2.6 Ableitung eines empirischen Modelles

Wie bereits zuvor erwähnt, hat es sich in der Wissenschaft auf dem Gebiet der sensorischen Eigenschaften elektrisch leitfähiger Kompositmaterialien durchgesetzt, die elektrische Sprungantwort als relative Widerstandsänderung zu beschreiben, um z. B. den zeitlichen Widerstandsverlauf verschiedener Proben mit unterschiedlichen Ausgangswiderständen vergleichen zu können. Aus diesem Grund wurden die zeitlich abhängigen Widerstände von u-förmigen Proben während des Eintauchens in organische Lösungsmittel gemäß Gleichung 2.9 in relative Widerstandsänderungen umgerechnet.

Ein empirisches Modell, welches die Berechnung der relativen Widerstandsänderung von Kompositmaterialien beim Kontakt mit „guten" Lösungsmitteln ermöglicht, wurde auf der Basis der zwei beschriebenen experimentellen Befunde abgeleitet. Der erste Befund betrifft den kontinuierlichen Transport von Lösungsmittelmolekülen von der Komposit/Lösungsmittel-Grenzfläche in das Probeninnere, wobei dieser Diffusionsgesetzmäßigkeiten folgt. Das Aufquellen der von Lösungsmittel infiltrierten Randschicht führt zur Ausbildung von Kern-Hülle-Morphologien, wobei eine scharfe Lösungsmittelfront die gequollene Randschicht vom trockenen Kernmaterial trennt. Das Voranschreiten der Lösungsmittelfronten lässt sich wiederum unter Berücksichtigung der bereits eingeführten Potenzfunktion (Gleichung 3.7) beschreiben. Die zweite Beobachtung betrifft grundsätzlich den Anstieg des Probenwiderstandes infolge des Quellens.

Die Abbildung 3.3 zeigte die Probengeometrie der u-förmigen Proben mit den jeweils im Kontakt mit den Lösungsmittel befindlichen Flächen. Entsprechend der dort dargestellten Einzelwiderstände R_i, die sich durch die gedankliche Zerlegung der Probe ergeben, und der Richtung des Stromflusses, kann zunächst der elektrische Gesamtwiderstand der Probe im trockenen Ausgangszustand R_A mittels Reihenschaltung der Einzelwiderstände gemäß Gleichung 4.3 beschrieben werden.

$$R_A = \sum_{i=1}^{n} R_i \qquad (4.3)$$

Dabei ergibt sich jeder Einzelwiderstand R_i gemäß Gleichung 4.4 aus dem spezifischen Widerstand der trockenen Probe ρ_A und den geometrischen Größen, wie die in die Widerstandsmessung involvierte Querschnittsfläche A_i, sowie die Stromflusslänge l_i. Die Querschnittsfläche ergibt sich dabei aus der Probenbreite a und der Dicke b.

$$R_i = \frac{l_i \cdot \rho_A}{A_i} \qquad (4.4)$$

Unter Berücksichtigung der geometrischen Größen und des spezifischen Widerstandes der u-förmigen Proben im trockenen Zustand ergibt sich der Ausgangswiderstand R_A nach Gleichung 4.5.

$$R_A = \frac{2\rho_A \cdot l_{1,5} + 2\rho_A \cdot l_{2,4} + \rho_A \cdot l_g}{a \cdot b} \qquad (4.5)$$

Der zeitliche Verlauf des elektrischen Widerstandes R_t der u-förmigen Proben beim Kontakt mit einem „guten" Lösungsmittel ergibt sich nun gemäß Gleichung 4.6 aus der Reihenschaltung eines konstanten Widerstandes R_k und eines zeitlich variablen Widerstandes R_v. Dies kann wie folgt verstanden werden: gemäß Abbildung 3.3 tragen R_1 und R_5 zum zeitlich konstanten Gesamtwiderstand bei, da sie sich während der Messung nicht im Kontakt mit dem Lösungsmittel befinden. Im Unterschied dazu tragen die Widerstände R_2, R_3 und R_4 zum variablen Gesamtwiderstand R_v bei. Die Diffusion von Lösungsmittelmolekülen führt bei den von diesen Einzelwiderständen repräsentierten Probenvolumina zum Aufquellen und somit zu einer relativen Widerstandsänderung.

$$R_t = \sum_{i=1}^{n} R_{k,i} + \sum_{i=1}^{n} R_{v,i} \qquad (4.6)$$

Da dieser Quellvorgang im Randbereich der Probe beginnt und die inhomogene Probe eine durch eine Lösungsmittelfront abgegrenzte Kern-Hülle-Morphologie ausbildet, ergibt sich der variable Widerstand R_v aus einer Parallelschaltung der Widerstände R_A im „trockenen" Kern und R_L im durch Lösungsmittel infiltrierten Randbereich (Gleichung 4.7). Die zeitliche Abhängigkeit der dabei in die Widerstandsmessung involvierten Querschnittsflächen A_T und A_L sind dabei eine Funktion des Diffusionsweges s gemäß den Gleichungen 4.8 und 4.9.

$$R_{v,i} = \frac{1}{\frac{1}{R_{T,i}} + \frac{1}{R_{L,i}}} \qquad (4.7)$$

$$A_T = (a - 2s) \cdot (b - 2s) \qquad (4.8)$$

$$A_L = (a \cdot b) - A_T \qquad (4.9)$$

Die zeitabhängigen Widerstände $R_L(t)$ und $R_T(t)$ ergeben sich durch Verwendung der generalisierten Form von Gleichungen 4.4 sowie den Gleichungen 4.8 und 4.9. Die Gleichungen 4.10 und 4.11 berücksichtigen die geometrischen Größen, die spezifischen Widerstände der Komposite im „trockenen" ρ_A und gequollenen Zustand ρ_L, sowie den Diffusionsweg s als Funktion der Zeit.

$$R_{L,i} = \frac{(l_g + 2 \cdot \frac{a}{2} + l_{2,4} \cdot \rho_L)}{a \cdot b - ((a - 2s) \cdot (b - 2s))} \qquad (4.10)$$

$$R_{T,i} = \frac{l_{1,5} \cdot \rho_A}{(a - 2s) \cdot (b - 2s)} \qquad (4.11)$$

Somit sind alle notwendigen geometrischen Größen, Kompositeigenschaften und Diffusionsparameter in das Modell integriert. Es müssen noch Annahmen bezüglich der Grenzphase zwischen benachbarten Probevolumen mit unterschiedlichen spezifischen Widerständen, wie es schematisch in Abbildung 4.20(a) dargestellt ist, getroffen werden. In realen Systemen, bei denen inhomogen gequollene Polymerproben vorliegen, bilden sich weiche Gradienten aus, wobei die Konzentration des Lösungsmittels (LM) an der Grenzphase von der Hülle zum Kern hin abfällt (Abbildung 4.20(b)), wie Vesely theoretisch [289] und andere Autoren praktisch nachweisen konnten [290]. Um das hier vorgestellte Modell so einfach wie möglich zu gestalten, wurde ein scharfer Gradient definiert, wie in Abbildung 4.20(c) gezeigt. Bezüglich der Entwicklung des spezifischen Widerstandes im gequollenen Randbereich wurde die Randbedingung festgelegt, dass dieser linear zu Beginn des Versuches (5 % der Gesamtversuchslänge) vom Wert des Ausgangswiderstandes ρ_A bis zum Wert für die homogen gequollene

Probe ρ_L ansteigt. Während der folgenden Versuchszeit bewegt sich der homogen gequollene Randbereich mit einer konstanten Geschwindigkeit zur Probenmitte hin (Abbildung 4.20(d)).

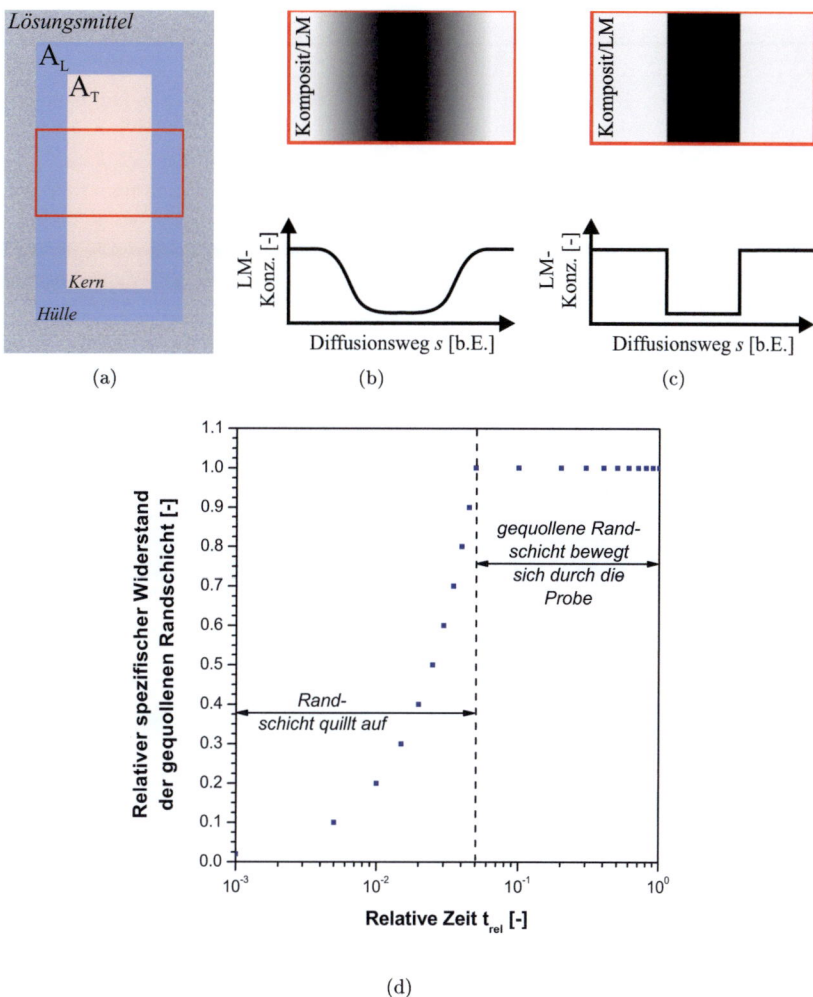

Abbildung 4.20. (a) Querschnitt durch eine u-förmige Kompositprobe mit einer ausgeprägten Kern (rot)-Hülle (blau)-Morphologie; (b) weicher Lösungsmittelkonzentrationsgradient in realen Systemen und (c) angenommener scharfer Lösungsmittelkonzentrationsgradient für das Modell; (d) Verlauf des relativen spezifischen Widerstandes der gequollenen Randschicht über der relativen Versuchszeit $t_{rel}=t/t_P$

Mit Hilfe des hier vorgestellten empirischen Modells wurden Beispielrechnungen an einem definierten Komposit/Lösungsmittel-Modell durchgeführt, um prinzipielle Zusammenhänge zwischen der relativen Widerstandsänderung und dem Diffusionsprozess, der Komposit- bzw. Probengestaltung und der Probengeometrie aufzudecken. Das verwendete Modellkomposit besitzt einen spezifischen elektrischen Ausgangswiderstand ρ_A von 10 Ωcm und einen spezifischen Widerstand ρ_L von 250 Ωcm im gequollenen Zustand. Zunächst wurden Berechnungen an u-förmigen Proben mit einer Dicke von 500 µm durchgeführt. Damit konnte der Einfluss der Diffusionsparameter auf den Kurvenverlauf von R_{rel} unter Annahme verschiedener Diffusionskinetiken untersucht werden. Die Abbildung 4.21(a) zeigt die elektrische Sprungantwort des Modellkomposites in Abhängigkeit des Diffusionsparametersatzes k und n bei einer konstanten Plateauzeit t_P von 625 s. Veranschaulicht kann man sich damit verschiedene Lösungsmittel vorstellen, die bei der Diffusion in das Modellkomposit identische mittlere Frontengeschwindigkeiten, aber unterschiedliche zeitliche Verläufe des Diffusionsweges aufweisen. Steigende Exponenten haben dabei ein Sinken der Kurvenhöhe der relativen Widerstandsänderung zur Folge. Durch die Variation eines Diffusionsparameters bei jeweils konstantem Parameterpartner ergeben sich wie in Abbildung 4.21(b) gezeigt Verschiebungen der Plateauzeiten t_P. Bei einer Erhöhung des Parameters k bei gleichzeitig konstantem Wert für n von 0,5 ergibt sich eine Verschiebung der relativen Widerstandskurve des Modellkomposits zu höheren Werten und einer kürzeren Plateauzeit. Der umgekehrte Effekt kann beobachtet werden, wenn der Exponent n bei konstantem k von 0,001 reduziert wurde.

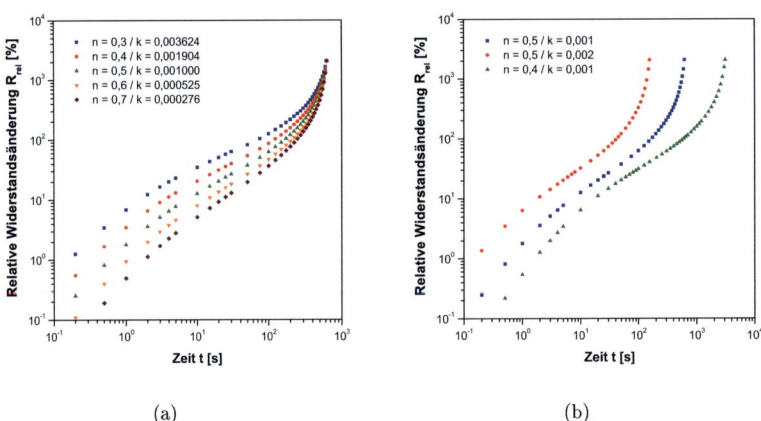

(a) (b)

Abbildung 4.21. Einfluss der Diffusionsparameter k und n auf die mittels des Modells berechnete relative elektrische Widerstandsänderung eines Modellkomposits (ρ_A=10 Ωcm, ρ_L=250 Ωcm, b=500 µm) bei (a) konstanter Plateauzeit t_P von 625 s und (b) bei Variation von jeweils einem Diffusionsparameter

Um den Effekt des CNT-Gehaltes in den sensorischen Kompositmaterialien auf deren elektrische Sprungantwort beim Kontakt mit „guten" Lösungsmitteln zu prüfen (siehe Kapitel 4.2.5.1), wurden Rechnungen an vier Modellkompositen durchgeführt, deren elektrische Eigenschaften denen der realen Komposite ähneln. Es wurden vier Komposite mit einem spezifischen Ausgangswiderstand ρ_A von 5, 10, 25 und 100 Ωcm definiert, was in etwa den Werten der realen Komposite mit 3, 1,5, 1 und 0,5 Ma.% CNT entspricht. Die spezifischen Widerstände der Modellkomposite im vollständig gequollenen Zustand wurden ebenfalls in Anlehnung an die Werte der vier experimentell untersuchten Komposite gewählt (50, 250, 1500 und 75000 Ωcm). Die Dicke der Proben beträgt 500 µm. In Abbildung 4.22(a) ist die Berechnung der relativen Widerstandsänderung der Modellkomposite beim Kontakt mit einer Modellflüssigkeit dargestellt, die eine definierte Diffusionskinetik aufweist. Die Diffusionsparameter wurden mit $n = 0,5$ und $k = 0,001$ festgelegt. Die ermittelten relativen Widerstandsänderungskurven zeigen zu Beginn bis 10 s Eintauchzeit eine gewisse Auffächerung der Kurven, die sich im Verlauf des Versuches annähern und nach etwa 100 s leicht versetzt zueinander verlaufen. Die Kurve für das Komposit mit dem größten Ausgangswiderstand liegt dabei am höchsten und die Kurve für das Komposit mit dem kleinsten Ausgangswiderstand am niedrigsten. Kurz vor dem Erreichen des Plateaubereiches nach 625 s kommt es erneut zu einem gewissen Auseinanderdriften der Kurven, die unterschiedliche Plateauhöhen einnehmen. Erneut staffeln sich die Kurven entsprechend ihrer definierten Kompositeigenschaften nach der Höhe des Ausgangswiderstandes bzw. des Widerstandes im homogen gequollenen Zustand. Dabei zeigt das Modellkomposit mit dem geringsten CNT-Gehalt die größte relative Widerstandsänderung. Dieser rechnerische Befund an Modellkompositen spiegelt exakt die experimentellen Ergebnisse wider, so dass dies als erstes Indiz dafür gesehen werden kann, dass die entwickelte Modellvorstellung zur Beschreibung der Widerstandsänderung der hier vorgestellten Sensormaterialien sinnvoll ist.

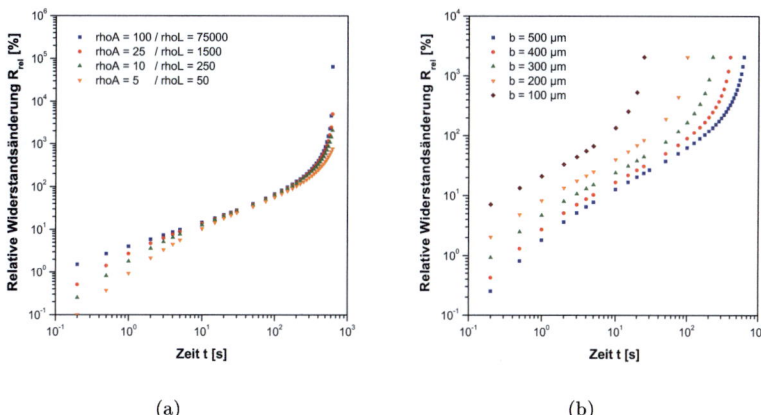

(a)   (b)

Abbildung 4.22. (a) Einfluss der elektrischen Eigenschaften (ρ_A und ρ_L) von Modellkompositen und (b) Einfluss der Probendicke auf die mittels des Modelles berechnete relative Widerstandsänderung beim Kontakt mit einer Modellflüssigkeit mit definierten Diffusionseigenschaften ($n = 0,5$ und $k = 0,001$)

Um den Effekt der Probengeometrie zu untersuchen wurde das Modellkomposit mit den Kompositeigenschaften $\rho_A = 10$ und $\rho_L = 250$ Ωcm in verschiedenen Dicken ausgeführt. Dabei wurden Proben mit einer Dicke zwischen 100 und 500 µm betrachtet und die Dicke in Abständen von 100 µm variiert. Die Diffusionsparameter der für diese Berechnung verwendeten Flüssigkeit wurden erneut mit $n = 0,5$ und $k = 0,001$ festgelegt. Die relative Widerstandsänderung der Modellkomposite beim Kontakt mit dieser Modellflüssigkeit sind in Abbildung 4.22(b) dargestellt. Die relativen elektrischen Widerstandsänderungskurven der in verschiedenen Dicken ausgeführten Sensormaterialien zeigen mit abnehmender Dicke deutliche Verschiebungen in horizontaler und vertikaler Richtung. Je dünner die Proben werden, desto höher ist die relative Widerstandsänderung bei konstanter Zeit t und desto schneller erreicht die Probe den maximalen Widerstandsänderungswert. Während die Modellflüssigkeit die 500 µm dicke Probe nach 625 s komplett durchdrungen hat, benötigt sie bei der Probe mit 100 µm nur 25 s. Dieses Ergebnis deckt sich mit den experimentell ermittelten Daten und zeigt, wie stark die relative Widerstandsänderung durch den Querschnitt der Probe beeinflusst werden kann. Durch die Reduktion des für das Lösungsmittel zurückzulegenden Diffusionsweges kann die Geschwindigkeit des Sensors signifikant erhöht werden.

Neben den hier vorgestellten Messungen und Berechnungen an definierten u-förmigen Proben ist es durchaus von Interesse, ob die gewonnenen Erkenntnisse auf andere Geometrien übertragen werden können. Insbesondere die Formgebung elektrisch leitfähiger Polymerkomposite durch Faserspinnen spielt eine wichtige Rolle, da es die Herstellung großflächiger Sensoren zur Leckagedetektion ermöglicht. CPC-Fasern besitzen dabei das größte Potential für einen erfolgreichen Einsatz in smarten Textilien [200, 291]. Um die relative Widerstandsänderung eines Modellkomposites in Form einer u-förmigen Probe und einer Faser zu vergleichen, müssen gewisse Annahmen getroffen werden, um die spezifischen Widerstände der Faser ρ_A und ρ_L sinnvoll zu definieren. Im Vergleich zur Verarbeitung von Polymer/CNT-Kompositen mittels Heißpressen ergeben sich infolge der Verarbeitung solcher Komposite zu Fasern stark anisotrope Proben. Infolge der hohen Scherraten beim Düsendurchgang und durch die Verstreckung der Fasern nach der Düse kommt es schon bei geringen Reckverhältnissen zu einer deutlichen Ausrichtung der CNTs in Faserrichtung, wie Arbeiten von Pötschke et al. an PC- und PLA-basierten Kompositen mit CNTs zeigen konnten [147, 172]. Aus diesem Grund ergeben sich für solche Kompositfasern deutlich höhere Perkolationsschwellen als bei deren heißgepressten Pendants. Auch bei Füllstoffgehalten oberhalb der Perkolationsschwelle ergeben sich bei einem konstanten CNT-Gehalt höhere spezifische Widerstände im Vergleich zu heißgepressten Platten. Aus diesem Grund wurden für die Modellfaser spezifische Widerstände von $\rho_A=7,5\cdot 10^3$ Ωcm und $\rho_L=1\cdot 10^7$ Ωcm definiert und die Faserdicke wie bei der Platte auf 500 µm festgelegt. Die Abbildung 4.23(a) zeigt die relative Widerstandsänderung dieser Faser beim Kontakt mit der Modellflüssigkeit ($n = 0,5$ und $k = 0,001$) im Vergleich zum plattenförmigen Modellkomposit ($\rho_A=10$ Ωcm und $\rho_L=250$ Ωcm). Die Modellfaser zeigt dabei im Vergleich zur Platte eine deutlich höhere Widerstandsänderung bei vergleichbarem CNT-Gehalt. Diese Ergebnisse konnten an sensorischen Kompositfasern beim Kontakt mit „guten" Lösungsmitteln bisher leider noch nicht bestätigt werden, da die Herstellung von definiert elektrisch leitfähigen Fasern auf der Basis von Polymer/CNT-Kompositen immer noch sehr schwierig ist. Ungeachtet dieser Tatsache konnte mit Hilfe der Modellrechnungen das Potential solcher Fasern aufgezeigt werden. Schmelzegesponnene CNT-gefüllte Fasern wurden von Rentenberger et al. [173] bereits erfolgreich in sensorische Textilien eingearbeitet und diese anschließend mit definierten Mengen „guter" Lösungsmittel betropft. Diese Vorgehensweise ähnelt dabei dem Benetzungsszenario, wie es bei einer industriellen Anwendung auftreten könnte. Um herauszufinden, inwieweit solche teilbenetzten Fasern immer noch ausreichende elektrische Widerstandsänderungen beim Kontakt mit „guten" Lösungsmitteln zeigen, wurden entsprechende Modellrechnungen durchgeführt. Die Abbildung 4.23(b) zeigt die maximale relative Widerstandsänderung $R_{rel,max}$ der Modellfaser (ρ_A=7,5·10^3 Ωcm und ρ_L=1·10^7 Ωcm) in Abhängigkeit von der relativen Benetzungslänge d_b. Die maximale relative Widerstandsänderung der Faser folgt dabei einer Potenzgesetzmäßigkeit und $R_{rel,max}$ liegt auch bei sehr geringen Benetzungslängen um 10 % bereits bei Werten um 10^4 %. Bei einer Benetzungslänge von 0,1 % läge die maximale relative Widerstandsänderung der Faser bei 133 %, was immer noch ein verlässlich messbarer Wert wäre.

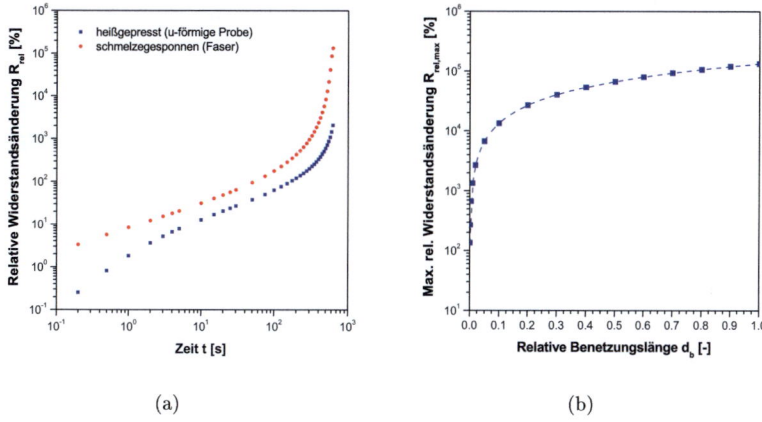

(a) (b)

Abbildung 4.23. Einfluss (a) der Geometrie der Modellkompositprobe und (b) des Benetzungsgrades einer Modellfaser beim Kontakt mit einer Modellflüssigkeit mit definierten Diffusionseigenschaften

Im nächsten Schritt wurden Berechnungen zur relativen Widerstandsänderung unter Verwendung von Diffusionskinetiken durchgeführt, die an realen Komposit/Lösungsmittel-Systemen ermittelt wurden. Anschließend wurden die simulierten Widerstandskurven mit den experimentell bestimmenten Daten verglichen. Die Diffusionsparameter von vier verschiedenen Lösungsmitteln in PC-basierte Komposite mit 1,5 Ma.% CNT wurden wie in Kapitel 4.1 lichtmikroskopisch ermittelt. Anschließend wurden diese Parameter für die Berechnung der relativen Widerstandsänderungen des Komposites beim Kontakt mit diesen Lösungsmitteln genutzt. Basis dafür ist das

Tabelle 4.4. Spezifische Widerstände der Komposite im „trockenen" und homogen gequollenen Zustand und die mittels Lichtmikroskopie bestimmten Diffusionsparameter der Komposit/Lösungsmittel-Systeme (siehe auch Abbildung 4.11)

CNT-Gehalt (Ma.%)	Lösungsmittel	ρ_A (Ωcm)	ρ_L (Ωcm)	k	n
1,5	Dichlormethan	14,6	473,3	0,00358	0,40
1,5	Tetrahydrofuran	13,7	398,2	0,00092	0,55
1,5	Aceton	13,7	245,0	0,00127	0,41
1,5	Ethylacetat	11,5	245,6	0,00183	0,34

vorgestellte empirische Modell. Der komplette Datensatz mit den entsprechenden spezifischen Widerständen der Komposite und den Diffusionsparametern ist in Tabelle 4.4 dargestellt. In Abbildung 4.24 sind die experimentell bestimmten relativen Widerstandsänderungen der PC-Komposite mit 1,5 Ma.% CNT beim Kontakt mit den vier Lösungsmitteln, gekennzeichnet durch graue Symbole, dargestellt. Alle vier Widerstandsänderungskurven zeigen einen ähnlichen Verlauf mit den drei charakteristischen Phasen. Die Widerstandsänderungskurven des Komposites beim Kontakt mit Tetrahydrofuran, Aceton und Ethylacetat liegen darüber hinaus zu Beginn des Eintauchens übereinander, aber weisen dann zeitliche Unterschiede beim Übergang von der Gleichgewichts- in die Plateauphase auf. Die relative Widerstandsänderungskurve für Dichlormethan weist generell die höchsten Werte auf und geht auch am schnellsten in die Plateauphase über. Der Zeitpunkt für das Erreichen des Plateaus korreliert mit den Untersuchungen des zeitlich abhängigen Diffusionsweges der verschiedenen Lösungsmittel in das Komposit. Im Falle von Ethylacetat, welches die geringste Diffusionsgeschwindigkeit aufwies, ergibt sich der späteste Übergang der relativen Widerstandsänderung ins Plateau.

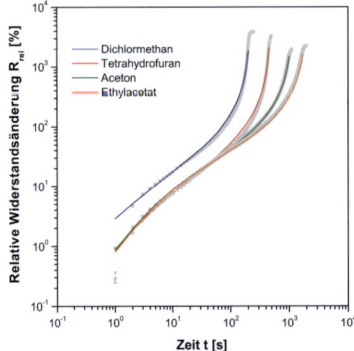

Abbildung 4.24. Relative Widerstandsänderung einer Kompositprobe aus PC und 1,5 Ma.% CNT: experimentell bestimmte (graue Graphen) und berechnete Daten (farbige Linien) auf der Basis des empirischen Modelles und der mittels Lichtmikroskopie bestimmten Diffusionsparameter

4.2.6 Ableitung eines empirischen Modelles

Beim Vergleich der experimentell bestimmten relativen Widerstandsänderungen des PC-Komposites mit 1,5 Ma.% CNT beim Kontakt mit Ethylacetat und der basierend auf dem vorgestellten Modell berechneten Daten unter Verwendung der in Tabelle 4.4 aufgeführten Eingangsparameter (k=0,00183 und n=0,34) tritt eine gewisse Abweichung auf (Abbildung 4.25(a)). Diese Abweichung wurde auch für die drei weiteren Komposit/Lösungsmittel-Systeme festgestellt. Bei den untersuchten Systempaarungen liegen die berechneten relativen Widerstandsänderungskurven stets über den experimentell bestimmten. Bei einer konstanten Plateauzeit t_P ergaben sich größere Übereinstimmungen der simulierten und experimentellen Daten, wenn die Wertepaare für n und k angepasst wurden. Dabei führten für alle vier Lösungsmittel erhöhte Werte für den Exponenten n zu einer genaueren Beschreibung der Experimente durch die simulierten Daten. Aus diesem Grund soll nun gezeigt werden, wie die experimentell bestimmten relativen Widerstandsänderungskurven genutzt werden können, um auf die Diffusionskinetik der involvierten Lösungsmittel zurückzuschließen.

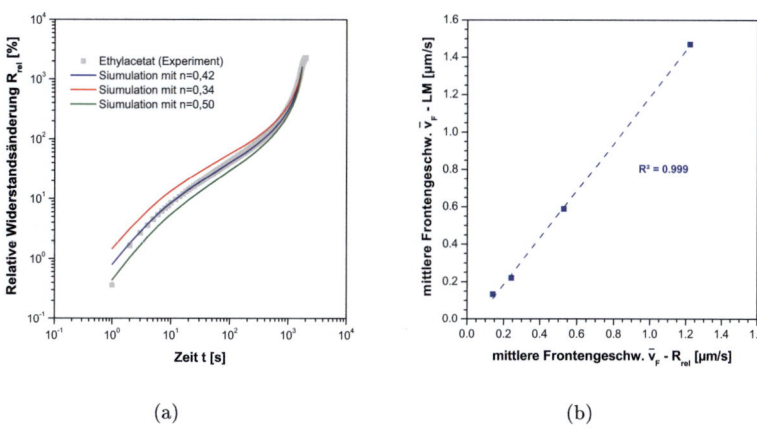

(a)   (b)

Abbildung 4.25. (a) Relative Widerstandsänderung der PC-Kompositprobe mit 1,5 Ma.% CNT beim Kontakt mit Ethylacetat: experimentell bestimmte (graue Symbole) und berechnete Daten (farbige Linien) auf der Basis des empirischen Modelles bei Variation des Diffusionsparameters n und (b) Korrelation der mittleren Frontengeschwindigkeit, die mittels Lichtmikroskopie und die relativen Widerstandskurven ermittelt wurden

Jede der in Abbildung 4.24 gezeigten experimentellen Kurven weist eine charakteristische Zeit auf, bei der die Kurve in die Plateauphase übergeht. Dieser Zeitpunkt t_P wurde für alle Kurven reproduzierbar ermittelt, indem das Maximum der ersten Ableitung der Kurven bestimmt wurde. Die ermittelten Werte repräsentieren dabei den Wendepunkt der Kurven und liegen sehr nah am Plateaubereich, da der Anstieg der relativen Widerstandsänderungskurven in diesem Bereich sehr steil ist. Dieser Zeitpunkt korreliert mit dem Zusammenfließen der Lösungsmittelfronten im Kern der Proben. Der zu diesem Zeitpunkt zurückgelegte Diffusionsweg s entspricht dabei der halben Probendicke, die für jede Probe vor Versuchsbeginn ermittelt wurde.

Unter Berücksichtigung von Gleichung 3.7 ergeben sich daraus frei variable Kombinationen der Diffusionsparameter k und n bei gleichzeitigem Einsetzen der halben Probendicke für s und der Plateauzeit für t. In einem sinnvollen Bereich knapp über den lichtmikroskopisch ermittelten Werten für den Exponenten n wurden diese Parameterkombinationen für die vier Komposit/Lösungsmittel-Systeme ermittelt, indem der Exponent n systematisch bis zu dem Wert erhöht wurde, bei dem die simulierten und die experimentell bestimmten Daten in einem hohen Maß übereinstimmten. Auf diese Weise konnten Diffusionsparameter neben der Lichtmikroskopie über eine zweite indirekte Methode bestimmt werden. Für die Diffusionsparameter k und n ergaben sich demnach folgende Wertepaare (k und n): Dichlormethan 0,00092 und 0,62, Tetrahydrofuran 0,00040 und 0,67, Aceton 0,00077 und 0,50 und Ethylacetat 0,00106 und 0,42. Die berechneten relativen Widerstandsänderungen basierend auf den Kompositeigenschaften (Tabelle 4.4) und diesen Diffusionsparametern sind in Abbildung 4.24 durch farbige Linien gekennzeichnet. Die hohe Übereinstimmung mit den experimentell bestimmten Kurven zeigt, dass das aufgestellte Modell in der Lage ist, die zugrundeliegenden Zusammenhänge auf vereinfachende Weise zu beschreiben.

In Abbildung 4.25(b) sind die mittleren Frontengeschwindigkeit $\bar{v}_F$, die mittels Lichtmikroskopie und Analyse der elektrischen Widerstandsänderungskurven bestimmt wurden, gegeneinander aufgetragen. Die Daten folgen einem linearen Zusammenhang, wobei die direkt ermittelten Frontengeschwindigkeiten größer sind als die, die indirekt über die Widerstandsmessungen bestimmt wurden. Die Ergebnisse zeigen, dass mit Hilfe der relativen Widerstandsänderungskurven Rückschlüsse auf die Diffusionskinetik gezogen werden können. Da die Probenpräparation für die Lichtmikroskopieuntersuchungen recht aufwendig ist, wird die mittlere Frontengeschwindigkeit $\bar{v}_F$ im Folgenden basierend auf den relativen Widerstandskurven ermittelt.

4.2.7 Zyklische Messungen

Ein besonders wichtiges Kriterium zur Bewertung von Sensormaterialien ist die Fähigkeit, Chemikalien (Dämpfe und Flüssigkeiten) reproduzierbar und wiederholbar zu detektieren. Die reproduzierbare Arbeitsweise der hier vorgestellten Komposite konnte bereits in Kapitel 4.2.2 dokumentiert werden. Für die Wiederholbarkeit ist es wichtig, dass der elektrische Widerstand des Sensormateriales nach der Kontamination mit dem zu detektierenden Stoff in den Ausgangszustand zurückgeht, um so einen weiteren Arbeitszyklus zu ermöglichen. Um die hier vorgestellten Sensormaterialien auf dieses Verhalten hin zu untersuchen, wurden diese einem zyklischen Ein- und Austauchen in Ethylacetat unterworfen. Während des Austauchens trocknen die Proben bei Raumtemperatur und es konnte deren elektrischer Widerstandsverlauf weiter aufgezeichnet werden. In Abbildung 4.26(a) ist die relative Widerstandsänderung der Komposite mit verschiedenen CNT-Gehalten dargestellt, wobei dem ersten Zyklus mit 2000 s Ein- und 1000 s Austauchen drei identische Zyklen mit jeweils 500 s Ein- und Austauchen folgten. Der elektrische Widerstand aller untersuchten Proben fällt nach dem ersten Austauchen aus dem Ethylacetat nur geringfügig ab. Es bleibt eine

4.2.7 Zyklische Messungen

deutliche irreversible Widerstandsänderung zurück. Die anschließenden Zyklen zeigen untereinander nahezu identische Verläufe. Nach jeweils 500 s Eintauchzeit erreichen die maximalen relativen Widerstandsänderungen in etwa die Werte des ersten Zyklus und der Widerstand sinkt während jeder Trocknungsphase auf den entsprechenden Ausgangswiderstand, der vor dem vorherigen Eintauchzyklus gemessen wurde. Die Irreversiblität des elektrischen Widerstandes nach dem ersten Zyklus kann zum Teil mit der nicht vollständig reversiblen Lösungsmittelaufnahme erklärt werden. Wie in Kapitel 4.1 gezeigt werden konnte, zeigte das Komposit mit 1,5 Ma.% CNT nach dem Quellen in Ethylacetat nach einer Trockungszeit von 1000 s immer noch ein im Komposit verbliebenes Restlösungsmittelvolumen von 19 %.

Die relative Widerstandsänderung der Komposite in Abhängigkeit von der Probendicke für fünf aufeinander folgende Zyklen ist in Abbildung 4.26(b) dargestellt. Ein Zyklus bestand dabei aus gleichlangen Ein- und Austauchzeiten von 2000, 500 bzw. 70 s für die Proben mit einer Dicke von 510, 300 bzw. 120 µm. Eine Verringerung der Probendicke wirkte sich dabei nicht auf den irreversiblen Anteil der relativen Widerstandsänderung aus und so liegt die Widerstandsänderung der drei Proben jeweils um 1000 %. Als positives Fazit kann geschlossen werden, dass alle Proben, insbesondere in der Ausführung dünner Platten, nach dem ersten Zyklus sehr schnelle und wiederholbare Detektionen von Lösungsmitteln ermöglichen.

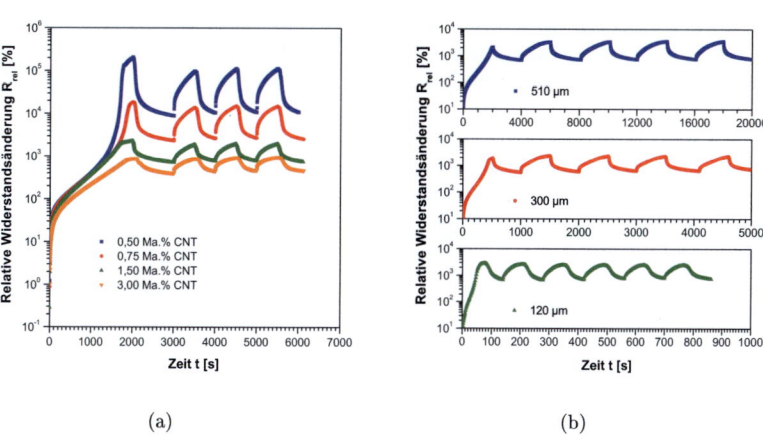

Abbildung 4.26. Zyklische Messung der relativen elektrischen Widerstandsänderung der PC/CNT-Komposite in Abhängigkeit (a) vom CNT-Gehalt und (b) von der Probendicke

Neben dem verbleibenden Restlösungsmittel in den PC-Kompositen nach der Quellung in Ethylacetat und Aceton konnte eine deutliche Änderung der Probenmorphologie nach der Trocknung der Proben beobachtet werden. In Abbildung 4.27 sind rasterelektronenmikroskopische Aufnahmen einer Kompositprobe mit 1,5 Ma.% CNT gezeigt, die für 300 s in Aceton gequollen wurde. Anschließend wurde die Probe bei Raumtemperatur für mehrere Tage getrocknet, um eine Kontamination des Rasterelektronenmikroskopes mit Aceton zu vermeiden. Die mikroskopischen Aufnahmen wurden an der mit einem Glasmesser präparierten Querschnittsfläche im sogenannten Ladungskontrastmodus (englisch *charge contrast imaging*) aufgenommen. Dadurch erscheint das CNT-Netzwerk in der Probe als helle Bereiche. In Abbildung 4.27(a) ist die intakte Netzwerkstruktur im Kern der Probe dargestellt, der noch nicht vom Aceton erreicht und gequollen wurde. Der relativ hohe Füllgrad von 1,5 Ma.% CNT führt dabei zu einem sehr dichten CNT-Netzwerk. Der durch das Lösungsmittel gequolle Randbereich der Probe ist in Abbildung 4.27(b) gezeigt. Im Bereich einer 50 bis 60 µm dicken Randschicht kann eine deutlich zerklüftete und von Furchen durchzogene Kompositstruktur beobachtet werden. Infolge des Verdampfens des Lösungsmittels bleiben deutlich sichtbare Poren zurück, die die Netzwerkstruktur erheblich stören. Ein Blick in solch einen Riss, wie er in Abbildung 4.27(c) dargestellt ist, zeigt deutlich, dass einzelne CNT-Cluster auf diese Weise vom Gesamtnetzwerk abgetrennt werden. Diese auch morphologisch ausgeprägte irreversible Quellung der Sensormaterialien ist eine Ursache, weshalb die Widerstandsänderung der Komposite beim Kontakt mit den Lösungsmitteln beim anschließenden Trocknen nicht bis zum Ausgangswiderstand zurückgeht.

4.2.8 Zusammenfassung

Im Rahmen dieses Kapitels wurde die relative Widerstandsänderung sensorischer Kompositmaterialien beim Kontakt mit Dichlormethan, Tetrahydrofuran, Aceton und Ethylacetat untersucht. Die Widerstandsmessungen wiesen dabei im Bereich der untersuchten Kompositzusammensetzungen (0,5 bis 4,0 Ma.% CNT) sehr hohe Reproduzierbarkeiten auf, so dass drei Einzelmessungen nahezu deckungsgleich übereinanderlagen. Der Kurvenverlauf der relativen Widerstandsänderung der untersuchten Komposite zeigt dabei auch beim Verwenden verschiedener Lösungsmittel immer eine charakteristische Sprungantwort, die sich in drei Phasen unterteilen lässt. Diese Phasen lassen sich mit der Diffusionskinetik korrelieren, die den Molekültransport der involvierten Lösungsmittel in die Sensormaterialien beschreibt. Es konnte gezeigt werden, dass die Diffusionsparameter k und n sowohl aus Lichtmikroskopie als auch indirekt über die relativen Widerstandskurven bestimmt werden können. Die Methode der Bestimmung aus Widerstandskurven ist verhältnismäßig schnell und zudem sehr gut reproduzierbar. Als Hauptursache für die Widerstandsänderung wurde das Quellen der Komposite identifiziert, wobei die maximale relative Widerstandsänderung eines Komposites mit definierten elektrischen Eigenschaften sowohl vom Quellgrad der Probe als auch von den dielektrischen Eigenschaften der Lösungsmittelmoleküle abhängt. Größere Quellgrade und höhere Werte für die dielektrische Permittivität führen dabei zu größeren Widerstandsänderungen, was durch die Zunahme der Tunneldistanzen zwischen benachbarten CNTs im elektrisch leitfähigen Netzwerk erklärt werden kann. Die für Sensormaterialien relevanten Eigenschaften, wie die maximale relative Widerstandsänderung und die Antwortgeschwindigkeit beim Kontakt mit dem zu detektierenden Lösungsmittel, können maßgeblich über die Probengeometrie, -zusammensetzung und -verarbeitung beeinflusst werden. Im Fall von hochgefüllten Proben, deren Füllstoffgehalt deutlich über der Perkolationsschwelle liegt,

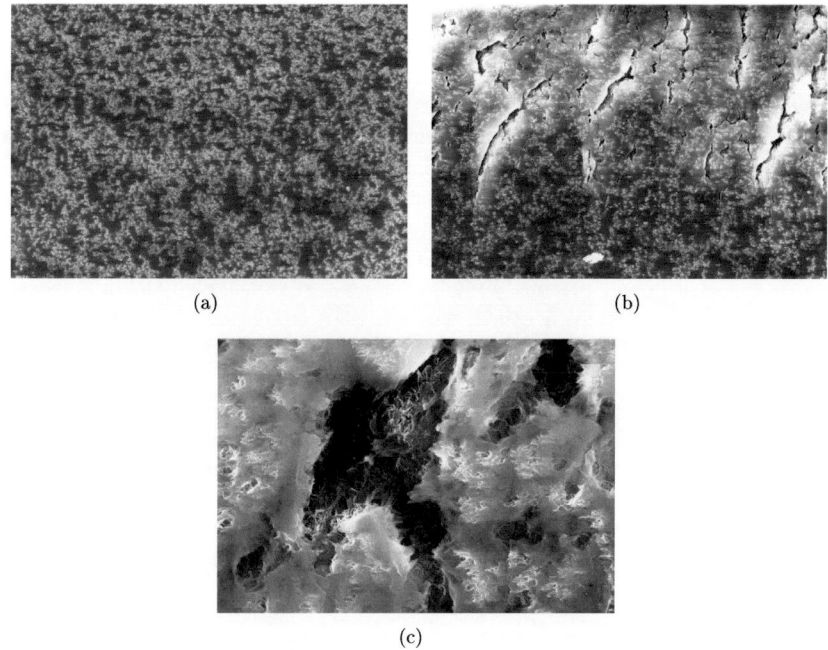

Abbildung 4.27. Rasterelektronenmikroskopische Aufnahmen einer Kompositprobe mit 1,5 Ma.% CNTs, die für 300 s in Aceton gequollen und anschließend für mehrere Tage bei Raumtemperatur getrocknet wurde: (a) ungequollener Kernbereich mit intakter CNT-Netzwerkstruktur und (b, c) irreversibel gequollener Randbereich [Maßstab (a und b) ⊢──┤ 10 μm und (c) ⊢──┤ 1 μm]

fällt die relative Widerstandsänderung aufgrund einer Vielzahl redundanter elektrischer Leitpfade im Vergleich zu Kompositen mit Füllgraden geringfügig oberhalb der Perkolationsschwelle deutlich niedriger aus. Die Wahl des Types der Polycarbonatmatrix hat im Vergleich dazu einen verhältnismäßig geringen Einfluss auf die Ausbildung der zeitabhängigen Widerstandsänderungskurve. Mit steigendem Molekulargewicht konnte lediglich eine leicht sinkende Sensorgeschwindigkeit beobachtet werden. Neben der Variation des Füllstoffgehaltes kann der elektrische Ausgangswiderstand der Sensormaterialien über den Formgebungsprozess beeinflusst werden. Niedrigere Presstemperaturen führten zu Proben mit einem höheren Ausgangswiderstand und in der Folge zu deutlich höheren Widerstandsänderungen beim Kontakt mit Lösungsmitteln. Basierend auf den experimentellen Befunden des Widerstandsanstieges der Sensormaterialien beim Lösungsmittelkontakt und der vorhandenen Korrelation des zeitlichen Kurvenverlaufes mit Diffusionsprozessen wurde ein empirisches Modell entwickelt. Dieses berücksichtigt neben Daten zur Beschreibung des Diffusionsprozesses der Lösungsmittelmoleküle in das involvierte Kompositmaterial geometrische Eingangsparameter und elektrische Kompositeigenschaften. Auf diese Weise konnten simulierte relative Widerstandskurven für das Eintauchen eines Komposites mit 1,5 Ma.% CNT in die vier verwendeten Lösungsmittel berechnet werden, die eine sehr hohe Übereinstimmung mit den experimentellen Daten aufwiesen. Dieser Befund unterstreicht deutlich, dass die zugrunde liegenden diskutierten Mechanismen der Widerstandsänderung der Sensormaterialien sinnvoll sind. Darüber hinaus eignet sich das Modell grundsätzlich dafür, für neue Szenarien der Lösungsmitteldetektion adaptiert zu werden. Es konnte gezeigt werden, dass die verwendete Probengeometrie beliebig variiert werden kann und es wurde eine Modellrechnung für eine sensorische Kompositfaser durchgeführt. Ein weiterführender Ausbau der Rechnungen auf komplexe Textilien ist unter Berücksichtigung der Eingangsparameter möglich. Des Weiteren wurde die zyklische elektrische Sprungantwort von Sensormaterialien diskutiert. Die aufgezeichneten Zyklen aufeinanderfolgender Eintauch- und Trocknungszeiten sind ab dem zweiten Zyklus sehr gut reproduzierbar. Nach dem ersten Zyklus trockneten die Proben zwar, aber ihr Widerstand ging nicht auf die Ausgangswerte zurück. Dies hängt in erste Linie mit dem stark irreversiblen Quellvorgang zusammen, der beim Entquellen eine sehr poröse Probe zurücklässt, was anhand von rasterelektronenmikroskopischen Aufnahmen dokumentiert werden konnte.

4.3 Selektivität der Sensormaterialien

4.3.1 Einleitung

Die elektrische Sprungantwort der hier vorgestellten Sensormaterialien beruht auf Diffusionsgesetzmäßigkeiten und wird durch verschiedene technologische Parameter beeinflusst. Ebenso wichtig ist darüber hinaus, welche Selektivität diese Materialien aufweisen, das heißt, welche Lösungsmittel prinzipiell detektiert werden können. Um diese Frage zu klären, werden Konzepte der Löslichkeitstheorie nach Hansen aufge-

4.3.2 Hansen-Löslichkeitsparameter

griffen, die die Affinität zwischen Polymeren und Lösungsmitteln mit Hilfe der energetischen Ähnlichkeit der Stoffe und der Molekülgröße der Lösungsmittel beschreiben. Des Weiteren wird eine Möglichkeit diskutiert, wie die Selektivität der Sensormaterialien bei von der Raumtemperatur abweichenden Temperaturen beschrieben werden kann.

4.3.2 Hansen-Löslichkeitsparameter

Die relativen Widerstandsänderungen des Sensormaterials, basierend auf PC Lexan 141R mit 1,5 Ma.% CNT, wurden für das erste Eintauchen in 59 Testlösungsmittel bei Raumtemperatur ermittelt. Dabei wurde festgestellt, dass nur 44 dieser Lösungsmittel zu einer messbaren Änderung des elektrischen Widerstandes der u-förmigen Proben führten. Diese können gemäß der Terminologie von Hansen als „gute" Lösungsmittel für das Komposit bezeichnet werden. Im Vergleich dazu reagierten die Kompositproben nicht mit einer Änderung des elektrischen Widerstandes auf den Kontakt mit den 15 anderen „schlechten" Lösungsmitteln. Die Abbildung 4.28 zeigt schematisch die zwei unterschiedlichen Vorgänge an der Komposit/Lösungsmittel-Grenzfläche, die im Falle eines „guten" Lösungsmittels zur Morphologieänderung der Probe führt. Außerdem zeigt die Grafik zwei repräsentative experimentell bestimmte relative Widerstandsänderungskurven des Komposites mit 1,5 Ma.% CNT-Gehalt beim Kontakt mit einem „guten" (Methylacetat) und einem „schlechten" Lösungsmittel (1-Butanol).

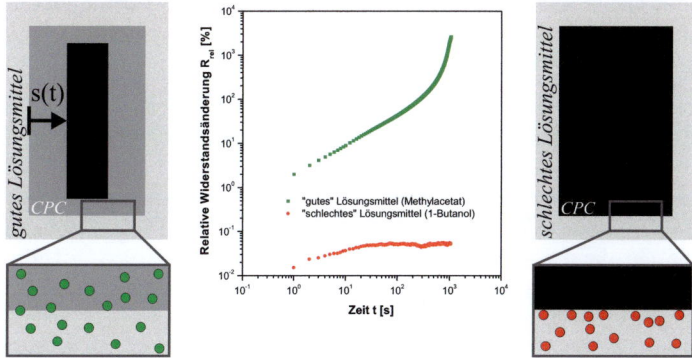

Abbildung 4.28. Repräsentative experimentell bestimmte relative Widerstandsänderungskurven des Komposites mit 1,5 Ma.% CNT-Gehalt beim Kontakt mit einem „guten" (Methylacetat) und einem „schlechten" Lösungsmittel (1-Butanol) und schematische Darstellung der Vorgänge an der Lösungsmittel/Komposit-Grenzfläche

Auf diese Weise konnten die verschiedenen Lösungsmittel, basierend auf der elektrischen Widerstandsänderung zuverlässig hinsichtlich ihrer Affinität zum untersuchten Sensormaterial klassifiziert werden. Zu den „schlechten" Lösungsmitteln zählen demnach Dipropylamin, Cyclohexanol, Cyclohexan, Methylglycol, Hexan, 1-Butanol, Diethylenglycol, Ethanol, 1,2-Propandiol, Monoethanolamin, Methanol, Formamid,

Ethylenglycol, destilliertes Wasser und Butyldiglycol. Diese Lösungsmittel wurden in ihrer vierten Dimension („gutes" oder „schlechtes" Lösungsmittel) für die anschließenden Berechnungen jeweils mit dem Wert „0" belegt. Die 44 anderen Lösungsmittel dementsprechend mit „1". Dieser Wert und die partiellen Hansen-Löslichkeitsparameter der Lösungsmittel ergeben die komplette Löslichkeitsmatrix, die in der Hansen-Software für die Auswertung der Daten definiert wurde. Die Berechnungen folgen dabei einem Optimierungsalgorithmus, der die Position des Kugelmittelpunktes und den Kugelradius möglichst so platziert bzw. berechnet, dass sich alle „guten" Lösungsmittel innerhalb der Kugel und alle „schlechten" außerhalb befinden. Bei einer limitierten Anzahl an Versuchspunkten erscheint es sofort logisch, dass es dafür keine eineindeutige Lösung geben kann und so wurden insgesamt 25 Durchläufe durchgeführt, bei denen jeweils die Lokalisierung von 58 von 59 Lösungsmitteln korrekt ermittelt wurde. Die partiellen Hansen-Löslichkeitsparameter und der Kugelradius R_0 wurden dabei in der Weise berechnet, dass die 44 „guten" Lösungsmittel innerhalb und 14 der 15 „schlechten" Lösungsmittel außerhalb der Kugel lagen. Die Abbildung 4.29 zeigt die Löslichkeitskugel des Komposites mit den Mittelpunktkoordinaten δ_D=18,4±0,2, δ_P=10,9±0,8, δ_H=4,1±0,5 MPa^{0,5} und dem Kugelradius R_0 von 11,3±0,7 MPa^{0,5}. Der Parameter δ ergibt sich zu 20,8±0,4 MPa^{0,5}. Lediglich für Butyldiglycol ergibt sich eine fehlerhafte Position als „schlechtes" Lösungsmittel innerhalb der Kugel. Bei einem RED-Wert von 0,79 müsste es eine verhältnismäßig hohe Affinität zum Komposit zeigen, wie z. B. andere Lösungsmittel mit RED-Werten von z. B. 0,77 (Dimethyldiglycol) oder 0,81 (Butylacetat und Morpholin), welche zu deutlichen elektrischen Widerstandsänderungen des Komposites führten. Ein wesentlicher Grund für diese Abweichung ist das sehr große molare Volumen der Butyldiglycolmoleküle von 170,77 cm^3/mol, welches das Löslichkeitsverhalten gegenüber dem Komposit verschlechtert.

Die für das Komposit bestimmten Löslichkeitsparameter können prinzipiell auf das Löslichkeitsverhalten der polymeren Matrix zurückgeführt werden. Die eingebrachten CNTs haben allerdings einen Einfluss auf die Kinetik des Löslichkeitsprozesses. Wie in Kapitel 4.2.5.1 gezeigt wurde, reduziert sich die Diffusionsgeschwindigkeit von Lösungsmittelmolekülen in die Polymermatrix mit zunehmendem Füllstoffgehalt. Dies ist auf eine Zunahme des Diffusionsweges durch die Einbringung von Diffusionshindernissen zurückzuführen. Da der CNT-Gehalt in den Kompositen relativ gering ist, ist ein Vergleich der ermittelten Hansen-Löslichkeitsparameter mit denen von Polycarbonaten aus der Literatur durchaus zulässig. Die Werte für den Parameter δ schwanken dort zwischen 20,0 und 23,6 MPa^{0,5}, sodass der hier bestimmte Wert von 20,8 MPa^{0,5} sehr glaubwürdig und sinnvoll erscheint. Ebenfalls die hier bestimmten Werte für die partiellen Hansen-Löslichkeitsparameter δ_D und δ_P liegen im Bereich der Literaturwerte. Lediglich ein Wert von 4,1 MPa^{0,5} für den Wasserstoffbrückenparameter liegt unter den bisher berichteten Werten zwischen 5,1 und 9,9 MPa^{0,5}. Da die exakten experimentellen Bedingungen der zugrunde liegenden Veröffentlichungen nicht immer nachvollziehbar sind, ist eine Abschätzung der Urasachen für diese experimentell bestimmte Abweichung schwierig. Es kann an dieser Stelle nur postuliert werden, dass die im Vergleich zu anderen Veröffentlichungen sehr hohe Anzahl von Lösungsmitteln und die noch genauere Bestimmung des Wechselwirkungsradius R_0

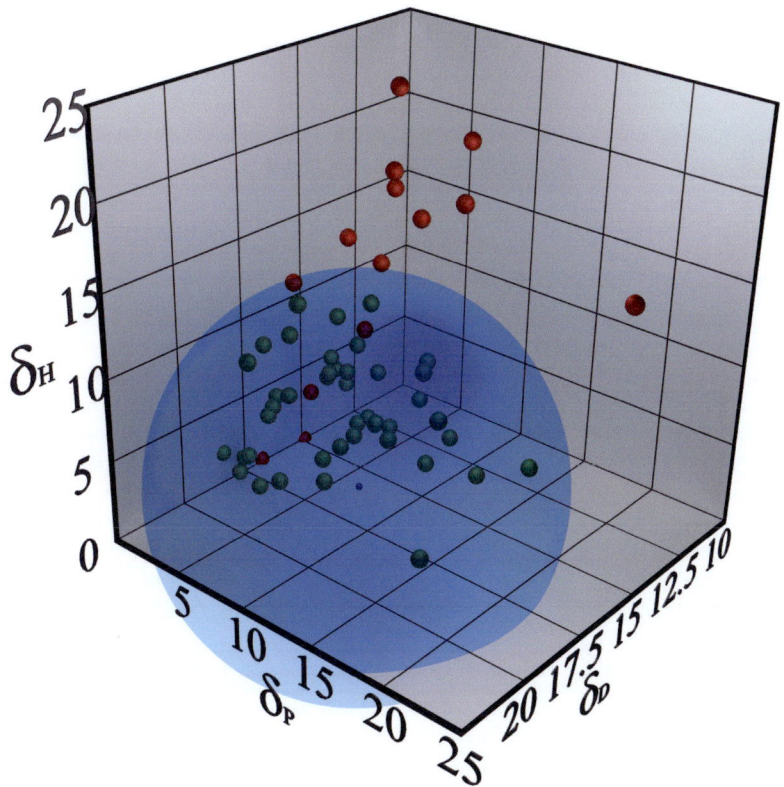

Abbildung 4.29. Löslichkeitskugel für das Komposit PC Lexan 141R mit 1,5 Ma.% CNT (dunkelblaue Kugel: Kugelmittelpunkt, grüne Kugeln: „gute" Lösungsmittel und rote Kugeln: „schlechte" Lösungsmittel)

zu diesen Unterschieden führt. Dieser ist mit einem Wert von 11,3 MPa^{0,5} ebenfalls deutlich höher als in den Veröffentlichungen mit hohen Werten für den Parameter δ_H.

4.3.3 Temperaturabhängiges Löslichkeitsverhalten

Das Löslichkeitsverhalten des Sensormaterials, basierend auf PC und 1,5 Ma.% CNT bei Raumtemperatur, wurde durch Auswertung der elektrischen Antwort beim Kontakt mit 59 Testlösungsmitteln ermittelt. Um Aussagen über das Löslichkeitsverhalten bei erhöhten Temperaturen zu ermöglichen, wurden „schlechte" Lösungsmittel ausgewählt, deren RED-Werte nur geringfügig größer als 1 sind und deren Löslichkeitsabstand R_a zum PC mit steigender Temperatur sinkt. Diese Kriterien erfüllen sowohl Cyclohexanol (RED=1,04) als auch 1-Butanol (RED=1,21). Als Referenzmessung wurde destilliertes Wasser gewählt, welches einen RED-Wert von 3,45 aufweist. Die Messung der relativen elektrischen Widerstandsänderung des Komposites beim Kontakt mit diesen drei Flüssigkeiten wurde bei Raumtemperatur gestartet und anschließend jeweils nach 1200 s um 10 K erhöht. Mit Erreichen des Temperaturniveaus, bei dem die Widerstandsänderungskurve deutlich vom NTC-Verhalten abweicht, wurde die Temperatur nicht weiter erhöht. Die Abbildung 4.30(a) zeigt den Verlauf der relativen Widerstandsänderung des PC-Komposites mit 1,5 Ma.% beim Kontakt mit destilliertem Wasser bei Verwendung der Temperaturrampe. Es zeigt sich ein deutliches NTC-Verhalten, ähnlich wie es bei PVA/CNT-Kompositfasern beobachtet wurde [217]. Dieser Befund zeigt deutlich, dass Sensormaterialien auf der Basis von Polymer/CNT-Kompositen einer gewissen Querempfindlichkeit auf Temperaturänderungen ausgeliefert sind. Bei einer Temperatur von rund 90 °C und einer daraus resultierenden Temperaturdifferenz von 78 K ergibt sich eine Änderungsrate von -0,044 %/K. Diese Widerstandsänderungen sind im Vergleich zu den Änderungen aus dem Kontakt mit „guten" Lösungsmitteln verhältnismäßig gering, so dass eine Kalibrierung im Falle einer realen Anwendung nicht unbedingt notwendig wäre. Im Vergleich zum temperaturabhängigen Widerstandsverlauf der u-förmigen Kompositprobe in destilliertem Wasser zeigen die Proben beim Kontakt mit Cyclohexanol und 1-Butanol ein anderes Verhalten. Die Abbildung 4.30(b) zeigt ebenfalls zu Beginn des Versuches mit Cyclohexanol einen NTC-Effekt bis zu einer Temperatur von etwa 65 °C. Bei einer weiteren Temperaturerhöhung auf etwa 70 °C weicht die Probe sprunghaft vom NTC-Effekt ab und zeigt einen stetigen Anstieg des elektrischen Widerstandes. Daraus lässt sich schließen, dass sich das Löslichkeitsverhalten des PCs in Cyclohexanol bei dieser kritischen Temperatur schlagartig ändert und Cyclohexanol vom Nichtlöser zum „guten" Lösungsmittel wird. Dieser Effekt hat prinzipiell zwei Ursachen. Der Löslichkeitsparameter des Cyclohexanols sinkt im Vergleich zu dem des PCs aufgrund des größeren Wärmeausdehnungskoeffizienten (0,001 zu 0,00021 K^{-1}) deutlich stärker. Bei einer Temperatur von 70 °C weisen PC und Cyclohexanol δ-Werte von 22,4 und 21,0 MPa^{0,5} auf (siehe Gleichung 2.28, 2.29 und 2.30). Der Löslichkeitsabstand R_a sinkt dabei im betrachteten Temperaturbereich von 11,8 auf 11,6 MPa^{0,5}. Diese geringfügige Verringerung des Abstandes R_a kann das Umschlagen des Löslichkeitsverhalten des PCs in Cyclohexanol allein aber noch nicht erklären, denn der bei Raumtemperatur bestimmte Löslichkeitsradius liegt bei etwa 11,3 MPa^{0,5}. Die Löslichkeitskugel muss sich also infolge der Temperaturerhöhung etwas aufgeweitet haben. Hinweise auf solche Effekte kann man auch in Hansens Buch finden, auch wenn dieser Effekt qualitativ nie richtig nachgewiesen wurde [230]. Eine ähnliche Beobachtung wie beim Cyclohexanol wurde mit 1-Butanol gemacht. Die Abbildung 4.30(c) zeigt den Verlauf des elektrischen Widerstandes der Kompositprobe beim Kontakt mit diesem Lösungsmittel bei verschiedenen Temperaturen. Erneut kann ein deutliches Umschalten vom NTC- zum PTC-Effekt beim Überschreiten einer kritischen Temperatur von etwa 85 °C beobachtet werden. Auch wenn der Widerstandsanstieg im Vergleich zum Cyclohexanol geringer ausfällt, ist er dennoch deutlich. Bei einer Temperatur von 80 °C weisen PC Lexan 141R und 1-Butanol einen Löslichkeitsabstand von etwa 13,4 MPa^{0,5} auf. Dass 1-Butanol bei dieser Temperatur zum „guten" Lösungsmittel für das Komposit wird, kann erneut nur über die nun noch stärkere Aufweitung der Löslichkeitskugel erklärt werden.

4.3.4 Einfluss von Lösungsmitteleigenschaften

In den beiden vorangegangenen Kapiteln wurde das Löslichkeitsverhalten des Sensormaterials mithilfe des Hansen-Konzeptes diskutiert. Die partiellen Löslichkeitsparameter des Komposites konnten dabei sehr verlässlich und reproduzierbar bestimmt werden. Daraufhin konnte die Lokalisierung von 58 der 59 verwendeten Lösungsmittel inner- bzw. außerhalb der Löslichkeitskugel korrekt ermittelt werden. Lediglich das Löslichkeitsverhalten von Butyldiglycol konnte mit Hilfe der Hansen-Löslichkeitsparameter des Komposites nicht korrekt beschrieben werden. Ein RED-Wert von 0,79 hätte eine messbare elektrische Widerstandsänderung des Sensormaterials zur Folge haben müssen, was allerdings ausblieb. Aufgrund des sehr großen Moleküls mit einem molaren Volumen von 170,77 cm^3/mol kann Butyldiglycol als Nichtlöser für das Komposit bezeichnet werden.

Wie die Selektivität der Sensormaterialien trotzdem zuverlässig beschrieben und vorhergesagt werden kann, soll nun diskutiert werden. Eine sehr anschauliche Methode, die im Folgenden als „Selektivitätskarte" bezeichnet werden soll, ist in Abbildung 4.31 dargestellt. Die Grafik zeigt die 59 Lösungsmittel in einer Darstellung mit wiederum farbkodierter Weise, wobei grüne Datenpunkte „gute" und rote Datenpunkte „schlechte" Lösungsmittel repräsentieren. Das Attribut „gut" steht dabei für die Ausbildung einer relativen Widerstandsänderung des Komposites beim Kontakt mit dem Lösungsmittel. Wie auf der Selektivitätskarte zu erkennen ist, die auf der x-Achse den Abstand zwischen Komposit und Lösungsmittel im Hansen-Löslichkeitsraum R_a und auf der y-Achse das molare Volumen V_{mol} berücksichtigt, grenzen sich die „guten" und „schlechten" Lösungsmittel sehr deutlich voneinander ab und liegen nicht regellos vor. Die hellgrüne halbkreisähnliche Fläche definiert dabei die Selektivität des Sensormatials und beschreibt den Eigenschaftsbereich der Lösungsmittel, die mit diesem Sensormaterial detektiert werden können. Diese Fläche hat ihren Schnittpunkt mit der Ordinate bei einem Wert des molaren Volumens von etwa 180 cm^3/mol. Dies bedeutet, dass die Ausbildung einer elektrischen Sprungantwort des Sensormaterials

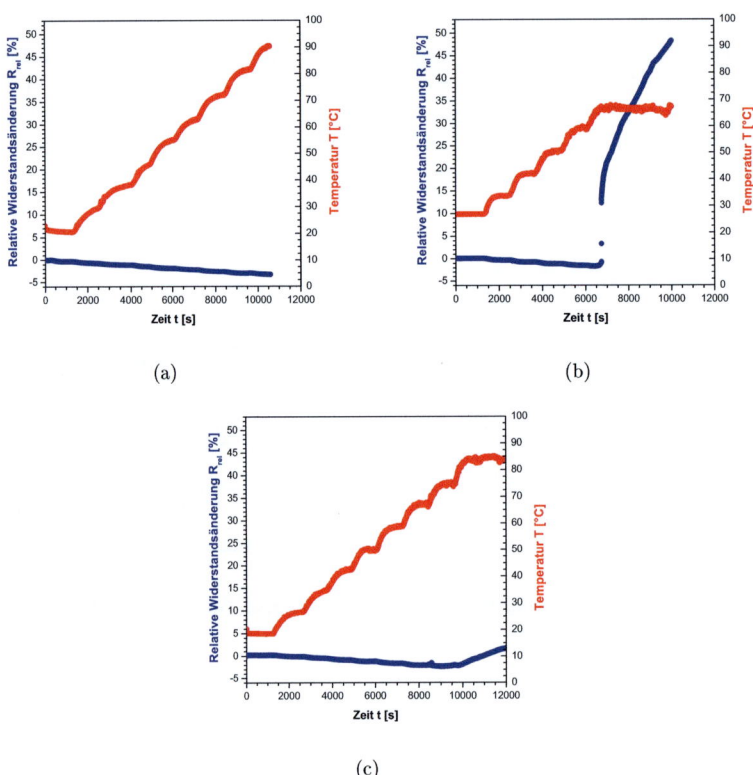

Abbildung 4.30. Temperaturabhängige relative elektrische Widerstandsänderung des PC-Komposites mit 1,5 Ma.% beim Kontakt mit (a) destilliertem Wasser, (b) Cyclohexanol und (c) 1-Butanol

nur beim Kontakt mit Lösungsmitteln zu erwarten ist, die eine kleinere Molekülgröße als diesen Grenzwert aufweisen. Die Detektion von Lösungsmitteln mit sehr großen Molekülen im Bereich dieses Grenzwertes ist dabei allerdings nur bei einer gleichzeitig sehr geringen Löslichkeitsdifferenz möglich. Mit zunehmender Entfernung im Löslichkeitsraum zwischen dem Komposit und dem Lösungsmittel nimmt die detektierbare Molekülgröße ab. Bei einem R_a-Wert von 11 bis 12 dürften Lösungsmittel maximal nur noch eine Molekülgröße von 150 bzw. 100 cm^3/mol aufweisen, um von dem Sensormaterial detektiert zu werden. Diese Art der Darstellung ermöglicht nicht nur die Kartierung bereits gemessener Komposit/Lösungsmittel-Paarungen, sondern ermöglicht auch die Vorhersage des Sensormaterialverhaltens beim Kontakt mit noch ungetesteten neuen Lösungsmitteln.

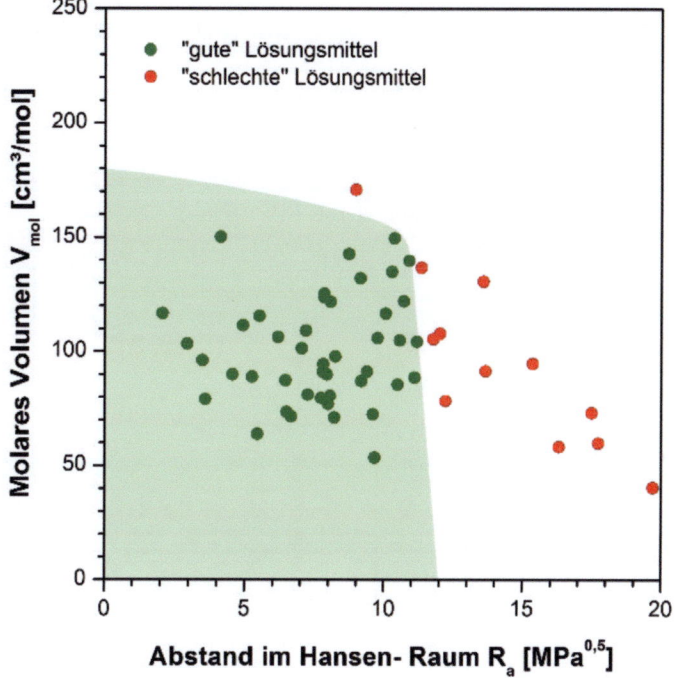

Abbildung 4.31. Selektivitätskarte für das Sensormaterial mit 1,5 Ma.% CNT, die die Ausbildung einer elektrischen Antwort beim Kontakt mit Lösungsmitteln in Abhängigkeit von deren Abstand im Hansen-Löslichkeitsraum R_a und dem molarem Volumen cm^3/mol der Lösungsmittel beschreibt

Die auf diese Weise sehr genaue Beschreibung der Selektivität des Sensormaterials gelang nur, weil die Löslichkeitsparameter auf der Basis der elektrischen Widerstandsmessungen exakt bestimmt wurden. Das Konzept der Selektivitätskarte führt hingegen zu keiner eindeutigen Beschreibung des Sensormaterials, wenn andere Größen auf der Abszisse oder vereinfachende Annahmen zum Löslichkeitsverhalten gemacht werden. In Abbildung 4.32(a) ist eine Selektivitätskarte des geichen Komposites gezeigt, die neben dem molaren Volumen der Lösungsmittel nur deren Löslichkeitsparameter δ berücksichtigt. Die Erstellung dieser Selektivitätskarte erfordert keine Kenntnis der Löslichkeitsparameter des Komposites bzw. der polymeren Matrix und es werden nur die Lösungsmitteleigenschaften berücksichtigt. Wie man anhand der Abbildung erkennen kann, liegen „gute" und „schlechte" Lösungsmittel verteilt im gesamten Diagramm vor, so dass kein Bereich definiert werden kann, in dem das Komposit ausschließlich mit einer Widerstandsänderung reagiert. So befinden sich unter den getesteten Lösungsmitteln zum Beispiel Cylohexanol und Essigsäureanhydrid, die einen sehr ähnlichen δ-Parameter von 22,4 bzw. 22,3 MPa^{0,5} aufweisen und trotzdem eine ganz unterschiedliche Affinität zum Komposit aufweisen. Während Cylohexanol mit einem R_a-Wert von 11,7 MPa^{0,5} ein „schlechtes" Lösungsmittel für das Komposit darstellt, ist Essigsäureanhydrid mit einem Wert von 7,8 MPa^{0,5} ein „gutes" Lösungsmittel. Ähnlich verhält es sich für Cyclohexan und Diethylcarbonat, die bei sehr ähnlichen δ-Parametern von 16,8 (R_a=2,0 MPa^{0,5}) bzw. 16,7 (R_a=8,1 MPa^{0,5}) erneut völlig unterschiedliche Löslichkeitseigenschaften gegenüber dem Komposit aufweisen. Es bleibt also festzuhalten, dass zwei Lösungsmittel mit gleichem Hildebrand- Parameter δ signifikant unterschiedliche Löslichkeitseigenschaften gegenüber einem Polymer aufweisen können, so dass dieses Konzept nicht für die Beschreibung der Selektivität von polymerbasierten Sensormaterialien herangezogen werden sollte. Zum Teil können nicht einmal korrekte Tendenzen abgeleitet werden.

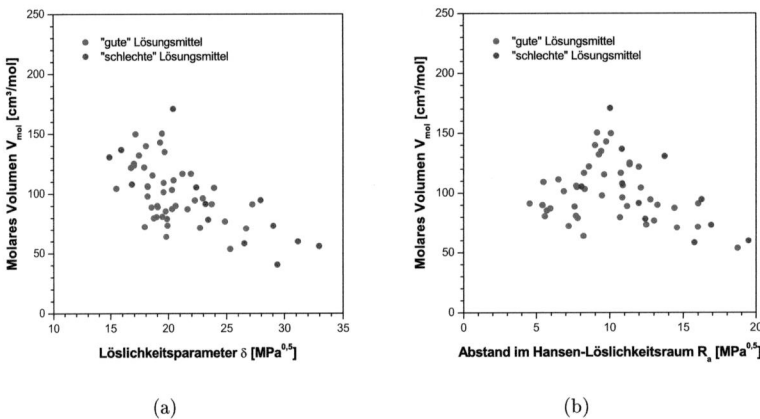

(a)　　　　　　　　　　　　(b)

Abbildung 4.32. Selektivitätskarte für das Sensormaterial mit 1,5 Ma.% CNT in Abhängigkeit vom molaren Volumen V_{mol} der Lösungsmittel und (a) dem Löslichkeitsparameter δ aus Tabelle 3.1 und (b) dem Abstand im Hansen-Löslichkeitsraum R_a unter Verwendung publizierter Löslichkeitsparameter für PC Lexan 144R [239]

Inwieweit partielle Hansen-Löslichkeitsparameter aus der Literatur zur Beschreibung der Selektivität der Sensormaterialien basierend auf PC Lexan 141R genutzt werden können, soll im Folgenden diskutiert werden. Wie in Tabelle 3.1 dargestellt ist,

4.3.4 Einfluss von Lösungsmitteleigenschaften

findet man Hansen-Löslichkeitsparameter für Polycarbonat in verschiedenen Veröffentlichungen [230, 239]. Auch wenn alle Referenz-PCs relativ ähnliche δ-Parameter zwischen 22,0 und 23,6 MPa^{0,5} aufweisen, zeigen sie eine doch recht große Bandbreite bei den partiellen Löslichkeitsparametern δ_P und δ_H. Die Abbildung 4.32(b) zeigt eine Selektivitätskarte unter Berücksichtigung der Hansen-Löslichkeitsparameter für das Referenzsystem PC Lexan 144R. Erneut kann man sehr gut erkennen, dass keine eindeutige Definiton der Selektivität möglich ist. Abermals kann kein Bereich abgegrenzt werden, der „gute" bzw. „schlechte" Lösungsmittel klar von einander getrennt beinhaltet. Das gleiche Ergebnis lieferte die Auswertung der fünf weiteren Sätze von Hansen-Löslichkeitsparametern für die verschiedenen Polycarbonate aus der Literatur.

Der Einfluss der Lösungsmittelmolekülgröße auf die elektrische Sprungantwort sensorischer Komposite beim Kontakt mit Lösungsmitteln ähnlicher chemischer Struktur ist bisher nicht systematisch untersucht und in der Literatur beschrieben worden. In Kapitel 4.3 wurde bereits der Einfluss der Molekülgröße der Lösungsmittel auf die Selektivität der Kompositmaterialien beschrieben. Die Fähigkeit, die PC/CNT-Komposite zu quellen und eine messbare relative Widerstandsänderung hervorzurufen, nimmt ab einem Grenzwert von etwa 125 cm^3/mol signifikant ab, da die Diffusionsrate stark vom molaren Volumen der Lösungsmittelmoleküle abhängt [259]. Im Rahmen dieser Arbeit wurde die elektrische Sprungantwort von PC/CNT-Kompositen beim Kontakt mit Lösungsmitteln getestet, die sich anhand ihrer chemischen Struktur in die Gruppe der Ketone, aromatischen Kohlenwasserstoffe, Ester und halogenierte Kohlenwasserstoffe einordnen lassen. Im Falle der Ketone wurde mit aufsteigendem molaren Volumen 2-Butanon, Cyclohexanon, 3-Pentanon, Mesityloxid, Acetophenon, 2-Hexanon, Methylisobutylketon und Isophoron untersucht. All diese Lösungsmittel besitzen als funktionelle Gruppe eine nicht endständige Carbonylgruppe und enthalten mindestens drei Kohlenstoffatome. Ihre chemischen Strukturen sind in Abbildung 4.33 dargestellt. Ergänzend dazu wurden verschiedene Lösungsmittel aus der Gruppe der Ester untersucht (Abbildung 4.34).

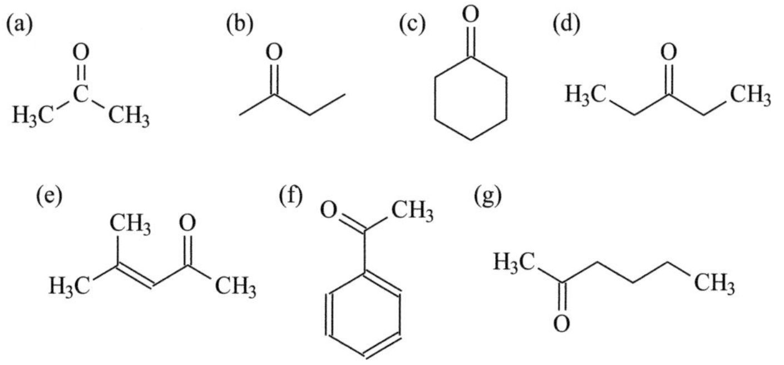

Abbildung 4.33. Chemische Strukturformeln der untersuchten Ketone: (a) Aceton, (b) 2-Butanon, (c) Cyclohexanon, (d) 3-Pentanon, (e) Mesityloxid, (f) Acetophenon und (g) 2-Hexanon

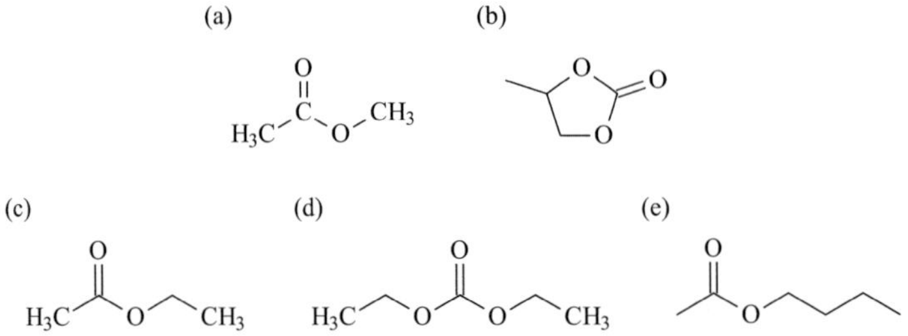

4 Ergebnisse und Diskussion

Abbildung 4.34. Chemische Strukturformeln der untersuchten Ester: (a) Methylacetat, (b) Propylencarbonat, (c) Ethylacetat, (d) Diethylcarbonat und (e) Butylacetat

In Abbildung 4.35(a) ist die relative Widerstandsänderung eines PC-Komposits mit 1,5 Ma.% CNT beim Kontakt mit unterschiedlichen Ketonen dargestellt. Der Lösungsmittelkontakt führt dabei zu jeweils charakteristischen Widerstandsänderungskurven, die parallel verschoben erscheinen. Aceton, das mit einer Molekülgröße von rund 74 cm^3/mol das kleinste der untersuchten Ketone darstellt, führt dabei zur Kurve mit der größten Widerstandsänderung. Darüber hinaus geht die Kurve am schnellsten in die Plateauphase über, was durch eine höhere mittlere Frontengeschwindigkeit des Acetons im Vergleich zu den anderen Ketonen erklärt werden kann. Mit steigender Lösungsmolekülgröße nimmt die Kurvenhöhe kontinuierlich ab und weist dabei geringere Widerstandsänderungsraten und niedrigere Plateauwerte auf. Beim Kontakt mit 2-Hexanon, dem mit einem molaren Volumen von etwa 124 cm^3/mol größten Molekül der untersuchten Ketone, wies das Komposit die Widerstandsänderungskurve mit den niedrigsten Werten und dem spätesten Übergang in die Plateauphase auf. Lediglich Cyclohexanon weicht hier deutlich vom beobachteten Trend ab. Beim Blick auf dessen chemische Struktur fällt die im Vergleich zu den anderen Lösungsmitteln dieser Gruppe ringförmige Struktur des Moleküls auf. Die Formation des Benzolringes und Anbindung des Sauerstoffatoms über eine Doppelbindung führt dabei zu einer überproportional hohen Reduzierung der mittleren Lösungsmittelfront, was auf eine gewisse sterische Hinderung des Diffusionsprozesses zurückzuführen ist. Rein theoretisch müsste die Kurve der elektrischen Sprungantwort des Komposits beim Kontakt mit Cyclohexanon zwischen den beiden Kurven, die sich beim Kontakt des Komposits mit 2-Butanon und 3-Pentanon ergeben, liegen. Interessanterweise scheint sich das Auftreten einer zyklischen Atomstruktur weniger dramatisch auf den Diffusionsprozess auszuwirken, wenn an die Ringstruktur weitere Atome und Gruppen angebunden sind, wie dies bei Acetophenon der Fall ist.

Der Effekt der deutlichen Verlangsamung der mittleren Frontenbewegung infolge einer zyklischen Molekülstruktur wurde ebenfalls für die Gruppe der Ester bestätigt (Abbildung 4.35(b)). Bestimmt wurde die elektrische Sprungantwort des Komposits beim Kontakt mit fünf verschiedenen Estern, wobei Methylacetat mit etwa 80 cm^3/mol die kleinste und Butylacetat mit 132 cm^3/mol die größte Molekülgröße aufweist. Erneut liegen die ermittelten Widerstandsänderungskurven parallel verschoben nebeneinander und weisen dabei die größeren Widerstandsänderungswerte

4.3.4 Einfluss von Lösungsmitteleigenschaften

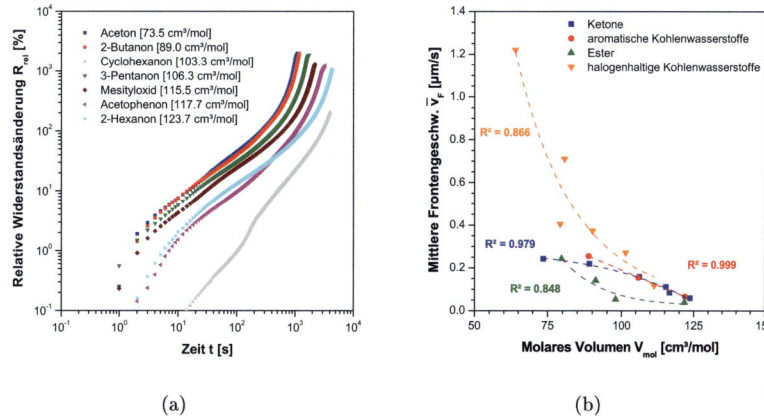

Abbildung 4.35. (a) Relative Widerstandsänderung des PC-Komposites mit 1,5 Ma.% CNT beim Kontakt mit verschiedenen Ketonen und (b) mittlere Frontengeschwindigkeit $\bar{v}_F$ in Abhängigkeit von der Lösungsmittelmolekülgröße V_{mol} für verschiedene Lösungsmittelklassen

und einen früheren Übergang in die Plateauphase bei kleineren Molekülgrößen auf. Ähnlich wie zuvor das Cyclohexanon fällt nun Propylencarbonat aus der Reihe und zeigt dabei deutlich niedrigere Widerstandswerte auf, als dies zu erwarten wäre. Prinzipiell sollte die Kurven zwischen denen von Methyl- und Ethylacetat verlaufen. Wie schon Cyclohexanon weist auch Propylencarbonat eine zyklische Molekülstruktur auf, bei der die COOR-Gruppe in eine ringförmige Struktur eingebunden ist. Dadurch reduziert sich auch im Falle des Propylencarbonats die mittlere Frontengeschwindigkeit überproportional stark.

Die Versuche mit vier verschiedenen aromatischen Kohlenwasserstoffen haben ebenfalls bestätigt, dass die mittlere Geschwindigkeit der Lösungsmittelfront während des Quellens des Komposits exponentiell mit zunehmender Größe der Lösungsmittelmoleküle abnimmt (Abbildung 4.35(b)). Darüber hinaus soll an diesem Beispiel exemplarisch gezeigt werden, was auch für alle anderen Versuchsreihen gilt. Die elektrische Sprungantwort des verwendeten Komposits lässt sich nachweislich nicht direkt mit seinem Löslichkeitsverhalten im entsprechenden Lösungsmittel korrelieren. Ermittelt wurden die relativen Widerstandsänderungskurven des PC-Komposites mit 1,5 Ma.% CNT beim Kontakt mit Benzol, Toluol und Ethylbenzol. Die komplette Messung für Mesitylen hätte mehrere Stunden gedauert, denn nach einer Stunde lag die relative Widerstandsänderung lediglich bei 17 % und wurde zu diesem Zeitpunkt abgebrochen. Die ermittelten Kurven folgen ebenfalls dem bereits erläuterten Trend und liegen parallel verschoben vor und die mittlere Frontengeschwindigkeit sinkt exponentiell mit steigender Molekülgröße. Für die Differenz der Hansen-Löslichkeitsparameter, die wie in Kapital 4.3 diskutiert als Maß für die Selektivität der sensorischen Kompositmaterialien herangezogen werden kann, ergeben sich für Benzol, Toluol, Ethylbenzol und Mesithylen Werte von 11,1, 9,8, 10,7 beziehungsweise 10,9 MPa^{0,5}. Während sich für Benzol und Mesithylen hier sehr ähnliche Werte ergeben, unterscheiden sich die elektrischen Sprungantworten doch sehr deutlich, woraus erneut geschlussfolgert werden kann, dass das Löslichkeitsverhalten des Komposits keine geeignete Größe ist, um den Verlauf der elektrischen Sprungantwort zu beschreiben.

Die experimentellen Befunde konnten auch für die Serie der verschiedenen Halogenkohlenwasserstoffe bestätigt werden. Auch hier konnte ein exponentieller Abfall der mittleren Frontengeschwindigkeit mit steigender Molekülgröße beobachtet werden.

4.3.4.1 Zusammenfassung

Im Rahmen dieser Arbeit konnte gezeigt werden, dass die Selektivität von kompositbasierten Sensormaterialien auf der Basis von Hansen-Löslichkeitsparametern und dem molaren Volumen der Lösungsmittelmoleküle beschrieben werden kann. Genauer gesagt ist es die energetische Ähnlichkeit zwischen Sensormaterial und Lösungsmittel, ausgedrückt durch den Abstand beider Stoffe im dreidimensionalen Hansen-Löslichkeitsraum R_a, der die Selektivität des Sensormaterials bestimmt. Als Einflussgröße auf die Diffusionskinetik muss allerdings auch die Lösungsmolekülgröße berücksichtigt werden, denn Diffusionsvorgänge und somit auch Löslichkeitsprozesse können bei dem Überschreiten kritischer Molekülgrößen gänzlich behindert sein. Für das hier vorgestellte Sensormaterial wurden Grenzwerte für R_a und das molare Volumen V_{mol} von etwa 12 MPa^{0,5} und 180 cm^3/mol ermittelt, so dass Lösungsmittel mit niedrigeren Werten theoretisch von diesem Sensormaterial detektiert werden können. Darüber hinaus konnte gezeigt werden, dass die Diffusionskinetik, die die relative Widerstandsänderungsrate beeinflusst, nicht mit Hansen-Löslichkeitsparametern beschrieben werden kann. Die Kinetik hängt vielmehr von der Größe und somit von der Beweglichkeit der Lösungsmittelmoleküle während des Diffusionsprozesses ab. Dies ließe sich wiederum nutzen, um mit der relativen Widerstandsänderung der hier vorgestellten Sensormaterialien gezielt zwischen unterschiedlichen Lösungsmitteln zu unterscheiden. Obwohl sich Lösungsmittel einer Gruppe, z.B. der Ketone, stofflich ähnlich sind und sie unter Umständen auch eine ähnlich energetische Affinität zum Sensormaterial aufweisen, werden sie bei unterschiedlichen Molekülgrößen zu unterscheidbaren elektrischen Sprungantworten des Komposites führen.

4.4 Querempfindlichkeit der Sensormaterialien

4.4.1 Einleitung

In den vorangegangenen Kapiteln wurden die Charakteristika der elektrischen Sprungantwort und die Selektivität der hier vorgestellten Sensormaterialien diskutiert. Neben diesen beiden Eigenschaften ist die Querempfindlichkeit dieser Materialien von besonderer Bedeutung, da sie über die Eignung dieser Technologie für eine spezielle Anwendung entscheiden kann. Als zu berücksichtigende Einflussfaktoren auf die elektrische Sprungantwort der hier vorgestellten Flüssigkeitssensoren sind die Temperatur, Lösungsmittelverunreinigungen und eventuell auftretende mechanische Spannungen zu betrachten. Insbesondere die Temperatur ist eine äußere Einflussgröße, die je nach Anwendungsfall mehr oder weniger stark schwanken kann. Ein Sensor muss daher für den Gebrauch in einem breiten Temperaturfenster ausgelegt werden. Ein weiterer zu berücksichtigender Einflussfaktor ist eine mögliche Kontamination des zu detektierenden Lösungsmittels mit verunreinigenden anderen Flüssigkeiten, die zu einer Lösungsmittelkonzentrationsschwankung führen kann. Ein Dritter wichtiger Aspekt, der das Einsatzspektrum der hier vorgestellten Sensormaterialien von vornherein sehr stark einschränken könnte, ist eine Quersensitivität der Komposite gegenüber mechanischen Dehnungen, die gegebenenfalls einen Einsatz im Bereich von Konstruktionen mit beweglichen Elementen ausschließt.

4.4.2 Einfluss der Temperatur

Die Funktionsfähigkeit sensorischer Komposite mit CNTs ist je nach Polymermatrix für einen relativ breiten Temperaturbereich sichergestellt, wobei die obere Grenze die Dauergebrauchstemperatur des Polymers darstellt. Der nach unten limitierende Faktor ist die für die Anwendung notwendige Flexibilität des Sensors, die mit zunehmend geringeren Umgebungstemperaturen sinkt. Die hier vorgestellten Sensormaterialien auf der Basis von Polycarbonat könnten dauerhaft bei Temperaturen bis zu 130 °C betrieben werden. Entscheidend ist aber der Zusammenhang zwischen der Temperatur und der elektrischen Sprungantwort der sensorischen Kompositmaterialien, da solche Sensoren bei industrieller Anwendung größtenteils bei schwankenden Temperaturen betrieben werden. Pötschke et al. haben an PLA-basierten Kompositfasern mit CNTs gezeigt, dass die maximalen Widerstandsänderungen beim Kontakt mit Wasser bei höheren Temperaturen steigen [172]. Im Fall dieser teilkristallinen Marix sollte die Kristallisationstemperatur allerdings nicht überschritten werden, da ein hoher Kristallisationsgrad des PLA eine Aufnahme von Lösungsmitteln und somit eine Quellung des Komposites hemmen kann [170].

Wie bereits im Kapitel 4.3.3 gezeigt werden konnte, sinkt die elektrische Leitfähigkeit der Sensormaterialien mit steigender Temperatur nahezu linear mit einem Koeffizienten von -0,044 %/K. Die Auswirkung des Lösungsmittelkontaktes auf die relative Widerstandsänderung der Komposite bei erhöhten Temperaturen ist in Abbildung 4.36(a) (graue Symbole) gezeigt. Dargestellt ist die relative Widerstandsänderung eines PC-Komposites mit 1,5 Ma.% CNT beim Kontakt mit Tetrahydrofuran, Aceton und Ethylacetat.

Auffällig ist, dass die Kurven der Komposite bei niedrigen Temperaturen vom typischen Verlauf, insbesondere zu Beginn der Eintauchphase, abweichen. Sehr stark ausgeprägt ist dieser Effekt bei der Probe, die bei -3 °C getestet wurde. Zurückzuführen ist dies auf die Tatsache, dass die Probekörper zu Beginn des Versuches eine Temperatur um 20 °C aufwiesen, was der Raumtemperatur im Labor entsprach. Beim Eintauchen in das deutlich kältere Lösungsmittel steigt der Widerstand der

4 Ergebnisse und Diskussion

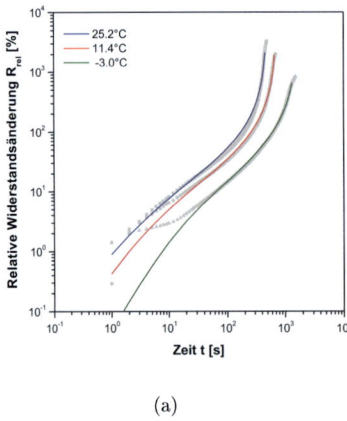
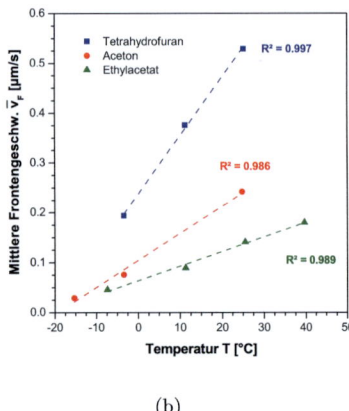

(a) (b)

Abbildung 4.36. (a) Relative Widerstandsänderung eines PC-Komposites mit 1,5 Ma.% CNT bei verschiedenen Lösungsmitteltemperaturen beim Kontakt mit Tetrahydrofuran (graue Symbole = experimentelle Daten und farbige Linien = mittels Modell berechnete Daten) und (b) temperaturabhängige mittlere Frontengeschwindigkeit $\bar{v}_F$ von Tetrahydrofuran, Aceton und Ethylacetat

Proben auch temperaturbedingt und überlagert sich mit der Widerstandsänderung, die aus der Quellung der Kompositprobe resultiert. Somit fällt die gemessene relative Widerstandsänderung höher aus als erwartet. Weitere deutliche Unterschiede weisen die Kurven in ihrer Höhe und im Plateaubereich auf. Die höheren Temperaturen führen dabei grundsätzlich zu einer vertikalen Verschiebung der Kurven, zu höheren relativen Widerstandsänderungen und zu einem früheren Übergang in die Plateauphase. Darüber hinaus steigen die maximalen Widerstandsänderungen in diesem Bereich mit zunehmender Temperatur. Die Simulation entsprechender R_{rel}-Kurven ist in Abbildung 4.36(a) (farbige Graphen) dargestellt. Es ist beim Vergleich der experimentellen und simulierten Daten deutlich zu sehen, dass insbesondere zu Beginn des Eintauchvorgangs gewisse Unterschiede im Kurvenverlauf bestehen. Diese würden prinzipiell nicht auftreten, wenn die Komposite vor Beginn der Messung die selbe Temperatur wie das Lösungsmittel hätten. Im realen Anwendungsfall sollte dieser Umstand gewährleistet sein.

Entsprechend der in Kapitel 4.2.6 beschriebenen Vorgehensweise konnten die zugrundeliegenden Diffusionskinetiken aus den relativen Widerstandsänderungskurven abgeleitet werden. Dabei hat sich gezeigt, dass der Exponent n im Fall aller Lösungsmittel mit steigender Temperatur sinkt und die resultierende mittlere Frontengeschwindigkeit $\bar{v}_F$ linear mit zunehmender Temperatur zunimmt. Die temperaturabhängige mittlere Frontengeschwindigkeit ist für Tetrahydrofuran, Aceton und Ethylacetat in Abbildung 4.36(b) gezeigt. Dieses Ergebnis zeigt, dass die Ausbildung der Sprungantwort primär von Diffusionsprozessen beeinflusst wird, die nachweislich stark temperaturabhängig sind [259]. Eine Änderung des Löslichkeitsverhaltens der PC-Matrix, welche in Kapitel 4.3.3 beschrieben wurde, kann diesen Effekt nicht erklären. Die stark lineare Abhängigkeit der Frontengeschwindigkeit von der Temperatur sollte es im Weiteren ermöglichen, eine Korrektur des elektrischen Signales der Sensormaterialien vorzunehmen, um den Temperatureinfluss zu berücksichtigen.

4.4.3 Lösungsmittelkonzentration

Die Verunreinigung von zu detektierenden Flüssigkeiten kann eine wichtige Randbedingung bei späteren Anwendungen sein. Verunreinigungen können dabei in Form fester Partikel oder anderer flüssiger Komponenten auftreten. Während Feststoffe keinen Einfluss auf die elektrische Antwort der Sensormaterialien aufweisen sollten, können Flüssigkeitssensoren eine gewisse Querempfindlichkeit gegenüber der Änderung der chemischen Zusammensetzung des zu detektierenden Lösungsmittels aufweisen. Insbesondere die Beimischung von Flüssigkeiten, die mit dem Lösungsmittel homogen mischbar sind, kann zu einer signifikanten Änderung der elektrischen Sprungantwort der Sensormaterialien führen. Um diesen Fall nachzustellen, wurden Aceton und Chloroform als „gute" Lösungsmittel für die verwendeten Komposite ausgewählt und mit homogen mischbaren Komponenten versetzt. Aceton wurde mit destilliertem Wasser und Chloroform mit Methanol gemischt. Im Fall nicht homogen mischbarer Partner ist eine Phasenseparation zu erwarten, was zu nicht reproduzierbaren Benetzungsbedingungen an der Probenoberfläche führen würde. In Abbildung 4.37(a) ist die relative Widerstandsänderung eines Komposites mit 1,5 Ma.% CNTs unter Variation der Acetonkonzentration in Mischungen mit destilliertem Wasser dargestellt. Die Widerstandskurve für 100 % Aceton zeigt den bereits diskutierten Kurvenverlauf. Die relativen Widerstandsänderungskurven, die sich bei reduzierten Acetonkonzentrationen von knapp 94 und 87 % ergeben, weisen deutlich niedrigere Widerstandsänderungsraten und einen verzögerten Übergang in die Plateauphase auf. Darüber hinaus nimmt die Plateauhöhe mit sinkender Acetonkonzentration ab. Die mittlere Frontengeschwindigkeit $\bar{v}_F$ nimmt dabei, wie in Abbildung 4.37(b) gezeigt ist, linear mit sinkender Konzentration ab. Interessanterweise ergeben sich dabei für die verschiedenen Lösungsmittelpaarungen unterschiedliche untere Konzentrationsgrenzwerte c_K, bis zu denen noch eine elektrische Antwort des Sensormaterials registriert werden kann. Der Grenzwert liegt für die Mischung aus Aceton und destilliertem Wasser bei etwa 87 % Aceton. Für die Mischungen von Chloroform mit Methanol ergab sich ein deutlich niedrigerer Wert von etwa 45 % Chloroform.

Erklären lassen sich die experimentell gefundenen Konzentrationsgrenzwerte über die Hansen-Löslichkeitsparameter der homogenen Lösungsmittelmischungen. Diese verhalten sich gemäß der linearen Mischungsregel und sind von den Konzentrationen der einzelnen Flüssigkeiten abhängig. Die Abbildung 4.38 zeigt den Abstand der Löslichkeitsparameter der Lösungsmittelmischungen in Abhängigkeit von der Konzentration der „guten" Lösungsmittel Aceton und Chloroform. Die Datenpunkte beschreiben dabei eine Parabel, die andeutungsweise für die Mischung aus Aceton und destilliertem Wasser zu erkennen ist. Die ausgefüllten Symbole repräsentieren da-

4 Ergebnisse und Diskussion

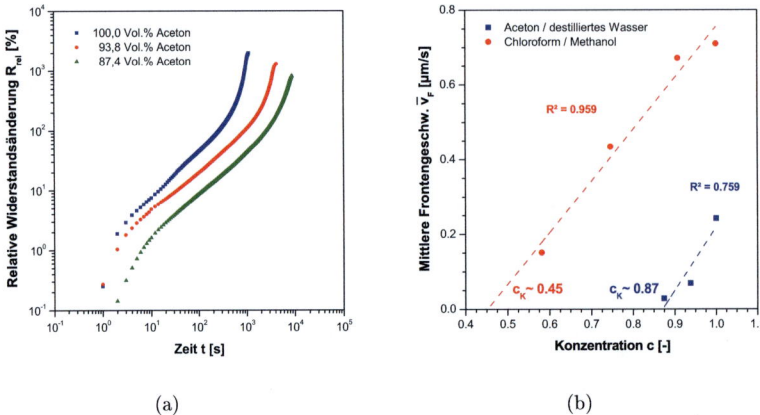

(a) (b)

Abbildung 4.37. (a) Relative Widerstandsänderung eines PC-Komposites mit 1,5 Ma.% CNT beim Kontakt mit Aceton in verschiedenen Konzentrationen und (b) mittlere Frontengeschwindigkeit $\overline{v}_F$ von Aceton und Dichlormethan in Abhängigkeit von der Lösungsmittelkonzentration an Methanol bzw. Chloroform

bei Datenpunkte, für die die elektrische Sprungantwort des Komposites gemessen wurde. Der Schnittpunkt der Kurven mit der grünen gestrichelten Geraden, die den Wechselwirkungsradius des Komposites darstellt, ermöglicht die Ermittlung der minimal detektierbaren Konzentration der Lösungsmittel. Die unausgefüllen Symbole repräsentieren berechnete Datenpunkte, die genau auf diesem Schnittpunkt platziert sind.

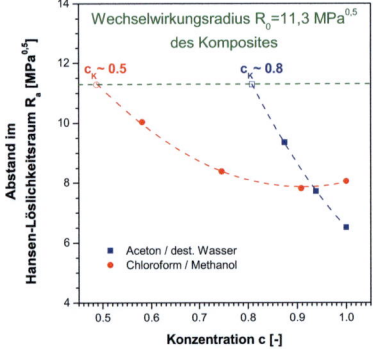

Abbildung 4.38. Einfluss des Abstandes zweier Lösungsmittelgemische vom Sensormaterial im Hansen-Löslichkeitsraum in Abhängigkeit der Konzentration des „guten" Lösungsmittels (Aceton bzw. Chloroform)

4.4.4 Mechanische Spannungen

Die Querempfindlichkeit der Sensormaterialien gegenüber mechanischen Spannungen wurde repräsentativ an einem PC-Komposit mit 3,0 Ma.% CNT untersucht. Dafür wurde das Komposit, basierend auf Lexan 141R und N7000, mittels Schmelzspinnen zu Einzelfilamenten verarbeitet. Verwendet wurde eine am Leibniz-Institut für Polymerforschung Dresden e.V. konstruierte Kolbenspinnanlage. Bei dieser Anlage wird das zu verspinnende Polymer bzw. Komposit in einer heizbaren Vorratskammer aufgeschmolzen und anschließend bei einer definierten Vorschubgeschwindigkeit des Kolbens durch eine Einlochdüse gepresst. Der Durchmesser der Düse betrug 0,6 mm und der Massedurchsatz bei konstanter Kolbengeschwindigkeit 0,75 cm^3/min. Die schmelzegesponnenen Einzelfilamente wurden bei einer Abzugsgeschwindigkeit von 50 m/min auf eine Spule aufgewickelt. Die sich daraus ergebende Filamentdicke betrug zwischen 250 und 350 µm. Der Spinnprozess wurde bei einer Temperatur von 320 °C durchgeführt, nachdem 10 g des Kompositmaterials für drei Minuten aufgeschmolzen wurden. Die elektromechanischen Untersuchungen wurden in Zusammenarbeit mit der „Queen Mary University of London" in England in der Arbeitsgruppe von Prof. T. Peijs durchgeführt. Verwendet wurde eine Zugprüfmaschine (Instron 5584), die mit einem 1 kN-Kraftmessaufnehmer, pneumatischen Greifbacken (0,34 MPa) und der Software „Merlin" ausgerüstet war. Für die Zugversuche wurden jeweils 10 Einzelfilamente mit einer Länge von 30 mm parallel nebeneinander liegend in die Prüfmaschine eingespannt, mit einer Vorkraft von 1 N beaufschlagt und bei einer Dehnrate von 30 mm/s getestet. Simultan wurde neben den mechanischen Daten der elektrische Widerstand der Fasern mittels einer einfachen Zweipunkttechnik gemessen. Dafür wurden die Greifbacken der Instron so modifiziert, dass diese direkt als Elektroden für die Widerstandsmessungen fungierten. Die Messungen wurden bei einer konstanten Messspannung von 10 V und einem konstanten Greifbackendruck durchgeführt.

In Abbildung 4.39(a) ist die dehnungsabhängige Zugspannung und die relative Widerstandsänderung der PC-Kompositfaser mit 3,0 Ma.% CNT während eines statischen Zugversuches dargestellt. Die Zugspannung σ_m steigt bis zu einer Dehnung ϵ_m zwischen 1,5 und 2,0 % nahezu linear an und erreicht dann einen Plateaubereich bei einer Spannung von etwa 15 MPa. Bei Überschreiten einer kritischen Dehnung von 4,0 % kommt es zum Reißen der ersten Faser, was mit einem sprunghaften Absinken der mechanischen Spannung einhergeht. Einen ähnlichen Kurvenverlauf zeigt die relative Widerstandsänderung der Fasern. Auch hier konnte ein linearer Anstieg von R_{rel} mit einer zunehmenden Dehnung der Einzelfilamente beobachtet werden. Auch wenn die Widerstandsänderung keinen Plateauwert erreicht, kommt es zu einer schlagartigen Erhöhung des gemessenen Widerstandes bei der zuvor ermittelten Reißdehnung des ersten Filamentes. Die untersuchten Kompositfasern, die sich durch ihre Fähigkeit der Detektion von Lösungsmitteln auszeichnen, zeigen also eine gewisse Quersensitivität gegenüber einer mechanischen Beanspruchung. Wie gezeigt werden konnte, ist die relative Widerstandsänderung bis zu einer gewissen Dehnung in linearer Weise von der Dehnung abhängig, was eine Korrektur der Materialien während des Betriebes als Lösungsmitteldetektor ermöglicht. Für die hier vorgestellte Faser beträgt die relative Widerstandsänderung 6,25 % pro 1 % Dehnung. Eine weitere positive Eigenschaft der Fasern ist die nahezu irreversible Änderung des elektrischen Widerstandes während einer dynamischen mechanischen Beanspruchung. Die Abbildung 4.39(b) zeigt zyklische Zugversuche, bei denen erneut jeweils 10 Einzelfilamente pro Versuch bis zu einer maximalen Dehnung von 0,5 bis 1,5 % beansprucht wurden. Auch wenn die relative Widerstandsänderung beim Entlasten der Probe bis zur Ausgangslänge nicht ihrem Verlauf während der Belastungsphase folgt, bleibt ein sehr niedriger irreversibler Anteil der relativen Widerstandsänderung zwischen 0,5 und 1,0 % zurück.

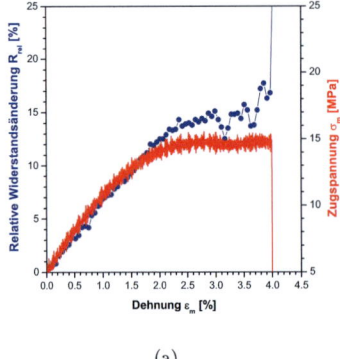
(a)

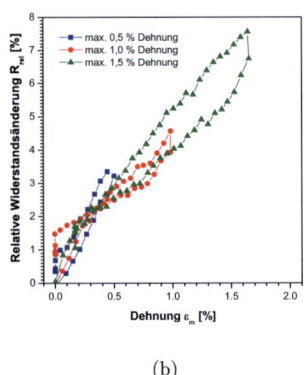
(b)

Abbildung 4.39. Dehnungsabhängige relative Widerstandsänderung von 10 PC-Kompositeinzelfasern mit 3,0 Ma.% CNT bei (a) statischer und (b) dynamischer Beanspruchung im Zugversuch

Auch bei mehrfacher zyklischer Beanspruchung zeigen die Einzelfilamente eine sehr schnelle und sehr gut reproduzierbare elektrische Antwort auf ihre von außen aufgeprägte Dehnung. Die Abbildung 4.40 zeigt die relative Widerstandsänderung von jeweils 10 getesteten Einzelfilamenten bei einer Aufeinanderfolge von 15 Belastungs- und Entlastungszyklen mit verschiedenen maximalen Dehnungen von 0,5, 1,0 und 1,5 %. Die maximale relative Widerstandsänderung der Filamente nimmt dabei mit steigender maximaler Dehnung zu und beträgt bei einem Wert von 0,5 bzw. 1,5 % Dehnung etwa 3,0 bzw. 6,0 %.

4.4.5 Zusammenfassung

Die in diesem Kapitel diskutierten Ergebnisse haben gezeigt, dass kompositbasierte Sensormaterialien wie andere Sensortypen auch gewisse Quersensitivitäten zu äußeren Einflussfaktoren aufweisen. Die stärkste Auswirkung auf den Ausgangswiderstand der Sensormaterialien und deren elektrischen Sprungantwort beim Lösungsmittelkontakt weist dabei die Temperatur auf. Der elektrische Widerstand der Komposi-

4.4.5 Zusammenfassung

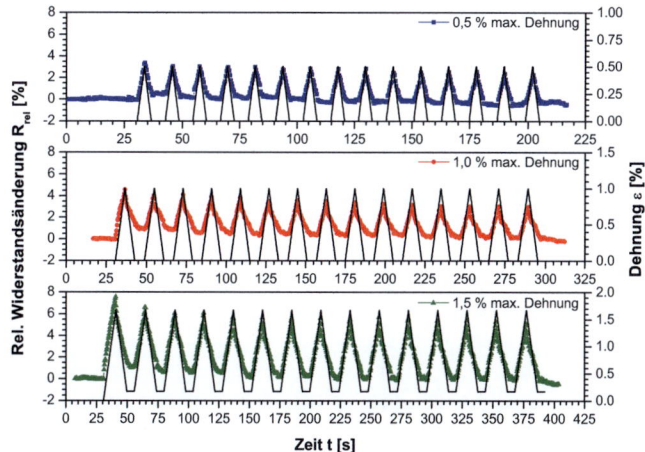

Abbildung 4.40. Relative Widerstandsänderung von 10 PC-Kompositeinzelfasern mit 3,0 Ma.% CNT bei zyklischer mechanischer Beanspruchung mit unterschiedlichen maximalen Dehnungen

te sinkt stetig mit steigenden Temperaturen gemäß einem Potenzgesetz, woraus sich für die relative Widerstandsänderung ein Temperaturkoeffizient von etwa -0,044 %/K ergibt. Die wesentlich komplexeren Auswirkungen einer Temperaturerhöhung ergeben sich für die Ausbildung der elektrischen Sprungantwort der Sensormaterialien beim Kontakt mit den zu detektierenden Lösungsmitteln, da die Temperatur maßgeblich die der Widerstandsänderung zugrundeliegenden Diffusionsprozesse beeinflusst. Als Maß für die Diffusionsgeschwindigkeit wurde im Rahmen der vorgestellten Ergebnisse die mittlere Frontengeschwindigkeit betrachtet, die mit zunehmender Temperatur linear zunimmt. Daraus ergeben sich für den zeitlichen Kurvenverlauf der relativen Widerstandsänderung größere Widerstandsänderungsraten und ein schnelleres Übergehen der elektrischen Widerstandsänderung in den Plateaubereich.

Die Kontamination des zu detektierenden Lösungsmittels durch Fremdflüssigkeiten sollte im realen Anwendungsfall nach Möglichkeit vermieden bzw. verhindert werden. Eine Konzentrationsabnahme eines „guten" Lösungsmittels durch das Mischen mit einem „schlechten" mischbaren Lösungsmittel resultiert in einer signifikanten Verlangsamung der Diffusionsvorgänge. Die ermittelte mittlere Frontengeschwindigkeit sank dabei für zwei untersuchte Lösungsmittelgemische linear mit der Zusammensetzung, wobei sich ein Schnittpunkt mit der Abszisse ergibt, der ungleich Null ist. Eine Verringerung der Konzentration des zu detektierenden Lösungsmittels unterhalb einer kritischen Konzentration führt dazu, dass keine Diffusionsvoränge mehr erfolgen und somit keine relative Widerstandsänderung zu beobachten ist. Somit kann das Lösungsmittel in diesem Zustand nicht mehr mit dem hier verwendeten Sensormaterialien detektiert werden. Die Ursache dafür liegt in der zunehmenden Unähnlichkeit der Löslichkeitsparameter zwischen dem Lösungsmittelgemisch und dem Sensormaterial. Mit abnehmender Konzentration des „guten" Lösungsmittels nimmt der Abstand im Löslichkeitsraum zu und bei Überschreiten des Wechselwirkungsradiuses R_0 kommt es zu keiner relativen Widerstandsänderung des Komposites mehr.

Im Vergleich dazu hat eine mechanische Beanspruchung der Sensormaterialien einen relativ geringen Einfluss auf deren elektrischen Widerstand. Bis zu einer kritischen Dehnung von etwa 3,0 %, ab der der Widerstand nicht mehr linear sondern exponentiell steigt, zeigten die untersuchten Kompositfilamente eine Widerstandsänderungsrate von 6,25 % pro 1 % Dehnung. Da auch diese Querempfindlichkeit in einem gewissen Bereich eine Linearität aufweist, kann diese im realen Anwendungsfall relativ einfach korrigiert werden. Als vierte Einflussgröße müssen hier eventuell in der Umgebung befindliche Gase oder Lösungsmitteldämpfe genannt werden. Versuche an den hier vorgestellten PC/CNT-Filamenten von Projektpartnern an der „Université de Bretagne-Sud" (Arbeitsgruppe von Prof. J.-F. Feller) in Lorient, Frankreich, haben gezeigt, dass diese auch auf gesättigte Dämpfe von Tetrahydrofuran, Chloroform, Aceton und Ethylacetat mit einer elektrischen Sprungantwort reagieren. Im Detail wurde diese Quersensitivität allerdings nicht untersucht, da das Auftreten einer Fremdgas- bzw. Dampfquelle bei denkbaren Anwendungsfällen nicht auftreten sollte.

4.5 Schmelzespinnen sensorischer Kompositfasern

4.5.1 Einleitung

Da die Zukunft der sensorischen Komposite wohl in der Verarbeitung zu intelligenten Textilien liegt, werden im Folgenden Ergebnisse zur Herstellung und Charakterisierung sensorischer Fasern und Textilien auf der Basis von elektrisch leitfähigen Kompositen vorgestellt. Es werden aktuell bestehende Probleme und mögliche Auswege aufgezeigt und diskutiert, um textile Flächengebilde in der Zukunft mit reproduzierbaren Eigenschaften herzustellen. Dabei ist insbesonders der Schmelzespinnprozess der zum Teil limitierende Faktor, da die Verarbeitung von CNT-gefüllten Schmelzen eine sehr komplexe Technologie mit einem engen Verarbeitungsfenster darstellt. Die Abhängigkeit dieses Fensters von Prozessparametern wird am Beispiel von PLA/CNT-Kompositen diskutiert. Darüber hinaus soll gezeigt werden, welche prozess- und materialtechnischen Modifikationen zu einer deutlichen Verbesserung der Verspinnbarkeit elektrisch leitfähiger Polymer/CNT-Komposite führen können.

4.5.2 Verarbeitungsfenster

Ähnlich wie beim Spritzgießen arbeitet man bei der Verarbeitung von Polymer- oder Kompositschmelzen mittels Schmelzespinnen mit mehr oder weniger engen Prozessfenstern. Darüber hinaus sind die Eigenschaften der herzustellenden Fasern, ähnlich wie bei spritzgegossenen Proben, in der Regel stark anisotrop. Die Ursache dafür liegt in der starken Ausrichtung der Polymerketten in Faserlängsrichtung beim Düsendurchgang infolge der hohen Scherkräfte, und dem Verstrecken der Faser in der Faserbildungszone direkt nach der Düse sowie das nachfolgende schnelle Erstarren des Polymers. Da CNTs einen Füllstoff mit hohem Aspektverhältnis darstellen, richten sich auch diese beim Faserspinnen in Faserlängsrichtung aus. In Abbildung 4.41 ist eine TEM-Aufnahme einer PLA-Faser mit einem CNT-Gehalt von 3,0 Ma.% gezeigt, die eine eindeutige Ausrichtung von einzelnen CNTs und CNT-Clustern in Faserlängsrichtung zeigt.

Raman-Spektroskopie wurde angewendet, um den Grad der Anisotropie exemplarisch für eine PLA-Faser mit 3,0 Ma.% zu untersuchen. In Abbildung 4.41(b) sind die Verhältnisse der D- und G-Banden in paralleler und senkrechter Richtung zur Faserachse dargestellt, welche mit steigendem Reckverhältnis zunehmen. Das Reckverhältnis ergibt sich aus dem Verhältnis der Abzugsgeschwindigkeit und der Geschwindigkeit des Schmelzefadens direkt nach Düsendurchgang ohne zusätzliche Abzugsgeschwindigkeit. Letztere wurde unter Berücksichtigung des Faserdurchmessers und des Durchsatzes mit etwa 2,75 m/min berechnet. Obgleich der Anstieg für die D-Bande etwas ausgeprägter ist, konnte der Effekt der CNT-Orientierung mit zunehmendem Reckverhältnis für beide Banden deutlich nachgewiesen werden. Die Ergebnisse sind dabei konsistent mit bisherigen Untersuchungen an Kompositfasern basierend auf PC/MW-CNT [147, 148], PC/SWCNT [148] und PMMA/SWCNT [149, 150]. Im Vergleich zu bisherigen Ergebnissen an PC/MWCNT-Fasern sind die gemessenen Bandenverschiebungen deutlich ausgeprägter, was mit der Verwendung eines anderen CNT-Types zusammen hängen könnte [147]. Zusätzlich konnte die Raman-Untersuchung zeigen, dass das Faserspinnen zu keiner Einbringungen von Defekten in die CNT-Oberflächen führt. Das Verhältnis von D- zu G-Bande blieb bei konstanter Polarisationsrichtung gleich.

Der hohe CNT-Orientierungsgrad bedingt dabei eine deutliche Verschiebung der elektrischen Perkolationsschwelle und eine Verringerung des Leitfähigkeitsniveaus bei Füllgraden oberhalb der Perkolationsschwelle im Vergleich zu heißgepressten Proben. Daraus ergibt sich die Notwendigkeit des Einsatzes relativ hoher CNT-Gehalte von über 2,0 Ma.% um elektrisch leitfähige Fasern herzustellen. Die elektrischen Widerstände in Abhängigkeit von Reckverhältnis sind in Tabelle 4.5 dargestellt. Der Einsatz von CNT-Gehalten von 2,0 Ma.% und mehr führt allerdings zu einer deutlichen Erhöhung der Schmelzeviskosität, was mit sehr hohen Spinndrücken einhergeht. Die für die Verarbeitung mittels Schmelzespinnen mangelhaften Fließeigenschaften führten dabei zu sehr breiten Faserdurchmesserverteilungen. Da hohe CNT-Gehalte darüber hinaus die Verstreckbarkeit der Schmelze stark vermindern, konnten im Falle hoher CNT-Gehalte nur sehr geringe Abzugsgeschwindigkeiten verwendet werden, was zu sehr dicken Filamenten in der Größenordnung von mehreren 100 μm führt. Im Falle des mit 5,0 Ma.% gefüllten PLA-Komposites konnte die Faser nur im extrudierten Zustand ohne Reckung abgezogen werden, woraus ein Faserdurchmesser von etwa 600 μm resultierte. Im Bereich industriell gefertigter Textilien wird typischerweise mit Faserdurchmessern von 50 μm und kleiner gearbeitet. Es besteht also

4 Ergebnisse und Diskussion

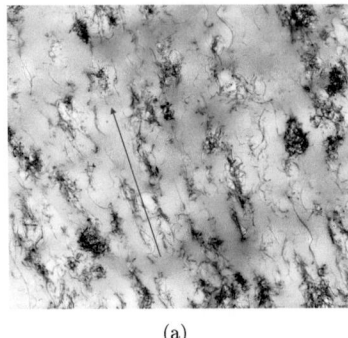
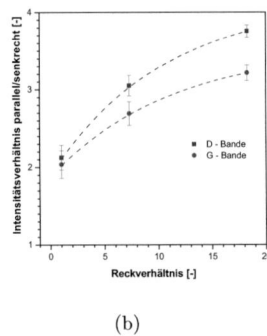

(a)   (b)

Abbildung 4.41. (a) TEM-Aufnahme einer PLA/CNT-Faser mit einem CNT-Gehalt von 3,0 Ma.% (der rote Pfeil kennzeichnet die Faserlängsrichtung), Maßstab ⊢────⊣ 1 μm) und (b) Intensitätsverhältnis der D- und G-Banden parallel und senkrecht zur Faserachse in Abhängigkeit vom Reckverhältnis für PLA/CNT-Fasern mit 3,0 Ma.% CNT

Tabelle 4.5. Elektrischer Widerstand von PLA/CNT-Fasern in Abhängigkeit von der Abzugsgeschwindigkeit und dem CNT-Gehalt

Abzugsgeschw.	Durchmesser	CNT-Gehalt (Ma.%)				
(m/min)	(μm)	0,5	1,0	2,0	3,0	5,0
2,75 („extrudiert")	600	>1GΩ	>1GΩ	50 kΩ	15 kΩ	5 kΩ
20	220	-	-	-	30 kΩ	Faserbruch
50	140	>1GΩ	>1GΩ	>1GΩ	100 kΩ	Faserbruch
100	100	-	-	>1GΩ	>1GΩ	Faserbruch

aufgrund der prozessspezifischen Eigenheiten der Kompositfaserherstellung ein Optimierungsbedarf, um elektrisch leitfähige Fasern mit reproduzierbaren Leitfähigkeiten und Durchmessern herzustellen.

4.5.3 Ansätze zur Verbesserung der Verspinnbarkeit

Eine Möglichkeit die Verspinnbarkeit von CNT-gefüllten Kompositen im Schmelzezustand zu verbessern, bietet das Bi-Komponenten (BiKo)-Spinnen. Mit diesem Verfahren können Fasern hergestellt werden, die definierte und duch Variation der Prozessbedingungen variabel einstellbare Kern/Mantel-Strukturen aufweisen. Diese Strukturen entstehen durch die Förderung zweier getrennter Schmelzeströme, die in der Spinndüse zusammengeführt werden. Erste Vorversuche mit einer am Leibniz-Institut für Polymerforschung Dresden e.V. entwickelten BiKo-Kolbenspinnanlage an dem hier bereits vorgestellten Kompositsystem PLA mit CNTs haben gezeigt, dass im Vergleich zum herkömmlichen Faserspinnprozess Komposite mit deutlich höheren CNT-Gehalten verarbeitet werden können. Auf diese Weise war es möglich, elektrisch leitfähige Fasern auf der Basis des PLA-Komposites mit bis zu 5,0 Ma.% CNT zu verarbeiten, wobei das Kompositmaterial den Mantel und reines PLA den Kern der Fasern bildete. Das Komposit mit 5,0 Ma.% CNT konnte wie bereits diskutiert aufgrund von permanent auftretenden Schmelzebrüchen mit dem herkömmlichen Verfahren nicht zu Fasern versponnen werden. Darüber hinaus konnten die BiKo-Fasern bei Abzugsgeschwindigkeiten von bis zu 1500 m/min abgezogen werden, was zu sehr feinen Fasern mit Durchmessern zwischen 25 und 50 µm führte. Die Abbildung 4.42 zeigt ein Glanzschliffbild von BiKo-Fasern bestehend aus einem elektrisch leitfähigen Mantel und einem elektrisch isolierenden Kern.

Abbildung 4.42. Glanzschliffbild von BiKo-Fasern bestehend aus elektrisch leitfähigem PLA mit einem CNT-Gehalt von 5,0 Ma.% in der Hülle und reinem ungefüllten PLA im Kern (Maßstab ⊢⊣ 10 µm)

Eine Möglichkeit die Viskosität der CNT-gefüllten Schmelze zu senken und diese dadurch besser spinnbarer zu gestalten, ist das Blenden des CNT-gefüllten Polymers mit einer zweiten ungefüllten polymeren Komponente. Im Fall von unmischbaren Polymeren sind in Abhängigkeit von der Blendzusammensetzung Tröpfchen/Matrix- bzw. co-kontinuierliche Morphologien zu erwarten. In Abbildung 4.43(a) bis 4.43(c) sind beispielhaft die Entwicklung einer Morphologie für ein Blend bestehend aus PP und einem mit 3,0 Ma.% gefüllten PCL-Komposit bei unterschiedlichen Zusammensetzungen dargestellt. Mit Steigerung des Anteils an PCL/CNT entwickelt sich diese elektrisch leitfähige Phase, die auf den Lichtmikroskopiebildern aufgrund der CNTs sehr kontrastreich als schwarz erscheint, von Tröpfchen in einer Matrix zu einer kontinuierlichen Phase in einer co-kontinuierlichen Struktur. Erst mit Überschreiten einer kritischen Phasenkonzentration von PCL/CNT im Blend ist dieses makroskopisch elektrisch leitfähig, da nun Leitpfade durch das gesamte Probenvolumen ausgebildet werden. Aufgrund der Morphologie der Blends ergeben sich für die Verarbeitbarkeit Vorteile infloge einer Viskositätssenkung durch die Zugabe des niedrigviskoseren PPs. Die Abbildung 4.43(d) zeigt die frequenzabhängige komplexe Viskosiät von

PCL, PCL mit CNTs und verschiedenen Blends bestehend aus PCL/3,0 Ma.% und PP. Die Zugabe von CNTs zu PCL mit einem Anteil von 1,5 und 3,0 Ma.% führt zu einer deutlichen Erhöhung der Viskosität um eine bzw. zwei Dekaden. Mit zunehmendem Anteil an PP in dem Blend mit 3,0 Ma.% sinkt die Viskosität stetig, so dass das leitfähige 50:50-Blend ein ähnliches Fließverhalten wie das reine PCL mit 1,5 Ma.% aufweist. Dieses 50:50-Blend wurde im Rahmen des INTELTEX-Projektes mit Partnern aus Portugal („Universidade do Minho" in Guimaraes) zu elektrisch leitfähigen Monofilamenten versponnen, deren sensorisches Verhalten beim Kontakt mit n-Hexan, Ethanol, Methanol, Toluol, Chloroform, Tetrahydrofuran und Wasser untersucht wurde. Da die Ergebnisse eher phänomenologischer Natur sind, soll auf diese hier nicht im Detail eingegangen, aber auf die entsprechende Literaturstelle verwiesen werden [174].

4.5.4 Sensortextilherstellung und Anwendungen

Der große Vorteil kompositbasierter Sensormaterialien auf der Basis von thermoplastischen Polymeren ist die sehr gute Verarbeitbarkeit zu Formteilen, die mit einer nahezu uneingeschränkten Gestaltungsfreiheit hergestellt werden können. Spritzgusskörper sind in ihren maximalen Abmessungen jedoch relativ stark limitiert, da die Fertigung großflächiger Formteile Maschinen mit äußerst hohen Schließkräften voraussetzt. Daher eignet sich insbesondere die Verarbeitung von elektrisch leitfähigen Kompositen zu Folien und Fasern zur Herstellung großflächiger Sensoren. Fasern können für diesen Zweck zu Textilien verwoben werden, die sich in ihrer Faserzusammensetzung, der Fertigungsart und ihrem Muster stark unterscheiden können. So können solche Textilien komplett oder nur teilweise aus Kompositfasern bestehen, gewebt, gestrickt oder gefilzt sein. Bei Webtextilien können Fasern aus anderen Werkstoffen, wie Glas oder Baumwolle, die Funktion des Textilträgers übernehmen. Erste sensorische Textilien wurden mit Projektpartnern aus Frankreich („Ecole Nationale Supérieure des Arts et Industries Textiles") auf der Basis eines mit 3,0 Ma.% CNT gefüllten PCL/PLA-Blends hergestellt, wobei die CNTs selektiv in der PCL-Phase lokalisiert waren [173]. Die Abbildung 4.44 zeigt die Kontaktierung eines solchen Sensortextiles mit elektrischen Kontakten für die Widerstandsmessung. Für die Messung der relativen Widerstandsänderung des Textiles wurden jeweils 2 ml des Lösungsmittels in sich wiederholenden zeitlichen Abständen mittig als Linie auf das Textil getropft. In Abbildung 4.44(b) ist die relative Widerstandsänderung des Textiles beim Kontakt mit Ethylacetat und Aceton dargestellt. Es hat sich gezeigt, dass schon die sehr geringe Menge von 2 ml Lösungsmittel zu sehr deutlichen relativen Widerstandsänderungen von bis zu 500 % führt. Des Weiteren geht der Widerstand des Textiles während des Trocknens nahezu in den Ausgangszustand zurück.

Eine Weiterentwicklung der sensorischen Textilien ist in Abbildung 4.45 gezeigt. Es zeigt ein sensorisches Prototypttextil für die Leckagedetektion auf der Basis von elektrisch leitfähigen PLA-Kompositfasern mit 3,0 Ma.% CNT und einem textilen Trägergewebe bestehend aus Glasfasern. Dieser Prototyp wurde im Rahmen des INTELTEX-Projektes hergestellt. Dabei verarbeiteten Projektpartner aus Frank-

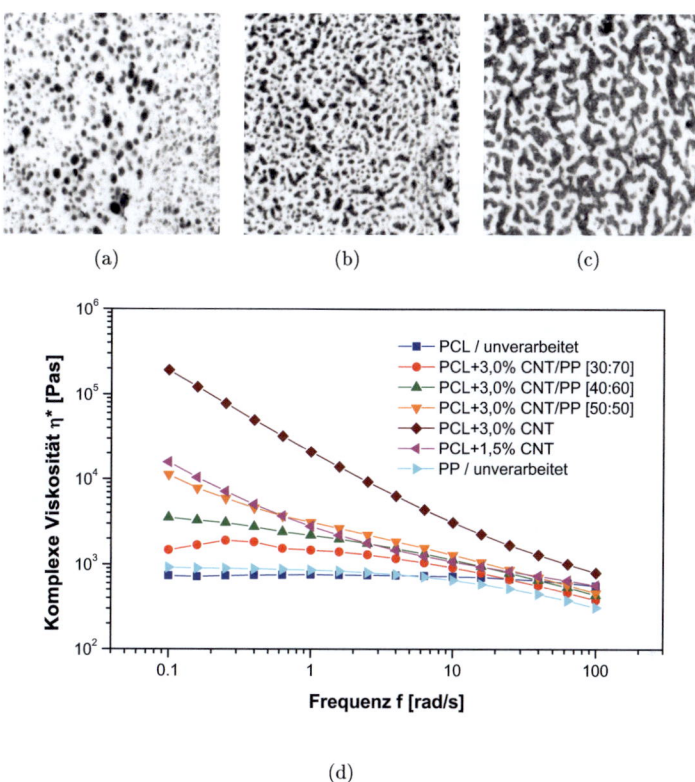

Abbildung 4.43. Lichtmikroskopische Aufnahmen an extrudierten Granulaten eines unmischbaren Polymerblends auf der Basis eines elektrisch leitfähige PCL-Komposites mit 3,0 Ma.% CNT und PP in verschiedenen Zusammensetzungen: PCL+3,0 Ma.% CNT/PP (a) 30/70, (b) 50/50, (c) 70/30 [Maßstab jeweils ⊢⊣ 20 µm]; (d) frequenzabhängige Viskosität von PCL mit verschiedenen CNT-Gehalten und PCL/CNT/PP-Blends in verschiedenen Zusammensetzungen

4 Ergebnisse und Diskussion

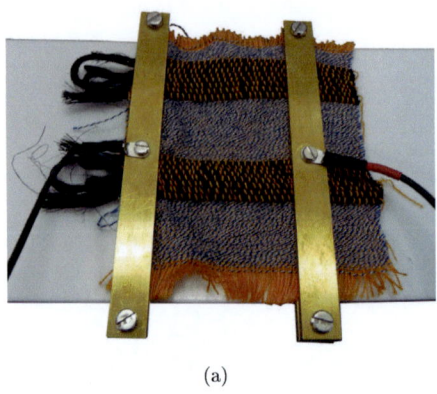
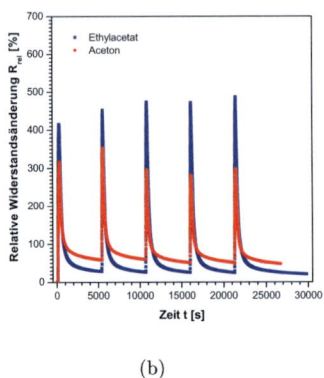

(a)   (b)

Abbildung 4.44. (a) Sensorisches Prototyptextil auf der Basis elektrisch leitfähiger PCL+3,0 Ma.% CNT/PLA-Kompositfasern und (b) relative Widerstandsänderung des Textiles beim Kontakt mit Ethylacetat und Aceton (Auftropfen von jeweils 2 ml Lösungsmittel nach 5280 s)

reich („Ecole Nationale Supérieure des Arts et Industries Textiles") die Komposite zu Multifilamenten. Projektpartner in der Schweiz (TISSA Glasweberei AG) wurden diese elektrisch leitfähigen Filamente simultan mit Glasfasern zu Textilien verarbeitet. Das Textil wurde in der sogenannten Leinwandbindung ausgeführt, wobei jeder Kettfaden abwechselnd unter bzw. über einem Schußfaden liegt. Auf diese Weise entsteht ein schachbrettähnliches Muster. Die Anzahl der leitfähigen Fasern ist dabei maßgeblich für die Endleitfähigkeit des Textiles verantwortlich. Durch eine Anhebung der Anzahl kann die Textilleitfähigkeit erhöht und somit großflächige elektrisch leitfähige Textilien produziert werden. Dabei gilt die Regel, dass eine Verdoppelung der elektrisch leitfähigen Fasern bei konstantem Querschnitt und konstanter Länge zu einer Halbierung des Textilwiderstandes führt.

Neben der Anzahl und Position der sensorischen Kompositfasern in den Textilien ist insbesondere eine Kombination verschiedener Fasern auf der Basis unterschiedlicher Polymermatrizes denkbar. Auf diese Weise kann der Einfluss der Quersensitivität gegenüber Temperaturänderungen oder mechanischen Spannungen der Kompositfasern, die als Lösungsmitteldetektoren fungieren, auf das elektrische Antwortsignal korrigiert werden. Elektrisch leitfähige Kompositfasern auf der Basis von Polymeren mit sehr hoher chemischer Beständigkeit, wie z. B. PTFE oder PP, könnten dabei als Temperatur- bzw. Dehnungssensoren agieren, während sie gleichzeitig nicht auf einen Lösungsmittelkontakt reagieren würden. Ein weiterer interessanter Aspekt der kompositbasierten Sensortextilien ist die ortsaufgelöste Leckagedetektion. In den Textilien könnten die sensorischen Fasern für die elektrische Widerstandsmessung auf eine Weise kontaktiert werden, dass großflächige Sensortextilien in kleine partiell überwachbare Abschnitte eingeteilt werden. Auf diese Weise könnte eine lokale Aus-

Abbildung 4.45. Prototyp eines Sensortextiles für die Leckagedetektion auf der Basis von elektrisch leitfähigen PLA-Kompositfasern mit 3,0 Ma.% CNT [Maßstab ⊢————⊣ 5 cm]

besserung von Leckagen ermöglicht werden, wodurch die Reparaturkosten deutlich gesenkt werden könnten.

Die Abbildung 4.46 zeigt denkbare Anwendungsmöglichkeiten für kompositbasierte Sensortextilien, z. B. als Zwischenlage in doppelwandig ausgeführten Rohrleitungssystemen (Abbildung 4.46(a)), Tanks (Abbildung 4.46(b)) und Fässern (Abbildung 4.46(c)). Da die Überwachungsfunktion direkt im Bauteil integriert und jederzeit aktiv ist, könnten Defekte auch an unzugänglichen Stellen, z.B. an unter der Erde verlegten Rohrleitungen oder gelagerten Fässern ortsaufgelöst und zeitnah detektiert werden. Im Bauwesen könnten solche textilen Materialien z. B. dort eingesetzt werden, wo Leckagen sehr frühzeitig erkannt werden müssen, um teure Folgeschäden zu vermeiden. Insbesondere Bereiche mit hochwertiger Elektronik (z. B. Serverräume) müssen vor einem Wasser- bzw. Feuchtigkeitseinbruch geschützt bzw. im Falle eines solchen rechtzeitig abgeschaltet werden. Für diesen Zweck könnten Wände, Decken und Dächer in Gebäudekonstruktionen wie in Abbildung 4.46(d) dargestellt mit sensorischen Textilien ausgekleidet werden. Eine Möglichkeit der Grundwasserverschmutzung durch Mülldeponien zu beggnen, ist in Abbildung 4.46(e) dargestellt. Sperrschichtfolien könnten auch dort doppellagig ausgeführt und mit einer Zwischenschicht Sensortextil versehen werden. Auf diese Weise könnte ein Durchbrechen der ersten, in Kontakt mit dem Abfall stehenden Sperrschichtfolie zeitlich genau und möglicherweise ortsaufgelöst registriert werden. Das Risiko solcher Restmülllager mit dramatischen Folgen für die Umwelt und unkalkulierbaren Folgekosten könnte dadurch deutlich reduziert werden.

4.5.5 Zusammenfassung

Es wurden Prototypen für Sensortextilien auf der Basis von PLA und PLA/PCL-Blends mit 3,0 Ma.% CNT vorgestellt, die in textile Trägergewebe, bestehend aus Glasfasern bzw. Baumwolle, eingewebt wurden. Diese Textilien zeigen deutliche elek-

4 Ergebnisse und Diskussion

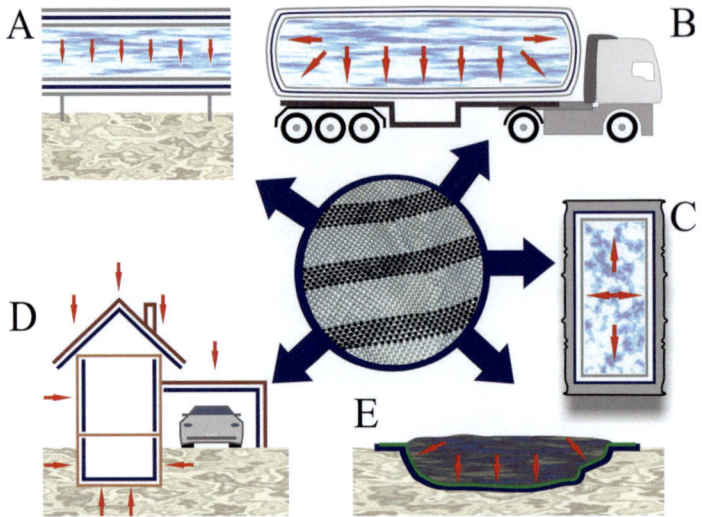

Abbildung 4.46. Mögliche Anwendungsgebiete kompositbasierter Sensortextilien (blau hervorgehoben) für den Bausektor und Industrieanlagen: (a) Rohrsystem, (b) Gefahrstofftransportfahrzeug, (c) Fass, (d) Haus mit Schräg- und Flachdächern und ausgekleidetem Keller, (e) Abfalldeponie

trische Sprungantworten beim Kontakt mit verschiedenen „guten" Lösungsmitteln und eignen sich daher für den Einsatz als Detektoren für Leckagen in z. B. Rohranlagen, Tanks oder auch als Sperrschichten in Dächern, Decken oder Wänden in Gebäuden. Die technologische Schwierigkeit bei der Herstellung solcher Textilien liegt in der Erspinnung elektrisch leitfähiger Kompositfasern. Im Rahmen dieser Arbeit wurde das Prozessfenster für die Herstellung elektrisch leitfähiger PLA/CNT-Fasern untersucht. Es hat sich gezeigt, dass die Verarbeitbarkeit der Komposite mit steigendem Füllstoffgehalt deutlich abnimmt, was dazu führt, dass Komposite mit 5,0 Ma.% CNTs nicht mehr unter Verwendung einer Abzugsgeschwindigkeit versponnen wurden konnten. Abhilfe schaffte die Herstellung BiKo-Fasern, wobei das elektrisch leitfähige PLA/CNT-Komposit nur im Mantel verwendet wurde. Das elektrisch nicht leitfähige PLA bildete den Kern. Als eine weitere Möglichkeit, die Spinnbarkeit von elektrisch leitfähigen Kompositen zu verbessern, wurde die Verarbeitung von Polymerblends vorgestellt, wobei die Zugabe einer zweiten niedrigviskosen polymeren Komponente die Schmelzeviskosität deutlich reduziert.

5 Zusammenfassung

Hauptgegenstand dieser Arbeit war die Herstellung von elektrisch leitfähigen Polymerkompositen mit CNTs und die Charakterisierung ihrer elektrischen Eigenschaften beim Kontakt mit organischen Lösungsmitteln. Die Dispergierung der CNTs, die im Ausgangszustand stark agglomeriert vorliegen, in verschiedenen polymeren Matrizes erfolgte dabei durch eine Schmelzeverarbeitung mittels Doppelschneckenextrusion. Am Modellsystem PCL mit CNTs wurden die Extrusionsbedingungen hinsichtlich der CNT-Dispersionsgüte optimiert, um die Ausschöpfung des Potentials des Füllstoffes zu gewährleisten.

Die mittels Lichtmikroskopie an Dünnschnitten bestimmte CNT-Dispersionsgüte in PCL steigt mit zunehmendem SME-Eintrag in das Extrudat. Der Energieeintrag kann dabei durch Erhöhung der Drehzahl oder durch Absenken des Durchsatzes erhöht werden. Als besonders effizient erwiesen sich darüber hinaus Schneckenkonfigurationen mit Zahn- bzw. Mischelementen im Vergleich zu Schnecken, die mit Scherelementen ausgerüstet waren. Neben der Dispergierung der agglomerierten CNTs in der polymeren Matrix, konnte mittels TEM eine deutliche Reduzierung der CNT-Längen mit zunehmenden Energieeinträgen während der Extrusion nachgewiesen werden. Dieser Aspekt sowie die Art der CNT-Dosierung über den Haupttrichter bzw. eine Seiteneinspeisung ist zu berücksichtigen, um Komposite mit hoher CNT-Dispersionsgüte herstellen zu können. Die am Stoffsystem PCL/CNT ermittelten optimierten Prozessparameter wurden anschließend auf Komposite mit PC-Matrix übertragen.

PC-Komposite mit 0,5 bis 4,0 Ma.% CNTs wurden hinsichtlich ihrer relativen elektrischen Widerstandsänderung beim Kontakt mit Dichlormethan, Tetrahydrofuran, Aceton und Ethylacetat untersucht. Die Untersuchungen haben gezeigt, dass der etablierte Messaufbau und die Art der Probeherstellung und -vorbehandlung zu sehr reproduzierbaren Messdaten führt. Die Benetzung der Probekörper führte bei der Kontaktierung mit „guten" Lösungsmitteln zu charakteristischen elektrischen Sprungantworten. Der zeitliche Verlauf konnte mit der Kinetik des Molekültransportes der involierten Lösungsmittel in die Kompositmaterialien korreliert werden. Bestätigt wurde dieser Befund durch Polarisationslichtmikroskopie an partiell benetzten Kompositproben. Als Ursache für die relative elektrische Widerstandsänderung wurde das Quellen der Komposite identifiziert, wobei die maximale relative Widerstandsänderung eines Komposites mit definierten elektrischen Eigenschaften sowohl vom Quellgrad der Probe als auch von den dielektrischen Eigenschaften der Lösungsmittelmoleküle abhängt. Größere Quellgrade und größere dielektrische Permittivitäten führen dabei zu größeren Widerstandsänderungen, was durch die Zunahme der Tunneldistanzen und Kontaktwiderstände zwischen benachbarten CNTs im elektrisch leitfähigen Netzwerk erklärt werden kann. Die maximale relative Widerstandsänderung und die Antwortgeschwindigkeit der Komposite beim Kontakt mit den zu detektierenden Lösungsmitteln kann durch die Probengeometrie, -zusammensetzung und -verarbeitung beeinflusst werden. Kompositproben mit CNT-Gehalten, die deutlich über der Perkolationsschwelle liegen, liefern geringere maximale relative Widerstandsänderungen im Vergleich zu Kompositen mit niedrigerem Füllgrad. Neben dem Molekulargewicht der PC-Matrix, welches einen geringen Einfluss auf die elektrische Sprungantwort der Komposite hat, kann die maximale Widerstandsänderung neben der Kompositzusammensetzung über den Formgebungsprozess beeinflusst werden. Niedrigere Presstemperaturen, die zu höheren Probewiderständen führen, resultieren in deutlich höheren Widerstandsänderungen beim Kontakt mit Lösungsmitteln. Um die elektrische Sprungantwort zu beschreiben, wurde ein empirisches Modell von den experimentellen Befunden abgeleitet. Es berücksichtigt neben Daten zur Beschreibung des Diffusionsprozesses der Lösungsmittelmoleküle in das involvierte Kompositmaterial geometrische Eingangsparameter und spezifische elektrische Widerstände der Komposite im trockenen und gequollenen Zustand. Das Modell eignet sich darüber hinaus grundsätzlich dafür, auf neue Szenarien der Lösungsmitteldetektion und neue Probengeometrien adaptiert zu werden. Des Weiteren wurde die zyklische elektrische Sprungantwort von Sensormaterialien untersucht. Die elektrische Sprungantwort der Komposite ist bei aufeinanderfolgenden Eintauch- und Trockenzyklen ab dem zweiten Zyklus sehr gut reproduzierbar, so dass sich die Komposite für den Einsatz als Sensormaterialien für Mehrwegsensoren eignen. Die Irreversibilität des ersten Zyklus ist dabei auf morphologische Änderungen der Proben beim Trocken nach dem ersten Quellvorgang zurückzuführen. Eine deutliche Porösität der Proben konnte mittels rasterelektronenmikroskopischen Untersuchungen nachgewiesen werden.

Die Selektivität von kompositbasierten Sensormaterialien kann auf der Basis von Hansen-Löslichkeitsparametern und dem molaren Volumen der Lösungsmittelmoleküle beschrieben werden. Der Abstand des Kompositmateriales vom zu detektierenden Lösungsmittel im dreidimensionalen Hansen-Löslichkeitsraum ist dabei ein Maß für ihre Affinität zueinander. Diese Affinität führt aber nur im Falle moderater Molekülgrößen zu einer Diffusion von Lösungsmittelmolekülen in das Komposit was dabei zu einer messbaren elektrischen Widerstandsänderung führt. Für das hier vorgestellte Sensormaterial wurd ein Grenzwert von etwa 180 cm^3/mol für das molare Volumen ermittelt. Der Abstand des zu detektierenden Lösungsmittels im Hansen-Löslichkeitsraum darf dabei maximal einen Wert von 12 $MPa^{0,5}$ annehmen. Die Beschreibung der Selektivität basiert dabei auf der mit Hilfe der Widerstandsänderungen ermittelten HLP des Sensormaterials. Des Weiteren konnte gezeigt werden, dass der Verlauf der relativen elektrischen Widerstandsänderung nicht mit den Hansen-Löslichkeitsparametern des Komposites bzw. der Lösungsmittel beschrieben werden kann. Die Kinetik hängt vielmehr von der Größe und somit von der Beweglichkeit der Lösungsmittelmoleküle während des Diffusionsprozesses ab, wodurch sich unterschiedliche mittlere Lösungsmittelfrontengeschwindigkeiten ergeben. Dieser Effekt ließe sich im Hinblick auf spätere Anwendungen nutzen, denn so könnte man durch Auswertung der relativen Widerstandsänderungen mit den hier vorgestellten

Sensormaterialien gezielt zwischen verschiedenen Lösungsmitteln mit ähnlichem Löslichkeitsverhalten aber unterschiedlichen Molekülgrößen unterscheiden.

Bei der Entwicklung von Sensoren ist es wichtig Quersensitivitäten der Sensormaterialien zu berücksichtigen. Die im Rahmen dieser Arbeit untersuchten Komposite weisen eine deutliche Abhängigkeit von der Temperatur auf. Dabei sinkt der elektrische Widerstand der Komposite im trockenen Zustand mit steigenden Temperaturen geringfügig mit einem Temperaturkoeffizient von etwa -0,044 %/K. Die deutlich größere Auswirkungen der Temperaturerhöhung ergibt sich für die Ausbildung der elektrischen Sprungantwort der Sensormaterialien beim Kontakt mit den zu detektierenden Lösungsmitteln, da die Temperatur maßgeblich die der Widerstandsänderung zugrundeliegenden Diffusionsprozesse beeinflusst. Die mittlere Geschwindigkeit der Lösungsmittelfront beim Diffundieren in die Komposite nimmt dabei linear mit zunehmender Temperatur zu. Aus diesem Grund ergibt sich ein früherer Übergang der relativen elektrischen Widerstandskurven in den Plateaubereich. Ebenfalls kann eine Kontamination des zu detektierenden Lösungsmittels zu abweichenden elektrischen Sprungantworten führen. Eine Konzentrationsabnahme des zu detektierenden „guten" Lösungsmittels durch das Mischen mit einem „schlechten" mischbaren Lösungsmittel resultiert in einer signifikanten Verlangsamung der Diffusionsvorgänge. Die ermittelten mittleren Frontengeschwindigkeiten sinken dabei deutlich ab, bis eine Unterschreitung einer kritischen Konzentration auftritt, ab der keine relative Widerstandsänderung mehr zu erwarten ist. Dieser Effekt beruht auf der Tatsache, dass die Affinität des sensorischen Komposites zum zu detektierenden Lösungsmittelgemisch mit zunehmendem Anteil des „schlechten" Lösungsmittels abnimmt und schließlich der Wechselwirkungsradius des Komposites überschritten wird. Als dritten zu berücksichtigenden Einfluss auf die elektrische Sprungantwort der Komposite wurden mechanische Dehnungen identifiziert. Schmelzegesponnene Fasern aus Polycarbonat und CNTs zeigten bis zu einer kritischen Dehnung von etwa 3,0 % einen linearen Zusammenhang zwischen der Dehnung und dem elektrischen Faserwiderstand, wobei die Widerstandsänderungsrate etwa 6,25 % pro 1 % Dehnung beträgt. Für spätere Anwendungen ist es zu empfehlen, dass die Komposite nur im elastischen Bereich beansprucht werden.

Basierend auf verschiedenen polymeren Matrizes wurden elektrisch leitfähige Fasern mit CNTs hergestellt und teilweise zu Prototypsensortextilien verarbeitet. Diese Textilien zeigen deutliche elektrische Sprungantworten beim Kontakt mit verschiedenen „guten" Lösungsmitteln und eignen sich daher für den Einsatz als Leckagedetektoren für z. B. Rohranlagen, Tanks oder auch als Sperrschichten in Dächern, Decken oder Wänden in Gebäuden. Die technologische Schwierigkeit bei der Herstellung solcher Textilien liegt im Erspinnen elektrisch leitfähiger Kompositfasern. Im Rahmen dieser Arbeit wurde exemplarisch an einem PLA/CNT-Komposit das Prozessfenster für die Herstellung elektrisch leitfähiger Fasern untersucht. Als Fazit kann gezogen werden, dass die Verarbeitbarkeit der Komposite mit steigendem Füllstoffgehalt deutlich abnimmt. Ab einem kritischen Füllstoffgehalt, waren die Komposite unter Verwendung einer Abzugsgeschwindigkeit nicht mehr spinnbar. In Zukunft sollte also die Herstellung von elekterisch leitfähigen Fasern für deren Integration in sensorische Textilien weiter untersucht werden. Im Rahmen dieser Arbeit wurden bereits unterschiedliche Möglichkeiten untersucht, die Verspinnbarkeit von Polymer/CNT-Kompositen zu verbessern, aber es besteht dort noch erheblicher Forschungsbedarf. Systematische Untersuchungen erfolgten bereits bei der Verwendung von CNT-gefüllten Polymerblends, die durch eine reduzierte Schmelzeviskosität eine deutlich bessere Verspinnbarkeit aufweisen. Weitere Versuche erfolgten bei der Erspinnung von Fasern im sogenannten BiKo-Verfahren. Dort konnte bereits gezeigt werden, dass elektrisch leitfähige Fasern auch bei sehr hohen CNT-Gehalten mit dieser Technologie auch bei sehr hohen Abzugsgeschwindigkeiten und entsprechend geringen Faserdurchmessern verarbeitet werden können.

6 Literaturverzeichnis

[1] S. Iijima. Helical microtubules of graphitic carbon. *Nature*, 354(6348):56–58, 1991.

[2] R. Saito, M. Fujita, G. Dresselhaus, and M. S. Dresselhaus. Electronic-structure of chiral graphene tubules. *Applied Physics Letters*, 60(18):2204–2206, 1992.

[3] S. Berber, Y. K. Kwon, and D. Tomanek. Unusually high thermal conductivity of carbon nanotubes. *Physical Review Letters*, 84(20):4613–4616, 2000.

[4] E. W. Wong, P. E. Sheehan, and C. M. Lieber. Nanobeam mechanics: Elasticity, strength, and toughness of nanorods and nanotubes. *Science*, 277(5334):1971–1975, 1997.

[5] C. Li, E. T. Thostenson, and T. W. Chou. Sensors and actuators based on carbon nanotubes and their composites: A review. *Composites Science and Technology*, 68(6):1227–1249, 2008.

[6] L.V. Radushkevich and V.M. Kukyanovich. O strukture ugleroda, obrazujucegosja pri termiceskom razlozenii okisi ugleroda na zeleznom kontakte. *Zurn Fisic Chim*, 26:88–95, 1952.

[7] M. Monthioux and V. L. Kuznetsov. Who should be given the credit for the discovery of carbon nanotubes? *Carbon*, 44(9):1621–1623, 2006.

[8] A. Oberlin, M. Endo, and T. Koyama. Filamentous growth of carbon through benzene decomposition. *Journal of Crystal Growth*, 32(3):335–349, 1976.

[9] P. G. Wiles and J. Abrahamson. Carbon-fiber layers on arc electrodes .1. their properties and cool-down behavior. *Carbon*, 16(5):341–349, 1978.

[10] H.G. Tennett. Carbon fibrils, method for producing same and compositions containing same, US19840678701 19841206, 5.5.1987.

[11] S. Iijima and T. Ichihashi. Single-shell carbon nanotubes of 1-nm diameter. *Nature*, 363(6430):603–605, 1993.

[12] D. S. Bethune, C. H. Kiang, M. S. Devries, G. Gorman, R. Savoy, J. Vazquez, and R. Beyers. Cobalt-catalyzed growth of carbon nanotubes with single-atomic-layerwalls. *Nature*, 363(6430):605–607, 1993.

[13] A. Thess, R. Lee, P. Nikolaev, H. J. Dai, P. Petit, J. Robert, C. H. Xu, Y. H. Lee, S. G. Kim, A. G. Rinzler, D. T. Colbert, G. E. Scuseria, D. Tomanek, J. E. Fischer, and R. E. Smalley. Crystalline ropes of metallic carbon nanotubes. *Science*, 273(5274):483–487, 1996.

[14] E. T. Thostenson, Z. F. Ren, and T. W. Chou. Advances in the science and technology of carbon nanotubes and their composites: a review. *Composites Science and Technology*, 61(13):1899–1912, 2001.

[15] J. W. G. Wildoer, L. C. Venema, A. G. Rinzler, R. E. Smalley, and C. Dekker. Electronic structure of atomically resolved carbon nanotubes. *Nature*, 391(6662):59–62, 1998.

[16] T. W. Odom, J. L. Huang, P. Kim, and C. M. Lieber. Atomic structure and electronic properties of single-walled carbon nanotubes. *Nature*, 391(6662):62–64, 1998.

[17] P. Kim, L. Shi, A. Majumdar, and P. L. McEuen. Thermal transport measurements of individual multiwalled nanotubes. *Physical Review Letters*, 87(21), 2001.

[18] J. W. Che, T. Cagin, and W. A. Goddard. Thermal conductivity of carbon nanotubes. *Nanotechnology*, 11(2):65–69, 2000.

[19] M. M. J. Treacy, T. W. Ebbesen, and J. M. Gibson. Exceptionally high young's modulus observed for individual carbon nanotubes. *Nature*, 381(6584):678–680, 1996.

[20] B. I. Yakobson, C. J. Brabec, and J. Bernholc. Nanomechanics of carbon tubes: Instabilities beyond linear response. *Physical Review Letters*, 76(14):2511–2514, 1996.

[21] X. Wang, Q. Li, J. Xie, Z. Jin, J. Wang, Y. Li, K. Jiang, and S. Fan. Fabrication of ultralong and electrically uniform single-walled carbon nanotubes on clean substrates. *Nano Letters*, 9(9):3137–3141, 2009.

[22] www.wikipedia.org, 19.12.2011.

[23] A. Krishnan, E. Dujardin, T. W. Ebbesen, P. N. Yianilos, and M. M. J. Treacy. Young's modulus of single-walled nanotubes. *Physical Review B*, 58(20):14013–14019, 1998.

[24] T. W. Tombler, C. W. Zhou, L. Alexseyev, J. Kong, H. J. Dai, L. Lei, C. S. Jayanthi, M. J. Tang, and S. Y. Wu. Reversible electromechanical characteristics of carbon nanotubes under local-probe manipulation. *Nature*, 405(6788):769–772, 2000.

[25] M. F. Yu, B. S. Files, S. Arepalli, and R. S. Ruoff. Tensile loading of ropes of single wall carbon nanotubes and their mechanical properties. *Physical Review Letters*, 84(24):5552–5555, 2000.

[26] F. Li, H. M. Cheng, S. Bai, G. Su, and M. S. Dresselhaus. Tensile strength of single-walled carbon nanotubes directly measured from their macroscopic ropes. *Applied Physics Letters*, 77(20):3161–3163, 2000.

[27] C. F. Cornwell and L. T. Wille. Elastic properties of single-walled carbon nanotubes in compression. *Solid State Communications*, 101(8):555–558, 1997.

[28] R. S. Ruoff and D. C. Lorents. Mechanical and thermal-properties of carbon nanotubes. *Carbon*, 33(7):925–930, 1995.

[29] X. K. Sun and W. M. Zhao. Prediction of stiffness and strength of single-walled carbon nanotubes by molecular-mechanics based finite element approach. *Materials Science and Engineering a-Structural Materials Properties Microstructure and Processing*, 390(1-2):366–371, 2005.

[30] J. R. Xiao, B. A. Gama, and J. W. Gillespie. An analytical molecular structural mechanics model for the mechanical properties of carbon nanotubes. *International Journal of Solids and Structures*, 42(11-12):3075–3092, 2005.

[31] B. G. Demczyk, Y. M. Wang, J. Cumings, M. Hetman, W. Han, A. Zettl, and R. O. Ritchie. Direct mechanical measurement of the tensile strength and elastic modulus of multiwalled carbon nanotubes. *Materials Science and Engineering a-Structural Materials Properties Microstructure and Processing*, 334(1-2):173–178, 2002.

[32] C. Y. Li and T. W. Chou. Elastic moduli of multi-walled carbon nanotubes and the effect of van der waals forces. *Composites Science and Technology*, 63(11):1517–1524, 2003.

[33] M. F. Yu, M. J. Dyer, G. D. Skidmore, H. W. Rohrs, X. K. Lu, K. D. Ausman, J. R. Von Ehr, and R. S. Ruoff. Three-dimensional manipulation of carbon nanotubes under a scanning electron microscope. *Nanotechnology*, 10(3):244–252, 1999.

[34] P. G. Collins and P. Avouris. Nanotubes for electronics. *Scientific American*, 283(6):38–45, 2000.

[35] S. Berber, Y. K. Kwon, and D. Tomanek. Unusually high thermal conductivity of carbon nanotubes. *Physical Review Letters*, 84(20):4613–4616, 2000.

[36] N. Hamada, S. Sawada, and A. Oshiyama. New one-dimensional conductors - graphitic microtubules. *Physical Review Letters*, 68(10):1579–1581, 1992.

[37] C. T. White, D. H. Robertson, and J. W. Mintmire. Helical and rotational symmetries of nanoscale graphitic tubules. *Physical Review B*, 47(9):5485–5488, 1993.

[38] R. Saito, G. Dresselhaus, and M. S. Dresselhaus. *Physical properties of carbon nanotubes*. Imperial College Press, 1998.

[39] R. Saito, G. Dresselhaus, and M. S. Dresselhaus. Electronic-structure of double-layer graphene tubules. *Journal of Applied Physics*, 73(2):494–500, 1993.

[40] S. Roche, F. Triozon, A. Rubio, and D. Mayou. Conduction mechanisms and magnetotransport in multiwalled carbon nanotubes. *Physical Review B*, 64(12), 2001.

[41] K. Tanaka, H. Aoki, H. Ago, T. Yamabe, and K. Okahara. Interlayer interaction of two graphene sheets as a model of double-layer carbon nanotubes. *Carbon*, 35(1):121–125, 1997.

[42] T. W. Ebbesen, H. J. Lezec, H. Hiura, J. W. Bennett, H. F. Ghaemi, and T. Thio. Electrical conductivity of individual carbon nanotubes. *Nature*, 382(6586):54–56, 1996.

[43] S. Frank, P. Poncharal, Z. L. Wang, and W. A. de Heer. Carbon nanotube quantum resistors. *Science*, 280(5370):1744–1746, 1998.

[44] L. Langer, V. Bayot, E. Grivei, J. P. Issi, J. P. Heremans, C. H. Olk, L. Stockman, C. VanHaesendonck, and Y. Bruynseraede. Quantum transport in a multiwalled carbon nanotube. *Physical Review Letters*, 76(3):479–482, 1996.

[45] A. Hassanien, M. Tokumoto, S. Ohshima, Y. Kuriki, F. Ikazaki, K. Uchida, and M. Yumura. Geometrical structure and electronic properties of atomically resolved multiwall carbon nanotubes. *Applied Physics Letters*, 75(18):2755–2757, 1999.

[46] P. G. Collins, M. Hersam, M. Arnold, R. Martel, and P. Avouris. Current saturation and electrical breakdown in multiwalled carbon nanotubes. *Physical Review Letters*, 86(14):3128–3131, 2001.

[47] K. Svensson, H. Olin, and E. Olsson. Nanopipettes for metal transport. *Physical Review Letters*, 93(14), 2004.

[48] C. Dekker. Carbon nanotubes as molecular quantum wires. *Physics Today*, 52(5):22–28, 1999.

[49] B. Q. Wei, R. Vajtai, and P. M. Ajayan. Reliability and current carrying capacity of carbon nanotubes. *Applied Physics Letters*, 79(8):1172–1174, 2001.

[50] L. Lu, Y. F. Shen, X. H. Chen, L. H. Qian, and K. Lu. Ultrahigh strength and high electrical conductivity in copper. *Science*, 304(5669):422–426, 2004.

[51] J. Wu, J. Zang, B. Larade, H. Guo, X. G. Gong, and F. Liu. Computational design of carbon nanotube electromechanical pressure sensors. *Physical Review B*, 69(15):153406, 2004.

[52] J. Kong, N. R. Franklin, C. W. Zhou, M. G. Chapline, S. Peng, K. J. Cho, and H. J. Dai. Nanotube molecular wires as chemical sensors. *Science*, 287(5453):622–625, 2000.

[53] Q. Zhao, Z. H. Gan, and Q. K. Zhuang. Electrochemical sensors based on carbon nanotubes. *Electroanalysis*, 14(23):1609–1613, 2002.

[54] M. Musameh, J. Wang, A. Merkoci, and Y. H. Lin. Low-potential stable nadh detection at carbon-nanotube-modified glassy carbon electrodes. *Electrochemistry Communications*, 4(10):743–746, 2002.

[55] M. Pumera, S. Sanchez, I. Ichinose, and J. Tang. Electrochemical nanobiosensors. *Sensors and Actuators B-Chemical*, 123(2):1195–1205, 2007.

[56] V. Erokhin, M. K. Ram, and Ö. Yavuz. *The new frontiers of organic and composite nanotechnology*. Elsevier Science, 2008.

[57] J. J. Gooding. Electrochemical dna hyhridization biosensors. *Electroanalysis*, 14(17):1149–1156, 2002.

[58] M. L. Guo, J. H. Chen, D. Y. Liu, L. H. Nie, and S. Z. Yao. Electrochemical characteristics of the immobilization of calf thymus dna molecules on multi-walled carbon nanotubes. *Bioelectrochemistry*, 62(1):29–35, 2004.

[59] J. Kong, M. G. Chapline, and H. J. Dai. Functionalized carbon nanotubes for molecular hydrogen sensors. *Advanced Materials*, 13(18):1384–1386, 2001.

[60] P. G. Collins, K. Bradley, M. Ishigami, and A. Zettl. Extreme oxygen sensitivity of electronic properties of carbon nanotubes. *Science*, 287(5459):1801–1804, 2000.

[61] M. Trojanowicz. Analytical applications of carbon nanotubes: a review. *Trac-Trends in Analytical Chemistry*, 25(5):480–489, 2006.

[62] L. Valentini, C. Cantalini, L. Lozzi, I. Armentano, J. M. Kenny, and S. Santucci. Reversible oxidation effects on carbon nanotubes thin films for gas sensing applications. *Materials Science and Engineering C-Biomimetic and Supramolecular Systems*, 23(4):523–529, 2003.

[63] C. Cantalini, L. Valentini, I. Armentano, J. M. Kenny, L. Lozzi, and S. Santucci. Carbon nanotubes as new materials for gas sensing applications. *Journal of the European Ceramic Society*, 24(6):1405–1408, 2004.

[64] C. Cantalini, L. Valentini, L. Lozzi, I. Armentano, J. M. Kenny, and S. Santucci. No2 gas sensitivity of carbon nanotubes obtained by plasma enhanced chemical vapor deposition. *Sensors and Actuators B-Chemical*, 93(1-3):333–337, 2003.

[65] Q. F. Pengfei, O. Vermesh, M. Grecu, A. Javey, O. Wang, H. J. Dai, S. Peng, and K. J. Cho. Toward large arrays of multiplex functionalized carbon nanotube sensors for highly sensitive and selective molecular detection. *Nano Letters*, 3(3):347–351, 2003.

[66] K. S. Ahn, J. H. Kim, K. N. Lee, C. O. Kim, and J. P. Hong. Multi-wall carbon nanotubes as a high-efficiency gas sensor. *Journal of the Korean Physical Society*, 45(1):158–161, 2004.

[67] L. Valentini, V. Bavastrello, E. Stura, I. Armentano, C. Nicolini, and J. M. Kenny. Sensors for inorganic vapor detection based on carbon nanotubes and poly(o-anisidine) nanocomposite material. *Chemical Physics Letters*, 383(5-6):617–622, 2004.

[68] R. T. K. Baker. Catalytic growth of carbon filaments. *Carbon*, 27(3):315–323, 1989.

[69] G. G. Tibbetts. Vapor grown carbon-fibers - status and prospects. *Carbon*, 27(5):745–747, 1989.

[70] M. Joseyacaman, M. Mikiyoshida, L. Rendon, and J. G. Santiesteban. Catalytic growth of carbon microtubules with fullerene structure. *Applied Physics Letters*, 62(2):202–204, 1993.

[71] V. Ivanov, J. B. Nagy, P. Lambin, A. Lucas, X. B. Zhang, X. F. Zhang, D. Bernaerts, G. Vantendeloo, S. Amelinckx, and J. Vanlanduyt. The study of carbon nanotubules produced by catalytic method. *Chemical Physics Letters*, 223(4):329–335, 1994.

[72] S. Amelinckx, X. B. Zhang, D. Bernaerts, X. F. Zhang, V. Ivanov, and J. B. Nagy. A formation mechanism for catalytically grown helix-shaped graphite nanotubes. *Science*, 265(5172):635–639, 1994.

[73] T. W. Ebbesen and P. M. Ajayan. Large-scale synthesis of carbon nanotubes. *Nature*, 358(6383):220–222, 1992.

[74] C. Journet, W. K. Maser, P. Bernier, A. Loiseau, M. L. delaChapelle, S. Lefrant, P. Deniard, R. Lee, and J. E. Fischer. Large-scale production of single-walled carbon nanotubes by the electric-arc technique. *Nature*, 388(6644):756–758, 1997.

[75] Y. Saito, T. Yoshikawa, M. Inagaki, M. Tomita, and T. Hayashi. Growth and structure of graphitic tubules and polyhedral particles in arc-discharge. *Chemical Physics Letters*, 204(3-4):277–282, 1993.

[76] A. Thess, R. Lee, P. Nikolaev, H. J. Dai, P. Petit, J. Robert, C. H. Xu, Y. H. Lee, S. G. Kim, A. G. Rinzler, D. T. Colbert, G. E. Scuseria, D. Tomanek, J. E. Fischer, and R. E. Smalley. Crystalline ropes of metallic carbon nanotubes. *Science*, 273(5274):483–487, 1996.

[77] Y. Zhang, H. Gu, and S. Iijima. Single-wall carbon nanotubes synthesized by laser ablation in a nitrogen atmosphere. *Applied Physics Letters*, 73(26):3827–3829, 1998.

[78] M. J. Bronikowski, P. A. Willis, D. T. Colbert, K. A. Smith, and R. E. Smalley. Gas-phase production of carbon single-walled nanotubes from carbon monoxide via the hipco process: A parametric study. *Journal of Vacuum Science and Technology a-Vacuum Surfaces and Films*, 19(4):1800–1805, 2001.

[79] P. Nikolaev, M. J. Bronikowski, R. K. Bradley, F. Rohmund, D. T. Colbert, K. A. Smith, and R. E. Smalley. Gas-phase catalytic growth of single-walled carbon nanotubes from carbon monoxide. *Chemical Physics Letters*, 313(1-2):91–97, 1999.

[80] Innovative Research and Inc Products. Production and applications of carbon nanotubes, carbon nanofibers, fullerenes, graphene and nanodiamonds: A global technology survey and market analysis. Technical report, 2011.

[81] T. Villmow, B. Kretzschmar, and P. Pötschke. Influence of screw configuration, residence time, and specific mechanical energy in twin-screw extrusion of polycaprolactone/multi-walled carbon nanotube composites. *Composites Science and Technology*, 70(14):2045–2055, 2010.

[82] B. Krause, M. Mende, P. Pötschke, and G. Petzold. Dispersability and particle size distribution of cnts in an aqueous surfactant dispersion as a function of ultrasonic treatment time. *Carbon*, 48(10):2746–2754, 2010.

[83] G. R. Kasaliwal, S. Pegel, A. Goldel, P. Pötschke, and G. Heinrich. Analysis of agglomerate dispersion mechanisms of multiwalled carbon nanotubes during melt mixing in polycarbonate. *Polymer*, 51(12):2708–2720, 2010.

[84] R. Andrews and M. C. Weisenberger. Carbon nanotube polymer composites. *Current Opinion in Solid State and Materials Science*, 8(1):31–37, 2004.

[85] M. T. Byrne and Y. K. Gun'ko. Recent advances in research on carbon nanotube-polymer composites. *Advanced Materials*, 22(15):1672–1688, 2011.

[86] C. McClory, S. J. Chin, and T. McNally. Polymer/carbon nanotube composites. *Australian Journal of Chemistry*, 62(8):762–785, 2009.

[87] M. Moniruzzaman and K. I. Winey. Polymer nanocomposites containing carbon nanotubes. *Macromolecules*, 39(16):5194–5205, 2006.

[88] Z. Spitalsky, D. Tasis, K. Papagelis, and C. Galiotis. Carbon nanotube-polymer composites: Chemistry, processing, mechanical and electrical properties. *Progress in Polymer Science*, 35(3):357–401, 2010.

[89] Z. J. Jia, Z. Y. Wang, C. L. Xu, J. Liang, B. Q. Wei, D. H. Wu, and S. W. Zhu. Study on poly(methyl methacrylate)/carbon nanotube composites. *Materials Science and Engineering a-Structural Materials Properties Microstructure and Processing*, 271(1-2):395–400, 1999.

[90] M. Trujillo, M. L. Arnal, A. J. MǍźller, E. Laredo, St Bredeau, D. Bonduel, and Ph Dubois. Thermal and morphological characterization of nanocomposites prepared by in-situ polymerization of high-density polyethylene on carbon nanotubes. *Macromolecules*, 40(17):6268–6276, 2007.

[91] A. Funck and W. Kaminsky. Polypropylene carbon nanotube composites by in situ polymerization. *Composites Science and Technology*, 67(5):906–915, 2007.

[92] C. Zhao, G. Hu, R. Justice, D. W. Schaefer, S. Zhang, M. Yang, and C. C. Han. Synthesis and characterization of multi-walled carbon nanotubes reinforced polyamide 6 via in situ polymerization. *Polymer*, 46(14):5125–5132, 2005.

[93] M. Kang, S. J. Myung, and H.-J. Jin. Nylon 610 and carbon nanotube composite by in situ interfacial polymerization. *Polymer*, 47(11):3961–3966, 2006.

[94] H. Zeng, C. Gao, Y. Wang, P. C. P. Watts, H. Kong, X. Cui, and D. Yan. In situ polymerization approach to multiwalled carbon nanotubes-reinforced nylon 1010 composites: Mechanical properties and crystallization behavior. *Polymer*, 47(1):113–122, 2006.

[95] M. Castro, J. B. Lu, S. Bruzaud, B. Kumar, and J. F. Feller. Carbon nanotubes/poly(epsilon-caprolactone) composite vapour sensors. *Carbon*, 47(8):1930–1942, 2009.

[96] D. Bonduel, S. Bredeau, M. Alexandre, F. Monteverde, and P. Dubois. Supported metallocene catalysis as an efficient tool for the preparation of polyethylene/carbon nanotube nanocomposites: effect of the catalytic system on the coating morphology. *Journal of Materials Chemistry*, 17(22):2359–2366, 2007.

[97] D. Bonduel, M. L. Mainil, M. Alexandre, F. Monteverde, and P. Dubois. Supported coordination polymerization: a unique way to potent polyolefin carbon nanotube nanocomposites. *Chemical Communications*, (6):781–783, 2005.

[98] P. Pötschke, S. Pegel, M. Claes, and D. Bonduel. A novel strategy to incorporate carbon nanotubes into thermoplastic matrices. *Macromolecular Rapid Communications*, 29(3):244–251, 2008.

[99] S. Bredeau, S. Peeterbroeck, D. Bonduel, M. Alexandre, and P. Dubois. From carbon nanotube coatings to high-performance polymer nanocomposites. *Polymer International*, 57(4):547–553, 2008.

[100] M. Wong, M. Paramsothy, X. J. Xu, Y. Ren, S. Li, and K. Liao. Physical interactions at carbon nanotube-polymer interface. *Polymer*, 44(25):7757–7764, 2003.

[101] H. M. Kim, K. Kim, S. J. Lee, J. Joo, H. S. Yoon, S. J. Cho, S. C. Lyu, and C. J. Lee. Charge transport properties of composites of multiwalled carbon nanotube with metal catalyst and polymer: application to electromagnetic interference shielding. *Current Applied Physics*, 4(6):577–580, 2004.

[102] J. B. Lu, B. Kumar, M. Castro, and J. F. Feller. Vapour sensing with conductive polymer nanocomposites (cpc): Polycarbonate-carbon nanotubes transducers with hierarchical structure processed by spray layer by layer. *Sensors and Actuators B-Chemical*, 140(2):451–460, 2009.

[103] B. Kumar, J. F. Feller, M. Castro, and J. B. Lu. Conductive bio-polymer nanocomposites (cpc): Chitosan-carbon nanotube transducers assembled via spray layer-by-layer for volatile organic compound sensing. *Talanta*, 81(3):908–915, 2010.

[104] M. Naebe, T. Lin, W. Tian, L. M. Dai, and X. G. Wang. Effects of mwnt nanofillers on structures and properties of pva electrospun nanofibres. *Nanotechnology*, 18(22), 2007.

[105] C. Pan, L.-Q. Ge, and Z.-Z. Gu. Fabrication of multi-walled carbon nanotube reinforced polyelectrolyte hollow nanofibers by electrospinning. *Composites Science and Technology*, 67(15-16):3271–3277, 2007.

[106] P. Heikkila and A. Harlin. Electrospinning of polyacrylonitrile (pan) solution: Effect of conductive additive and filler on the process. *Express Polymer Letters*, 3(7):437–445, 2009.

[107] L. F. Francis, J. C. Grunlan, J. K. Sun, and W. W. Gerberich. Conductive coatings and composites from latex-based dispersions. *Colloids and Surfaces a-Physicochemical and Engineering Aspects*, 311(1-3):48–54, 2007.

[108] N. Grossiord, P. J. J. Kivit, J. Loos, J. Meuldijk, A. V. Kyrylyuk, P. van der Schoot, and C. E. Koning. On the influence of the processing conditions on the performance of electrically conductive carbon nanotube/polymer nanocomposites. *Polymer*, 49(12):2866–2872, 2008.

[109] H. E. Miltner, N. Grossiord, K. B. Lu, J. Loos, C. E. Koning, and B. Van Mele. Isotactic polypropylene/carbon nanotube composites prepared by latex technology. thermal analysis of carbon nanotube-induced nucleation. *Macromolecules*, 41(15):5753–5762, 2008.

[110] K. B. Lu, N. Grossiord, C. E. Koning, H. E. Miltner, B. van Mele, and J. Loos. Carbon nanotube/isotactic polypropylene composites prepared by latex technology: Morphology analysis of cnt-induced nucleation. *Macromolecules*, 41(21):8081–8085, 2008.

[111] D. Y. Cai and M. Song. Latex technology as a simple route to improve the thermal conductivity of a carbon nanotube/polymer composite. *Carbon*, 46(15):2107–2112, 2008.

[112] J. R. Yu, K. B. Lu, E. Sourty, N. Grossiord, C. E. Konine, and J. C. Loos. Characterization of conductive multiwall carbon nanotube/polystyrene composites prepared by latex technology. *Carbon*, 45(15):2897–2903, 2007.

[113] A. Dufresne, M. Paillet, J. L. Putaux, R. Canet, F. Carmona, P. Delhaes, and S. Cui. Processing and characterization of carbon nanotube/poly(styrene-co-butyl acrylate) nanocomposites. *Journal of Materials Science*, 37(18):3915–3923, 2002.

[114] F. Dalmas, L. Chazeau, C. Gauthier, K. Masenelli-Varlot, R. Dendievel, J. Y. Cavaille, and L. Forro. Multiwalled carbon nanotube/polymer nanocomposites: Processing and properties. *Journal of Polymer Science Part B-Polymer Physics*, 43(10):1186–1197, 2005.

[115] J. C. Grunlan, Y. S. Kim, S. Ziaee, X. Wei, B. Abdel-Magid, and K. Tao. Thermal and mechanical behavior of carbon-nanotube-filled latex. *Macromolecular Materials and Engineering*, 291(9):1035–1043, 2006.

[116] P. Pötschke, S. M. Dudkin, and I. Alig. Dielectric spectroscopy on melt processed polycarbonate - multiwalled carbon nanotube composites. *Polymer*, 44(17):5023–5030, 2003.

[117] G. Kasaliwal, A. Göldel, and P. Pötschke. Influence of processing conditions in small-scale melt mixing and compression molding on the resistivity and morphology of polycarbonate-mwnt composites. *Journal of Applied Polymer Science*, 112(6):3494–3509, 2009.

[118] B. Krause, P. Pötschke, and L. Häussler. Influence of small scale melt mixing conditions on electrical resistivity of carbon nanotube-polyamide composites. *Composites Science and Technology*, 69(10):1505–1515, 2009.

[119] S. Pegel, P. Pötschke, G. Petzold, I. Alig, S. M. Dudkin, and D. Lellinger. Dispersion, agglomeration, and network formation of multiwalled carbon nanotubes in polycarbonate melts. *Polymer*, 49(4):974–984, 2008.

[120] R. Socher, B. Krause, R. Boldt, S. Hermasch, R. Wursche, and P. Potschke. Melt mixed nano composites of pa12 with mwnts: Influence of mwnt and matrix properties on macrodispersion and electrical properties. *Composites Science and Technology*, 71(3):306–314, 2011.

[121] B. Krause, G. Petzold, S. Pegel, and P. Pötschke. Correlation of carbon nanotube dispersability in aqueous surfactant solutions and polymers. *Carbon*, 47(3):602–612, 2009.

[122] B. Krause, T. Villmow, R. Boldt, M. Mende, G. Petzold, and P. Pötschke. Influence of dry grinding in a ball mill on the length of multiwalled carbon nanotubes and their dispersion and percolation behaviour in melt mixed polycarbonate composites. *Composites Science and Technology*, 71(8):1145–1153, 2011.

[123] B. Krause, M. Ritschel, C. Taschner, S. Oswald, W. Gruner, A. Leonhardt, and P. Pötschke. Comparison of nanotubes produced by fixed bed and aerosol-cvd methods and their electrical percolation behaviour in melt mixed polyamide 6.6 composites. *Composites Science and Technology*, 70(1):151–160, 2010.

[124] T. Villmow, S. Pegel, P. Pötschke, and U. Wagenknecht. Influence of injection molding parameters on the electrical resistivity of polycarbonate filled with multi-walled carbon nanotubes. *Composites Science and Technology*, 68(3-4):777–789, 2008.

[125] J. M. Yuan, Z. F. Fan, X. H. Chen, X. H. Chen, Z. J. Wu, and L. P. He. Preparation of polystyrene-multiwalled carbon nanotube composites with individual-dispersed nanotubes and strong interfacial adhesion. *Polymer*, 50(14):3285–3291, 2009.

[126] L. Chen, X. J. Pang, and Z. L. Yu. Study on polycarbonate/multi-walled carbon nanotubes composite produced by melt processing. *Materials Science and*

Engineering a-Structural Materials Properties Microstructure and Processing, 457(1-2):287–291, 2007.

[127] D. Lellinger, D. H. Xu, A. Ohneiser, T. Skipa, and I. Alig. Influence of the injection moulding conditions on the in-line measured electrical conductivity of polymer-carbon nanotube composites. *Physica Status Solidi B-Basic Solid State Physics*, 245(10):2268–2271, 2008.

[128] C. Li, E. T. Thostenson, and T. W. Chou. Effect of nanotube waviness on the electrical conductivity of carbon nanotube-based composites. *Composites Science and Technology*, 68(6):1445–1452, 2008.

[129] J. N. Coleman, S. Curran, A. B. Dalton, A. P. Davey, B. McCarthy, W. Blau, and R. C. Barklie. Percolation-dominated conductivity in a conjugated-polymer-carbon-nanotube composite. *Physical Review B*, 58(12):R7492, 1998.

[130] W. Bauhofer and J. Z. Kovacs. A review and analysis of electrical percolation in carbon nanotube polymer composites. *Composites Science and Technology*, 69(10):1486–1498, 2009.

[131] I. Balberg, C. H. Anderson, S. Alexander, and N. Wagner. Excluded volume and its relation to the onset of percolation. *Physical Review B*, 30(7):3933–3943, 1984.

[132] A. L. Efros and B. I. Shklovskii. Critical behaviour of conductivity and dielectric constant near the metal-non-metal transition threshold. *physica status solidi (b)*, 76(2):475–485, 1976.

[133] S. Kirkpatrick. Percolation and conduction. *Reviews of Modern Physics*, 45(4):574–588, 1973.

[134] S. Kirkpatrick. Percolation phenomena in higher dimensions - approach to mean-field limit. *Physical Review Letters*, 36(2):69–72, 1976.

[135] S. Dietrich and A. Amnon. *Introduction to percolation theory*. Taylor and Francis, 1994.

[136] J. P. Straley. Critical exponents for the conductivity of random resistor lattices. *Physical Review B*, 15(12):5733, 1977.

[137] J. Adler. Conductivity exponents from the analysis of series expansions for random resistor networks. *Journal of Physics a-Mathematical and General*, 18(2):307–314, 1985.

[138] J. Adler, Y. Meir, A. Aharony, A. B. Harris, and L. Klein. Low-concentration series in general dimension. *Journal of Statistical Physics*, 58(3-4):511–538, 1990.

[139] R. Andrews, D. Jacques, M. Minot, and T. Rantell. Fabrication of carbon multiwall nanotube/polymer composites by shear mixing. *Macromolecular Materials and Engineering*, 287(6):395–403, 2002.

[140] B. Krause, R. Boldt, and P. Pötschke. A method for determination of length distributions of multiwalled carbon nanotubes before and after melt processing. *Carbon*, 49(4):1243–1247, 2011.

[141] J. K. W. Sandler, J. E. Kirk, I. A. Kinloch, M. S. P. Shaffer, and A. H. Windle. Ultra-low electrical percolation threshold in carbon-nanotube-epoxy composites. *Polymer*, 44(19):5893–5899, 2003.

[142] I. Alig, T. Skipa, M. Engel, D. Lellinger, S. Pegel, and P. Potschke. Electrical conductivity recovery in carbon nanotube polymer composites after transient shear. *Physica Status Solidi B-Basic Solid State Physics*, 244(11):4223–4226, 2007.

[143] I. Alig, D. Lellinger, M. Engel, T. Skipa, and P. Pötschke. Destruction and formation of a conductive carbon nanotube network in polymer melts: In-line experiments. *Polymer*, 49(7):1902–1909, 2008.

[144] I. Alig, T. Skipa, D. Lellinger, M. Bierdel, and H. Meyer. Dynamic percolation of carbon nanotube agglomerates in a polymer matrix: comparison of different model approaches. *Physica Status Solidi B-Basic Solid State Physics*, 245(10):2264–2267, 2008.

[145] M. Weber and M. R. Kamal. Estimation of the volume resistivity of electrically conductive composites. *Polymer Composites*, 18(6):711–725, 1997.

[146] O. Meincke, D. Kaempfer, H. Weickmann, C. Friedrich, M. Vathauer, and H. Warth. Mechanical properties and electrical conductivity of carbon-nanotube filled polyamide-6 and its blends with acrylonitrile/butadiene/styrene. *Polymer*, 45(3):739–748, 2004.

[147] P. Pötschke, H. Brünig, A. Janke, D. Fischer, and D. Jehnichen. Orientation of multiwalled carbon nanotubes in composites with polycarbonate by melt spinning. *Polymer*, 46(23):10355–10363, 2005.

[148] T. D. Fornes, J. W. Baur, Y. Sabba, and E. L. Thomas. Morphology and properties of melt-spun polycarbonate fibers containing single- and multi-wall carbon nanotubes. *Polymer*, 47(5):1704–1714, 2006.

[149] R. Haggenmueller, H. H. Gommans, A. G. Rinzler, J. E. Fischer, and K. I. Winey. Aligned single-wall carbon nanotubes in composites by melt processing methods. *Chemical Physics Letters*, 330(3-4), 2000.

[150] F. M. Du, J. E. Fischer, and K. I. Winey. Effect of nanotube alignment on percolation conductivity in carbon nanotube/polymer composites. *Physical Review B*, 72(12):121404.1, 2005.

[151] S. Pegel, P. Pötschke, T. Villmow, D. Stoyan, and G. Heinrich. Spatial statistics of carbon nanotube polymer composites. *Polymer*, 50(9):2123–2132, 2009.

[152] V. Skákalová, U. Dettlaff-Weglikowska, and S. Roth. Electrical and mechanical properties of nanocomposites of single wall carbon nanotubes with pmma. *Synthetic Metals*, 152(1-3):349–352, 2005.

[153] G. B. Blanchet, C. R. Fincher, and F. Gao. Polyaniline nanotube composites: A high-resolution printable conductor. *Applied Physics Letters*, 82(8):1290–1292, 2003.

[154] H. Koerner, W. Liu, M. Alexander, P. Mirau, H. Dowty, and R. A. Vaia. Deformation-morphology correlations in electrically conductive carbon nanotube–thermoplastic polyurethane nanocomposites. *Polymer*, 46(12):4405–4420, 2005.

[155] J. Z. Kovacs, B. S. Velagala, K. Schulte, and W. Bauhofer. Two percolation thresholds in carbon nanotube epoxy composites. *Composites Science and Technology*, 67(5):922–928, 2007.

[156] E. Bekyarova, M. E. Itkis, N. Cabrera, B. Zhao, A. P. Yu, J. B. Gao, and R. C. Haddon. Electronic properties of single-walled carbon nanotube networks. *Journal of the American Chemical Society*, 127(16):5990–5995, 2005.

[157] D. S. McLachlan, C. Chiteme, C. Park, K. E. Wise, S. E. Lowther, P. T. Lillehei, E. J. Siochi, and J. S. Harrison. Ac and dc percolative conductivity of single wall carbon nanotube polymer composites. *Journal of Polymer Science Part B: Polymer Physics*, 43(22):3273–3287, 2005.

[158] R. Holm. The electric tunnel effect across thin insulator films in contacts. *Journal of Applied Physics*, 22(5):569–574, 1951.

[159] C. Y. Li, E. T. Thostenson, and T. W. Chou. Dominant role of tunneling resistance in the electrical conductivity of carbon nanotube-based composites. *Applied Physics Letters*, 91(22):223114, 2007.

[160] I. Balberg. Tunneling and nonuniversal conductivity in composite-materials. *Physical Review Letters*, 59(12):1305–1308, 1987.

[161] J. G. Simmons. Generalized formula for the electric tunnel effect between similar electrodes separated by a thin insulating film. *Journal of Applied Physics*, 34(6):1793–1803, 1963.

[162] A. A. Mamedov, N. A. Kotov, M. Prato, D. M. Guldi, J. P. Wicksted, and A. Hirsch. Molecular design of strong single-wall carbon nanotube/polyelectrolyte multilayer composites. *Nat Mater*, 1(3):190–194, 2002.

[163] www.flir.com, 19.12.2011.

[164] www.elektrotechnik.vogel.de, 19.12.2011.

[165] C. Wei, L. M. Dai, A. Roy, and T. B. Tolle. Multifunctional chemical vapor sensors of aligned carbon nanotube and polymer composites. *Journal of the American Chemical Society*, 128(5):1412–1413, 2006.

[166] B. Philip, J. K. Abraham, A. Chandrasekhar, and V. K. Varadan. Carbon nanotube/pmma composite thin films for gas-sensing applications. *Smart Materials and Structures*, 12(6):935–939, 2003.

[167] H. Yoon, J. N. Xie, J. K. Abraham, V. K. Varadan, and P. B. Ruffin. Passive wireless sensors using electrical transition of carbon nanotube junctions in polymer matrix. *Smart Materials and Structures*, 15(1):S14–S20, 2006.

[168] Y. L. Luo, C. Wang, and Z. Q. Li. Preparation, fabrication and response behavior of a htbn/tdi/mwcnt composite sensing film by in situ dispersed polymerization. *Synthetic Metals*, 157(8-9):390–400, 2007.

[169] B. Zhang, R. W. Fu, M. Q. Zhang, X. M. Dong, P. L. Lan, and J. S. Qiu. Preparation and characterization of gas-sensitive composites from multi-walled carbon nanotubes/polystyrene. *Sensors and Actuators B-Chemical*, 109(2):323–328, 2005.

[170] K. Kobashi, T. Villmow, T. Andres, L. Häussler, and P. Pötschke. Investigation of liquid sensing mechanism of poly(lactic acid)/multi-walled carbon nanotube composite films. *Smart Materials and Structures*, 18(3):035008.1, 2009.

[171] K. Kobashi, T. Villmow, T. Andres, and P. Pötschke. Liquid sensing of melt-processed poly(lactic acid)/multi-walled carbon nanotube composite films. *Sensors and Actuators B-Chemical*, 134(2):787–795, 2008.

[172] P. Pötschke, T. Andres, T. Villmow, S. Pegel, H. Brünig, K. Kobashi, D. Fischer, and L. Häussler. Liquid sensing properties of fibres prepared by melt spinning from poly(lactic acid) containing multi-walled carbon nanotubes. *Composites Science and Technology*, 70(2):343–349, 2010.

[173] R. Rentenberger, A. Cayla, T. Villmow, D. Jehnichen, C. Campagne, M. Rochery, E. Devaux, and P. Pötschke. Multifilament fibres of poly(lactide)/poly(caprolactone) blends with multiwalled carbon nanotubes as sensor materials for ethyl acetate and acetone. *Sensors and Actuators B: Chemical*, In Press, Corrected Proof, 2011.

[174] P. Pötschke, K. Kobashi, T. Villmow, T. Andres, M. C. Paiva, and J. A. Covas. Liquid sensing properties of melt processed polypropylene/poly([epsilon]-caprolactone) blends containing multiwalled carbon nanotubes. *Composites Science and Technology*, 71(12):1451–1460, 2011.

[175] Q. Fan, Z. Qin, T. Villmow, J. Pionteck, P. Pötschke, Y. Wu, B. Voit, and M. Zhu. Vapor sensing properties of thermoplastic polyurethane multifilament covered with carbon nanotube networks. *Sensors and Actuators B: Chemical*, 156(1):63–70, 2011.

[176] J. F. Feller, J. Lu, K. Zhang, B. Kumar, M. Castro, N. Gatt, and H. J. Choi. Novel architecture of carbon nanotube decorated poly(methyl methacrylate) microbead vapour sensors assembled by spray layer by layer. *Journal of Materials Chemistry*, 21(12):4142–4149, 2011.

[177] A. J. S. Ahammad, J. J. Lee, and M. A. Rahman. Electrochemical sensors based on carbon nanotubes. *Sensors*, 9(4):2289–2319, 2009.

[178] J. W. Gardner and P. N. Bartlett. *Sensors and sensory systems for an electronic nose*. Kluwer Academic Publishers, 1992.

[179] J. K. Abraham, B. Philip, A. Witchurch, V. K. Varadan, and C. C. Reddy. A compact wireless gas sensor using a carbon nanotube/pmma thin film chemiresistor. *Smart Materials and Structures*, 13(5):1045–1049, 2004.

[180] H. C. Wang, Y. Li, and M. J. Yang. Sensors for organic vapor detection based on composites of carbon nonotubes functionalized with polymers. *Sensors and Actuators B: Chemical*, 124(2):360–367, 2007.

[181] S. Shang, L. Li, X. Yang, and Y. Wei. Polymethylmethacrylate-carbon nanotubes composites prepared by microemulsion polymerization for gas sensor. *Composites Science and Technology*, 69(7-8):1156–1159, 2009.

[182] B. Zhang, X. Dong, R. Fu, B. Zhao, and M. Zhang. The sensibility of the composites fabricated from polystyrene filling multi-walled carbon nanotubes for mixed vapors. *Composites Science and Technology*, 68(6):1357–1362, 2008.

[183] C. P. Chang and C. L. Yuan. The fabrication of a mwnts-polymer composite chemoresistive sensor array to discriminate between chemical toxic agents. *Journal of Materials Science*, 44(20):5485–5493, 2009.

[184] J. Lee, E. J. Park, J. Choi, J. Hong, and S. E. Shim. Polyurethane/peg-modified mwcnt composite film for the chemical vapor sensor application. *Synthetic Metals*, 160(7-8):566–574, 2009.

[185] R. Mangu, S. Rajaputra, and V. P. Singh. Mwcnt-polymer composites as highly sensitive and selective room temperature gas sensors. *Nanotechnology*, 22(21), 2011.

[186] L. Quercia, F. Loffredo, and G. Di Francia. Influence of filler dispersion on thin film composites sensing properties. *Sensors and Actuators B-Chemical*, 109(1):153–158, 2005.

[187] C. L. Yuana, C. P. Chang, and Y. Song. Hazardous industrial gases identified using a novel polymer/mwnt composite resistance sensor array. *Materials Science and Engineering B-Advanced Functional Solid-State Materials*, 176(11):821–829, 2011.

[188] P. G. Su and S. C. Huang. Electrical and humidity sensing properties of carbon nanotubes-sio2-poly (2-acrylamido-2-methylpropane sulfonate) composite material. *Sensors and Actuators B-Chemical*, 113(1):142–149, 2006.

[189] H. H. Yu, T. Cao, L. D. Zhou, E. D. Gu, D. S. Yu, and D. S. Jiang. Layer-by-layer assembly and humidity sensitive behavior of poly(ethyleneimine)/multiwall carbon nanotube composite films. *Sensors and Actuators B-Chemical*, 119(2):512–515, 2006.

[190] Q. Y. Tang, Y. C. Chan, and K. L. Zhang. Fast response resistive humidity sensitivity of polyimide/multiwall carbon nanotube composite films. *Sensors and Actuators B-Chemical*, 152(1):99–106, 2010.

[191] A. Bouvree, J. F. Feller, M. Castro, Y. Grohens, and M. Rinaudo. Conductive polymer nano-biocomposites (cpc): Chitosan-carbon nanoparticle a good candidate to design polar vapour sensors. *Sensors and Actuators B-Chemical*, 138(1):138–147, 2009.

[192] H. W. Chen, R. J. Wu, K. H. Chan, Y. L. Sun, and P. G. Su. The application of cnt/nafion composite material to low humidity sensing measurement. *Sensors and Actuators B-Chemical*, 104(1):80–84, 2005.

[193] Y. J. Lu, C. Partridge, M. Meyyappan, and J. Li. A carbon nanotube sensor array for sensitive gas discrimination using principal component analysis. *Journal of Electroanalytical Chemistry*, 593(1-2):105–110, 2006.

[194] T. McNally and P. Pötschke. *Polymer Carbon Nanotube Composites: Preparation, Properties and Applications*. Woodhead Publishing, 2011.

[195] N. Tsubokawa, M. Tsuchida, J. Chen, and Y. Nakazawa. A novel contamination sensor in solution: the response of the electric resistance of a composite based on crystalline polymer-grafted carbon black. *Sensors and Actuators B-Chemical*, 79(2-3):92–97, 2001.

[196] E. Segal, R. Tchoudakov, M. Narkis, and A. Siegmann. Thermoplastic polyurethane-carbon black compounds: Structure, electrical conductivity and sensing of liquids. *Polymer Engineering and Science*, 42(12):2430–2439, 2002.

[197] M. Narkis, S. Srivastava, R. Tchoudakov, and O. Breuer. Sensors for liquids based on conductive immiscible polymer blends. *Synthetic Metals*, 113(1-2):29–34, 2000.

[198] S. Srivastava, R. Tchoudakov, and M. Narkis. A preliminary investigation of conductive immiscible polymer blends as sensor materials. *Polymer Engineering and Science*, 40(7):1522–1528, 2000.

[199] E. Segal, R. Tchoudakov, M. Narkis, and A. Siegmann. Sensing of liquids by electrically conductive immiscible polypropylene/thermoplastic polyurethane blends containing carbon black. *Journal of Polymer Science Part B-Polymer Physics*, 41(12):1428–1440, 2003.

[200] T. Villmow, S. Pegel, A. John, R. Rentenberger, and P. Pötschke. Liquid sensing: smart polymer/cnt composites. *Materials Today*, 14(7-8):340–345, 2011.

[201] T. Villmow, S. Pegel, P. Pötschke, and G. Heinrich. Polymer/carbon nanotube composites for liquid sensing: Model for electrical response characteristics. *Polymer*, 52(10):2276–2285, 2011.

[202] J. Y. Feng and C. M. Chan. Double positive temperature coefficient effects of carbon black-filled polymer blends containing two semicrystalline polymers. *Polymer*, 41(12):4559–4565, 2000.

[203] J. Y. Feng and C. M. Chan. Positive and negative temperature coefficient effects of an alternating copolymer of tetrafluoroethylene-ethylene containing carbon black-filled hdpe particles. *Polymer*, 41(19):7279–7282, 2000.

[204] M. Hindermann-Bischoff and F. Ehrburger-Dolle. Electrical conductivity of carbon black-polyethylene composites - experimental evidence of the change of cluster connectivity in the ptc effect. *Carbon*, 39(3):375–382, 2001.

[205] C. Zhang, C. A. Ma, P. Wang, and M. Sumita. Temperature dependence of electrical resistivity for carbon black filled ultra-high molecular weight polyethylene composites prepared by hot compaction. *Carbon*, 43(12):2544–2553, 2005.

[206] J. F. Feller, I. Linossier, and G. Levesque. Conductive polymer composites (cpcs): Comparison of electrical properties of poly(ethylene-co-ethyl acrylate)-carbon black with poly(butylene terephthalate)/poly(ethylene-co-ethyl acrylate)-carbon black. *Polymers for Advanced Technologies*, 13(10-12):714–724, 2002.

[207] I. Pillin, S. Pimbert, J. F. Feller, and G. Levesque. Extruded co-continuous polyester-polyalkene-carbon black composites influence of polyester glass transition on electrical properties. *Plastics Rubber and Composites*, 31(7):300–306, 2002.

[208] A. Mierczynska, J. Friedrich, H. E. Maneck, G. Boiteux, and J. K. Jeszka. Segregated network polymer/carbon nanotubes composites. *Central European Journal of Chemistry*, 2(2):363–370, 2004.

[209] X.J. He, J. H. Du, Z. Ying, and H. M. Cheng. Positive temperature coefficient effect in multiwalled carbon nanotube/high-density polyethylene composites. *Applied Physics Letters*, 86(6):062112–062112.3, 2005.

[210] J. H. Lee, S. K. Kim, and N. H. Kim. Effects of the addition of multi-walled carbon nanotubes on the positive temperature coefficient characteristics of carbon-black-filled high-density polyethylene nanocomposites. *Scripta Materialia*, 55(12):1119–1122, 2006.

[211] J. F. Gao, D. X. Yan, H. D. Huang, K. Dai, and Z. M. Li. Positive temperature coefficient and time-dependent resistivity of carbon nanotubes (cnts)/ultrahigh molecular weight polyethylene (uhmwpe) composite. *Journal of Applied Polymer Science*, 114(2):1002–1010, 2009.

[212] H. Deng, T. Skipa, R. Zhang, D. Lellinger, E. Bilotti, I. Alig, and T. Peijs. Effect of melting and crystallization on the conductive network in conductive polymer composites. *Polymer*, 50(15):3747–3754, 2009.

[213] M. J. Jiang, Z. M. Dang, and H. P. Xu. Significant temperature and pressure sensitivities of electrical properties in chemically modified multiwall carbon nanotube/methylvinyl silicone rubber nanocomposites. *Applied Physics Letters*, 89(18), 2006.

[214] J. Lu, M. Castro, B. Kumar, and J.-F. Feller. Thermo- and chemo-electrical behavior of carbon nanotube filled co-continuous conductive polymer nanocomposites (cpc) to develop amperometric sensors. *MRS Online Proceedings Library*, 1143, 2008.

[215] Q. Li, Q. Z. Xue, X. L. Gao, and Q. B. Zheng. Temperature dependence of the electrical properties of the carbon nanotube/polymer composites. *Express Polymer Letters*, 3(12):769–777, 2009.

[216] Z. D. Xiang, T. Chen, Z. M. Li, and X. C. Bian. Negative temperature coefficient of resistivity in lightweight conductive carbon nanotube/polymer composites. *Macromolecular Materials and Engineering*, 294(2):91–95, 2009.

[217] P. Miaudet, C. Bartholome, A. Derre, M. Maugey, G. Sigaud, C. Zakri, and P. Poulin. Thermo-electrical properties of pva-nanotube composite fibers. *Polymer*, 48(14):4068–4074, 2007.

[218] R. Zhang, M. Baxendale, and T. Peijs. Universal resistivity-strain dependence of carbon nanotube/polymer composites. *Physical Review B*, 76(19), 2007.

[219] E. Bilotti, R. Zhang, H. Deng, M. Baxendale, and T. Peijs. Fabrication and property prediction of conductive and strain sensing tpu/cnt nanocomposite fibres. *Journal of Materials Chemistry*, 20(42):9449–9455, 2010.

[220] G. T. Pham, Y. B. Park, Z. Liang, C. Zhang, and B. Wang. Processing and modeling of conductive thermoplastic/carbon nanotube films for strain sensing. *Composites Part B-Engineering*, 39(1):209–216, 2008.

[221] A. I. Oliva-Aviles, F. Aviles, and V. Sosa. Electrical and piezoresistive properties of multi-walled carbon nanotube/polymer composite films aligned by an electric field. *Carbon*, 49(9):2989–2997, 2011.

[222] P. J. Flory. Thermodynamics of high polymer solutions. *Journal of Chemical Physics*, 9(8):660–661, 1941.

[223] M. L. Huggins. Solutions of long chain compounds. *Journal of Chemical Physics*, 9(5):440–440, 1941.

[224] L. A. Utracki. *Polymer blends handbook*. Kluwer Academic Publishers, 2002.

[225] J. H. Hildebrand and R. L. Scott. *The solubility of nonelectrolytes*. Reinhold Pub. Corp., 1950.

[226] J. H. Hildebrand and R. L. Scott. *Regular solutions*. Prentice-Hall, 1962.

[227] H. Burrell. *Solubility Parameters for Film Formers*, volume 27 of *Official Digest*. Fed. Soc. Paint Technol., 1955.

[228] R. F. Blanks and J. M. Prausnitz. Thermodynamics of polymer solubility in polar and nonpolar systems. *Industrial and Engineering Chemistry Fundamentals*, 3(1):1–8, 1964.

[229] B. A. Miller-Chou and J. L. Koenig. A review of polymer dissolution. *Progress in Polymer Science*, 28(8):1223–1270, 2003.

[230] C. M. Hansen. *Hansen solubility parameters: a user's handbook*. CRC Press, 2000.

[231] J. Brandrup, E. H. Immergut, and E. A. Grulke. *Polymer handbook*. Wiley, 1999.

[232] J. V. Koleske. *Paint and coating testing manual: fourteenth edition of the Gardner-Sward handbook*. ASTM, 1995.

[233] R.C. Reid and T.K. Sherwood. *Properties of Gases and Liquids*. McGraw-Hill, New York, 1958.

[234] C. M. Hansen and K. Skaarup. The three dimensional solubility parameter - key to paint component affinities. *Journal of Paint Technology*, 39:511–514, 1967.

[235] R. E. Kirk and D. F. Othmer. *Encyclopedia of chemical technology*. Wiley, 1981.

[236] D. W. Krevelen. *Properties of polymers: their correlation with chemical structure, their numerical estimation and prediction from additive group contributions*. Elsevier, 1990.

[237] K. L. Hoy. New values of solubility parameters from vapor pressure data. *Journal of Paint Technology*, 42(541):76–118, 1970.

[238] J.D. Crowley, G.S. Teague, and J.W. Lowe. A three dimensional approach to solubility. *Journal of Paint Technology*, 38(496):269–280, 1966.

[239] C. K. Kjellander, T. B. Nielsen, A. Ghanbari-Siahkali, P. Kingshott, C. M. Hansen, and K. Almdal. Esc resistance of commercial grade polycarbonates during exposure to butter and related chemicals. *Polymer Degradation and Stability*, 93(8):1486–1495, 2008.

[240] P. J. Flory. *Principles of polymer chemistry*. Cornell University Press, 1953.

[241] C. M. Hansen. A mathematical description of film drying by solvent evaporation,. *J. Oil Colour Chem. Assoc.*, 51(1):27–43, 1968.

[242] J. P. McBriarty. *Performance of Protective Clothing*. ASTM, 1992.

[243] G. Delmas, T. Somcynsky, and D. Patterson. Thermodynamics of polyisobutylene-n-alkane systems. *Journal of Polymer Science*, 57(165):79–98, 1962.

[244] D. Patterson and G. Delmas. *New Aspects Of Polymer Solution Thermodynamics*, volume 34 of *Official Digest*. Fed. Soc. Paint Technol., 1962.

[245] A. Beerbower. Surface free energy - new relationship to bulk energies. *Journal of Colloid and Interface Science*, 35(1):126–132, 1971.

[246] D. M. Koenhen and C. A. Smolders. The determination of solubility parameters of solvents and polymers by means of correlations with other physical quantities. *Journal of Applied Polymer Science*, 19(4):1163–1179, 1975.

[247] www.surface tension.de, 19.12.2011.

[248] C. M. Hansen and E. Wallström. On the use of cohesion parameters to characterize surfaces. *The Journal of Adhesion*, 15(3-4):275–286, 1983.

[249] S. Detriche, G. Zorzini, J. F. Colomer, A. Fonseca, and J. B. Nagy. Application of the hansen solubility parameters theory to carbon nanotubes. *Journal of Nanoscience and Nanotechnology*, 8(11):6082–6092, 2008.

[250] H. T. Ham, Y. S. Choi, and I. J. Chung. An explanation of dispersion states of single-walled carbon nanotubes in solvents and aqueous surfactant solutions using solubility parameters. *Journal of Colloid and Interface Science*, 286(1):216–223, 2005.

[251] S. D. Bergin, Z. Sun, D. Rickard, P. V. Streich, J. P. Hamilton, and J. N. Coleman. Multicomponent solubility parameters for single-walled carbon nanotube-solvent mixtures. *ACS Nano*, 3(8):2340–2350, 2009.

[252] Q. H. Cheng, S. Debnath, L. O'Neill, T. G. Hedderman, E. Gregan, and H. J. Byrne. Systematic study of the dispersion of swnts in organic solvents. *Journal of Physical Chemistry C*, 114(11):4857–4863, 2010.

[253] J. Crank. *The mathematics of diffusion*. Clarendon Press, 1975.

[254] E. L. Cussler. *Diffusion: mass transfer in fluid systems*. Cambridge University Press, 1997.

[255] A. Fick. Ueber diffusion. *Annalen der Physik*, 170(1):59–86, 1855.

[256] T. Alfrey, E. F. Gurnee, and W. G. Lloyd. Diffusion in glassy polymers. *Journal of Polymer Science Part C: Polymer Symposia*, 12(1):249–261, 1966.

[257] R. A. Grinsted, L. Clark, and J. L. Koenig. Study of cyclic sorption-desorption into poly(methyl methacrylate) rods using nmr imaging. *Macromolecules*, 25(4):1235–1241, 1992.

[258] L. A. Weisenberger and Jack L. Koenig. An nmr imaging study of methanol desorption from partially swollen pmma rods. *Macromolecules*, 23(9):2454–2459, 1990.

[259] L. Masaro and X. X. Zhu. Physical models of diffusion for polymer solutions, gels and solids. *Progress in Polymer Science*, 24(5):731–775, 1999.

[260] J. Crank and G. S. Park. *Diffusion in polymers*. Academic Press, 1968.

[261] S. B. Harogoppad and T. M. Aminabhavi. Diffusion and sorption of organic liquids through polymer membranes. 5. neoprene, styrene-butadiene-rubber, ethylene-propylene-diene terpolymer, and natural rubber versus hydrocarbons (c8-c16). *Macromolecules*, 24(9):2598–2605, 1991.

[262] G. Schmack, B. Tandler, R. Vogel, R. Beyreuther, S. Jacobsen, and H. G. Fritz. Biodegradable fibers of poly(lactide) produced by high-speed melt spinning and spin drawing. *Journal of Applied Polymer Science*, 73(14):2785–2797, 1999.

[263] G. Schmack, B. Tandler, G. Optiz, R. Vogel, H. Kornber, L. Haussler, D. Voigt, S. Weinmann, M. Heinernann, and H. G. Fritz. High-speed melt spinning of various grades of polylactides. *Journal of Applied Polymer Science*, 91(2):800–806, 2004.

[264] S. Ghosh and N. Vasanthan. Structure development of poly(lactic acid) fibers processed at various spinning conditions. *Journal of Applied Polymer Science*, 101(2):1210–1216, 2006.

[265] J.-P. Tessonnier, D. Rosenthal, T. W. Hansen, C. Hess, M. E. Schuster, R. Blume, F. Girgsdies, N. Pfänder, O. Timpe, D. S. Su, and R. Schlögl. Analysis of the structure and chemical properties of some commercial carbon nanostructures. *Carbon*, 47(7):1779–1798, 2009.

[266] Nanoycl. Nanocyl nc 7000 thin multiwall carbon nanotubes. Technical report, 2009.

[267] M. S. P. Shaffer and A. H. Windle. Fabrication and characterization of carbon nanotube/poly(vinyl alcohol) composites. *Advanced Materials*, 11(11):937–941, 1999.

[268] G. R. Kasaliwal. Analysis of multiwalled carbon nanotube agglomerate dispersion in polymer melts. *Dissertation, Technischen Universität Dresden, Fakultät Maschinenwesen*, 2011.

[269] F. Y. Castillo, R. Socher, B. Krause, R. Headrick, B. R. Grady, R. Prada-Silvy, and P. Pötschke. Electrical, mechanical, and glass transition behavior of polycarbonate-based nanocomposites with different multi-walled carbon nanotubes. *Polymer*, 52(17):3835–3845, 2011.

[270] T. Villmow, P. Pötschke, S. Pegel, L. Häussler, and B. Kretzschmar. Influence of twin-screw extrusion conditions on the dispersion of multi-walled carbon nanotubes in a poly(lactic acid) matrix. *Polymer*, 49(16):3500–3509, 2008.

[271] www.inteltex.eu, 19.12.2011.

[272] N. Pierard, A. Fonseca, Z. Konya, I. Willems, G. Van Tendeloo, and J. B. Nagy. Production of short carbon nanotubes with open tips by ball milling. *Chemical Physics Letters*, 335(1-2):1–8, 2001.

[273] F. Salver-Disma, J. M. Tarascon, C. Clinard, and J. N. Rouzaud. Transmission electron microscopy studies on carbon materials prepared by mechanical milling. *Carbon*, 37(12):1941–1959, 1999.

[274] L. Chen, M. Z. Qu, G. M. Zhou, B. L. Zhang, and Z. L. Yu. Pc-mediated shortening of carbon nanotubes. *Materials Letters*, 58(29):3737–3740, 2004.

[275] K. C. Park, M. Fujishige, K. Takeuchi, S. Arai, S. Morimoto, and M. Endo. Inter-collisional cutting of multi-walled carbon nanotubes by high-speed agitation. *Journal of Physics and Chemistry of Solids*, 69(10):2481–2486, 2008.

[276] S. K. Smart, W. C. Ren, H. M. Cheng, G. Q. Lu, and D. J. Martin. Shortened double-walled carbon nanotubes by high-energy ball milling. *International Journal of Nanotechnology*, 4(5):618–633, 2007.

[277] Y. F. Sun, A. M. Zhang, Y. Yin, Y. M. Dong, Y. C. Cui, X. Zhang, and J. M. Hong. The investigation of adsorptive performance on modified multi-walled carbon nanotubes by mechanical ball milling. *Materials Chemistry and Physics*, 101(1):30–34, 2007.

[278] S. Y. Fu, Z. K. Chen, S. Hong, and C. C. Han. The reduction of carbon nanotube (cnt) length during the manufacture of cnt/polymer composites and a method to simultaneously determine the resulting cnt and interfacial strengths. *Carbon*, 47(14):3192–3200, 2009.

[279] M. T. Müller, B. Krause, B. Kretzschmar, and P. Pötschke. Influence of feeding conditions in twin-screw extrusion of pp/mwcnt composites on electrical and mechanical properties. *Composites Science and Technology*, 71(13):1535–1542, 2011.

[280] O. Y. Hao, M. T. Wu, and O. Y. Wen. The study of mass transport of acetone in polycarbonate. *Journal of Applied Physics*, 96(12):7066–7070, 2004.

[281] E. Turska and W. Benecki. Studies of liquid-induced crystallization of bisphenol-a polycarbonate. *Journal of Applied Polymer Science*, 23(12):3489–3500, 1979.

[282] T. K. Kwei and H. M. Zupko. Diffusion in glassy polymers .i. *Journal of Polymer Science Part a-2-Polymer Physics*, 7(5PA2):867–877, 1969.

[283] E. Segal, R. Tchoudakov, I. Mironi-Harpaz, M. Narkis, and A. Siegmann. Chemical sensing materials based on electrically-conductive immiscible polymer blends. *Polymer International*, 54(7):1065–1075, 2005.

[284] T. Someya, J. Small, P. Kim, C. Nuckolls, and J. T. Yardley. Alcohol vapor sensors based on single-walled carbon nanotube field effect transistors. *Nano Letters*, 3(7):877–881, 2003.

[285] G. R. Hutchison, M. A. Ratner, T. J. Marks, and R. Naaman. Adsorption of polar molecules on a molecular surface. *Journal of Physical Chemistry B*, 105(15):2881–2884, 2001.

[286] Y. W. Fan, M. Burghard, and K. Kern. Chemical defect decoration of carbon nanotubes. *Advanced Materials*, 14(2):130–133, 2002.

[287] G. Choudalakis and A. D. Gotsis. Permeability of polymer/clay nanocomposites: A review. *European Polymer Journal*, 45(4):967–984, 2009.

[288] S. Pegel. Komposite aus polycarbonat und kohlenstoff-nanoröhren - morphologie und elektrische leitfähigkeit bei thermoplastischer verarbeitung. *Dissertation, Technischen Universität Dresden, Fakultät Maschinenwesen*, 2011.

[289] D. Vesely. Molecular sorption mechanism of solvent diffusion in polymers. *Polymer*, 42(9):4417–4422, 2001.

[290] Y. Dutheillet, M. Mantle, D. Vesely, and L. Gladden. Diffusion of water-acetic acid mixtures in epoxy. *Journal of Polymer Science Part B-Polymer Physics*, 37(23):3328–3336, 1999.

[291] E. Devaux, M. Koncar, B. Kim, C. Campagne, C. Roux, M. Rochery, and D. Saihi. Processing and characterization of conductive yarns by coating or bulk treatment for smart textile applications. *Transactions of the Institute of Measurement and Control*, 29(3-4):355–376, 2007.